Skulls

An Exploration of Alan Dudley's Curious Collection

头骨之书

（珍藏版）

[英] 西蒙·温彻斯特 (Simon Winchester) ◎ 著

[美] 尼克·曼 (Nick Mann) ◎ 摄影

花蚀 ◎ 译

人民邮电出版社

北 京

图书在版编目（CIP）数据

头骨之书：珍藏版 /（英）西蒙·温彻斯特
(Simon Winchester) 著 ;（美）尼克·曼 (Nick Mann)
摄 ; 花蚀译. -- 2版. -- 北京：人民邮电出版社,
2022.1（2024.3重印）
ISBN 978-7-115-56903-5

Ⅰ. ①头… Ⅱ. ①西… ②尼… ③花… Ⅲ. ①动物－
进化－普及读物 Ⅳ. ①Q951-49

中国版本图书馆CIP数据核字(2021)第134701号

版 权 声 明

◆ 著　　　　[英]西蒙·温彻斯特（Simon Winchester）
　　摄　影　[美]尼克·曼（Nick Mann）
　　译　　　花　蚀
　　责任编辑　李　宁
　　责任印制　陈　犇
◆ 人民邮电出版社出版发行　　北京市丰台区成寿寺路 11 号
　　邮编　100164　　电子邮件　315@ptpress.com.cn
　　网址　https://www.ptpress.com.cn
　　天津裕同印刷有限公司印刷
◆ 开本：787×1092　1/12
　　印张：21.34　　　　　　　2022 年 1 月第 2 版
　　字数：165 千字　　　　　2024 年 3 月天津第 2 次印刷
　　著作权合同登记号　图字：01-2013-1011 号

定价：298.00 元
读者服务热线：(010)81055410　印装质量热线：(010)81055316
反盗版热线：(010)81055315
广告经营许可证：京东市监广登字 20170147 号

"对头骨收藏家来说，也许应该多考虑头骨上隐藏的那些学术上的价值，考虑破解那些行为谜团带来的智商上的快感，而不只是为了摆在那里好看。"

——本书作者西蒙·温彻斯特

整本书因这句话而愈发流光溢彩。

说到头骨，我能讲出一些猎奇的故事。月氏国王被匈奴砍了脑袋，头骨做了饮器，类似的事儿还发生在宋理宗赵昀的身上；波兰的库多瓦—兹德鲁伊有座头骨教堂，里面装饰着无数的人骨；而在中世纪的意大利，一些因瘟疫而死的人会咬着一大块砖头下葬，因为活着的人认为这样一来这些人就不会成为僵尸。

猎奇的故事是不错的谈资。但这本书不是关于猎奇的——尽管其中提供的信息依旧能用作猎奇的资本，但当你看完那些至少可以说"不太常见"的头骨的照片之后，能够从本书作者提供的许多编排得当的信息当中获得更多的东西。而这些信息，都基于一些事实，一个指导思想，一种思维方式——这些信息都基于科学。

对于古人来说，观测人类的骨头远比观测血肉器官更容易，尤其是中世纪，在教廷的管控下，解剖人类几乎不可行。但是，如果不了解脏器，也就无法真正参透骨骼的奥秘。直到文艺复兴之后，解剖不再是禁忌，在乔瓦尼·莫尔加尼、安德雷亚斯·维萨里等先贤的努力之下，解剖学成为科学，人类才真正了解了各种骨骼，了解了头骨。

也是在差不多相同的时候，大航海时代带来了地理大发现，数代博物学家披荆斩棘，挥舞着好奇心的大旗，让动物学获得了大发展。而演化思想的出现，让人类能够以一种连续的眼光看待骨骼的改变。于是乎，人类对动物头骨的认识也不同了。

这一切，都基于科学的发展。

科学的发展对动物们的影响并不仅限于此。随着人类数量的增加，我们对自然的索取越来越多。因此，许多动物灭绝或濒临灭绝。为了保护那些自然界中的生灵，也为了让人类的社会得到发展，我们应该用强制力来保护某些动物，而不是所有动物一概不得伤害——后者不是一个现实的做法，保护动物不考虑人，只可能落到可敬又可悲的戴安·佛西（译者注：美国动物学家，在非洲野外研究大猩猩长达 18 年之久，极大地增进了人类对这种动物的认识。她从人类手中拯救了"金刚"，却在 1985 年被盗猎者杀害。她在保护大猩猩的同时，却较为漠视当地人的权利，这也是她遇害的原因之一）的结局。

为了做到这一点，我们只得把现生的动物分个高下，用一些指标来科学地描述这种"动物并非生而平等"的观念。最具有参考性的指标是世界自然保护联盟（IUCN）编撰的红色名录。此名录于 1963 年开始编制，是全球动植物物种保护现状最全面的名录。它把一些动物分成三等八级：第一等灭绝，分灭绝（EX）和野外灭绝（EW）两级；第二等受威胁，分极危（CR）、濒危（EN）和易危（VU）三级；第三等低危，分依赖保育（CD）、近危（NT）和无危（LC）三级。不过要注意的是，IUCN 的数据有一定的滞后性。并且，不同生物在不同的国家保护现状是不同的。例如被我们称作老鹰的黑鸢，在此名录上是无危，但在中国它们并非无危。

本翻译版依托 IUCN 红色名录，为收录的大部分物种加上了保护状况这一信息，这是为了让读者更直观地了解该种动物的生存现状——让人悲伤的是，书中相当一部分种类的生存现状不那么好。

IUCN 红色名录是生物保护现状的参考。但要保护我们的自然，还需要一些强制性的措施。在中国，除了我们自己的野生动植物保护法之外，《华盛顿公约（CITES）》这个限制国际贸易的国际条约也起到了保护自然的作用。本书中介绍的收藏家达德利先生就曾因触犯了这个公约的条例而坐过牢。

要理解生命，就必须得理解死亡；反过来也一样。本书当中出现的那些精妙的头骨都是生命造就的。它们的美与其说是死亡之美，不如说是生命的礼赞。希望这本书能激发你的好奇心，有了好奇心，你会发现生命世界的美妙之处超乎你的想象。

生命和科学，是最值得好奇的东西。

目 录

引 言 8
收藏家简介 10
收藏笔记 14

两栖动物 15

蛙 16
美国牛蛙 16
钟角蛙 17

蝾螈 18
墨西哥钝口螈 18
普通欧螈 19

头骨的特性与特质 20
头骨的组成部分 22

鸟类 35

海鸟 36
黑脚信天翁 36
漂泊信天翁 38
北极海鹦 39
刀嘴海雀 39
北鲣鸟 40
普通鸬鹚 41
大黑背鸥 41
巨鹱 42
白颌风鹱 42

猛禽 44
普通鵟 44
肉垂秃鹫 44
黑鸢（老鹰） 45
白尾海雕 46
安第斯神鹰 47
红头美洲鹫 48
红隼 48
蛇鹫 48

雉与鹤 49
普通珠鸡 49
棕尾虹雉 49
红腿叫鹤 49
松鸡 50
灰颈鹭鸨 52
巨嘴盔嘴雉 52
灰凤冠雉 53

翠鸟和犀鸟 54
蓝胸翡翠 54
笑翠鸟 54
黑盔噪犀鸟 55
地犀鸟 56
斑尾弯嘴犀鸟 56
褐颊噪犀鸟 57
蓝喉皱盔犀鸟 57
黄弯嘴犀鸟 57
双角犀鸟 58
红嘴弯嘴犀鸟 59

盔犀鸟 59
马来犀鸟 60
棕犀鸟 62
菲律宾犀鸟 62
噪犀鸟 63
银颊噪犀鸟 63
红脸地犀鸟 64
花冠皱盔犀鸟 64
黄盔噪犀鸟 65
皱盔犀鸟 65

巨嘴鸟和啄木鸟 66
扁嘴山巨嘴鸟 66
绿簇舌巨嘴鸟 66
黑颈簇舌巨嘴鸟 67
点嘴小巨嘴鸟 68
鵙鸫 68
绿啄木鸟 69
双齿拟啄木鸟 69

夜鹰和雨燕 70
欧夜鹰 70
普通楼燕 70

鹤鸵、鸵鸟和鹬鸵 71
侏鹤鸵 71
双垂鹤鸵 71
鸵鸟 72
鹬鸵 72

猫头鹰 73
仓鸮 73
雕鸮 73
纵纹腹小鸮 73

鹦鹉 74
啄羊鹦鹉 74
虎皮鹦鹉 75
紫蓝金刚鹦鹉 76
绿翅金刚鹦鹉 76
彼氏鹦鹉 76
大紫胸鹦鹉 77
红领绿鹦鹉 77

雀鸟 78
小嘴乌鸦 78
渡鸦 79
非洲渡鸦 79
红交嘴雀 80
白翅拟蜡嘴雀 80
大黄耳捕蛛鸟 81
白腹灰蕉鹃 81

企鹅 82
王企鹅 82
巴布亚企鹅 83
小蓝企鹅 83
南跳岩企鹅 83

鸽鸠　84

蓝凤冠鸠　84

渡渡鸟　84

渡渡鸟的头骨　85

涉禽　87

黑冕鹤　87

智利火烈鸟　87

小红鹳　87

白琵鹭　88

鲸头鹳　88

船嘴鹭　89

凤头鹮　89

钳嘴鹳　90

裸颈鹳　90

黑尾鹳　90

秃鹳　91

鞍嘴鹳　91

反嘴鹬　92

白鹮　92

水鸟　93

普通潜鸟　93

疣鼻天鹅　93

鸿雁　93

斑头海番鸭　94

琵嘴鸭　94

凤头鹏鹏　95

白鹅鹈　95

科学与伪科学　96

鱼类　105

棘鳍鱼　106

海马　106

比目鱼　107

斑点管口鱼　107

长吻雀鳝　107

梭鱼　108

阔步鲹　110

鲯鳅　110

红尾鹦鲷　110

大西洋狼鱼　111

灰鳞鲀　112

宽尾鳞鲀　112

触须蓑鲉　113

六斑二齿鲀　113

水虎鱼和鲶　113

红腹食人鱼　113

美鲶　114

鳗　116

裸胸鳝　116

欧洲康吉鳗　116

伪鳕鱼和躄鱼　117

大斑躄鱼　117

青鳕　117

鲟鳕　117

钓鮟鱇　118

鳄形圆颌针鱼　118

狗鱼　119

白斑狗鱼　119

弓鳍鱼　119

弓鳍鱼　119

头骨的意象　120
艺术当中的头骨　126
墨西哥的头骨　130

哺乳动物　133

原兽　134

鸭嘴兽　134

有袋类　135

斑袋貂　135

红大袋鼠　135

长鼻袋鼠　135

澳洲毛鼻袋熊　136

长鼻袋狸　137

短鼻袋狸　137

四眼负鼠　138

北美负鼠　138

鼹鼠和鼩鼱　139

欧洲鼹鼠　139

普通鼩鼱　139

猬　140

西欧刺猬　140

小毛猬　140

奇蹄类　141

布氏斑马　141

爪哇犀牛　141

南美貘　142

穿山甲　143

树穿山甲　143

蝙蝠　144

短耳犬蝠　144

锤头果蝠　145

爪哇无尾果蝠　145

吸血蝠　146

双色蹄蝠　146

食肉类　147

灰熊　147

北极熊　147

美洲黑熊　148

亚洲黑熊　149

马来熊　150

猫　152

目 录

波斯猫　153
云豹　154
豹　154
猎豹　155
美洲狮　156
加州剑齿虎　157
虎　157
斑鬣狗　159
土狼　159
貉　160
灰狼　160
大丹狗　160
波士顿狸　161
拳师犬　161
吉娃娃　161
狮子狗　162
罗威拿犬　162
赤狐　163
敏狐　163
耳廓狐　163
南海狮　164
加州海狮　165
非洲毛皮海狮　165
南美毛皮海狮　165
北海狮　166
幅北毛皮海狮　166
冠海豹　167
竖琴海豹　167
港海豹　167
狐獴　168

熊狸　168
海象　169
浣熊　171
白鼻浣熊　171
蜜熊　172
臭鼬　173
美洲獾　174
猪獾　174
獾　174
亚洲小爪水獭　175
欧亚水獭　175
渔貂　176
伶鼬　176
貂熊　177

偶蹄类　178
叉角羚　178
长颈鹿　178
羊驼　179
双峰驼　179
单峰驼　179
赤麂　180
西方狍　180
獐　181
河马　182
北苏拉威西鹿豚　184
家猪　186
大肚猪　186
薮猪　187
疣猪　187

双头牛　188
白尾角马　190
印度黑羚　191
美国黑肚绵羊　192
美洲野牛　193
绵羊　193
赤水牛　193
赤盘羊　194
瘤牛　195

鲸豚　196
宽吻海豚　196
拉普拉塔河豚　196
鼠海豚　196

树懒　198
二趾树懒　198

犰狳　199
六带犰狳　199
九带犰狳　199

土豚　199
土豚　199

马岛猬　200
普通马岛猬　200

蹄兔　201
蹄兔　201

象　202
草原非洲象　202

兔　204
欧洲野兔　204
穴兔　204

啮齿类　205
海狸鼠　205
绒毛丝鼠　205
岬鼠　205
山狸　206
美洲河狸　206
非洲冕豪猪　206
驼鼠　207
褐家鼠　207
黑田鼠　208
水豚　208
豚鼠　209
兔豚　209
跳鼠　209
美洲旱獭　210
灰松鼠　210

灵长类　211
大婴猴　211
婴猴　211
树熊猴　212
菲律宾眼镜猴　212
合趾猿　213

倭猩猩 213

西部大猩猩 214

智人 214

婆罗洲猩猩 216

领狐猴 217

环尾狐猴 217

倭狨 218

赤掌柽柳猴 218

阿拉伯狒狒 219

山魈 220

疣猴 222

短尾猴 222

缨冠灰叶猴 222

青腹绿猴 223

棕头蜘蛛猴 223

眼镜猴 224

菲律宾眼镜猴 224

树鼩 225

普通树鼩 225

永恒的邂逅 226

爬行动物 229

鳄 230

美国短吻鳄 230

钝吻古鳄 230

眼镜凯门鳄 231

尼罗鳄 231

湾鳄 232

蜥蜴和蛇 234

鬃狮蜥 234

长鬣蜥 234

骑士变色蜥 235

费氏南非侏儒避役 235

豹避役 235

米勒避役 236

高冠避役 236

疣尾蜥虎 237

美洲鬣蜥 237

黑刺尾鬣蜥 238

犀牛鬣蜥 238

翡翠巨蜥 239

泽巨蜥 239

尼罗巨蜥 239

草原巨蜥 240

缅甸蟒 240

蓝舌石龙子 241

猴尾蜥 241

犰狳环尾蜥 242

美国毒蜥 243

加蓬咝蝰 244

西部菱背响尾蛇 245

双领蜥 246

龟 247

绿蠵龟 247

网目鸡龟 247

枫叶龟 248

珍珠鳖 248

拟鳄龟 248

大鳄龟 249

阿尔达布拉象龟 250

印度星龟 252

图片来源 254

术语解释 255

引 言

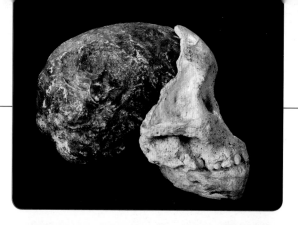

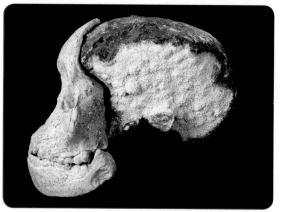

奇妙而复杂的大脑是动物们生存的关键所在，但另一方面，这个由灰色、粉红色神经组织构成的器官又是那么脆弱而易受伤害。它需要也值得靠一个强壮而结实的结构来容纳、保护和支撑。

这个坚硬的结构，在大多数动物的演化过程中通过骨化变得越来越强壮，它容纳、支撑着大脑，但也要让大脑和感觉器官交换信息。这些精巧和复杂的器官赋予了动物看、听、尝与闻的能力。这个结构上还有贯通的孔洞，让动物们能够获取食物，交换气体与水分，摄取氧气以及化学信号（例如那些携带着气味的分子）。

一般来说，动物都会把大脑安置于身体上领头的前端——如果动物在水平面上运动，那大脑就位于身体的前方；如果向上运动，那大脑就在头顶上。这导致了一个奇异的结果：这个容纳了大脑以及感觉器官——包括眼睛、耳朵、鼻子以及嘴巴，这些器官通常被安置在一个被我们称作"脸"的部位上——的结构，通常是我们观察动物时第一眼会注意到的部分。正是如此，有人说这领头的先端定义了动物，给了它外貌与性格，让它成为独一无二的存在。

当它表面覆盖着皮肤、肌肉、脂肪、血管与毛发时，我们知道这就是动物完整而精巧的脑袋。但如果剥掉它的血肉，挖去其中的组织，简化到它最基本的基础，我们肯定知道还会剩下什么——剩下的，是动物王国中最常见的标志之一——用英语当中最古老的词语之一来描述，skull（头骨）。

本书将讲述头骨的故事，包括人类和动物头骨的故事。头骨——这里主要是说人类的头骨——几千年来依靠人类的想象力产生了莫名的力量。头骨代表着存在以及曾经存在；它们带来恐惧和敬畏；它们讲述着生死，讲述着死后之事；它们可以善或恶，可以宣示危险，代表力量，也可以散发出力量的味道。也许没有其他的生命实体能够如此把握人类的心理，能够像这空洞的头骨般拥有如此众多的含义——正如那拱起的颅顶，灵活的颞颌关节，头骨内不可思议的通道与孔径，这些组合是如此神奇而复杂。人类对头骨是如此着迷——无论是人类自己的还是其他动物的——我们会一直着迷并永远着迷下去。

图为"汤恩幼儿"头骨的 4 个不同角度的照片，它是南方古猿非洲种（*Australopithecus africanus*）的一个样本。这个化石头骨不仅拥有完整的正面，还具有非常罕见的自然颅内模（头骨石化过程中在内表面自然生成的印痕）。它的大脑和黑猩猩差不多大，但其齿列比较进步，能够两足行走，这说明后两种特性在原始人类的大脑扩大之前就开始演化了。实际上两足行走被认为是大脑扩大的一个先决条件，因为当大脑扩大到一定程度时，若脊柱不竖直就没法承担起脑袋的重量。

收藏家简介

艾伦·达德利的工作是为高档汽车选择内部装饰木板——这个工种可不太常见。当然，这只是他日常的工作。工作之外，他收集头骨。

许多奇怪的嗜好都源于偶然，达德利的爱好也一样。1957年，达德利出生在英国中部的考文垂。和那一代许多的英国人类似，他喜欢野生动物，收集过鸟蛋，在罐子里养过蝶螟。他的兴趣来自于那些描绘自然的电视节目，尤其是BBC传奇野生动物纪录片制作者大卫·爱登堡的作品对他影响颇大。

但是，年轻的达德利不是一个狂热的动物爱好者，他认为自己对爱好的热忱只算得上是中等偏上。直到18岁生日之后的某天，他在一座花园的篱笆上发现了一具狐狸的尸体，他将它带回了家，进行了清理、研究。

一开始，这只1米长的死狐狸只是一具挂着褴褛破皮的枯骨——肉什么的都已经烂掉了。它却给了达德利第一次亲手解剖动物的机会（后来他精于此道）。他从尸体上取下了完整的狐狸头，用镊子和小刀去掉了毛皮，第一次将目光投向了头骨，惊异于它的纯粹和完美。

后来，他学会了很多种清理头骨的方法。有的收藏者首先会用刀初步处理一下，再放上一些食肉的小虫（例如蛆虫、皮蠹幼虫等），这些小生物能爬进头骨的缝隙与孔洞当中，吃掉剩下的肉。

但达德利发现，虫子们还是太粗暴了，它们进食时非常"狂野"，会把一些脆弱而精细的细节给弄坏，以至于把一些珍品给糟蹋了。例如，许多鼻子长的动物鼻腔深处的小骨头就很容易被小虫子弄坏。所以达德利优先使用冷水浸泡法：把刚找到的骨头放进水桶里，让时间来清除骨头上附着的血肉——事实上，是水里的细菌解决了一切。

这个过程当然臭得要死（因此达德利常把这些装了骨头的水桶放在花园里），也慢得要死（热水肯定能加快进度，却对头骨有害，会造成牙齿脱落、大脑膨胀或骨头分离）。在几周甚至好几个月之后，水的颜色变得乌黑，仅仅是靠近水桶就会让人觉得无比恐怖，但就在此时，一颗完美的头骨出现了，上面不会沾有一丝血肉。血管、软骨与肌肉组成的器官，眼睛、舌头、软腭以及耳道当中那些精巧的肉质结构都不见了，剩下的是一系列白色的骨骼曲线，有些地方硬，有些地方软，有些地方厚，有些地方薄，再经过清洗、漂白（请用双氧水，绝对、绝对不可以用漂白剂），有时还可以给头骨上一层亮漆，之后详细鉴定，再挂上标签，就可以放在收藏架上永久展示了。

过了些年，达德利那只孤零零的狐狸有了伴儿，一开始多了只蝙蝠，然后是蝾螈，之后来了食蚁兽、杜鹃、猴子，越来越多——达德利成了一位极富成就的头骨收藏家，在一些圈子内很有名，是个权威。他获取收藏品的速度非常快，手中头骨的数量非常多，而且颇具广度和深度，人们说他几乎能开家博物馆。

很快，他开始和临近的动物园做起了生意——当园中的动物死了之后，园长们会马上联系他，只要他想，就能拿走尸体的头部，带回家浸泡、清理、摆放到收藏架上。后来，他开始和其他的一些头骨收藏者或英国、美国的一些经销商交易，互通有无。

> 虫子们还是太粗暴了，它们进食时非常"狂野"，会把一些脆弱而精细的细节给弄坏。

艾伦·达德利的收藏室

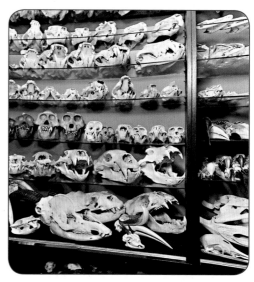

逮捕

当艾伦·达德利开始在网络上交易头骨时，他已经意识到各种各样的国际条约和法律总会涉及一些动物。长期以来，他一直认为自己的收藏行为都遵守了各种法律法规。他当然知道非法狩猎的危险与罪恶，知道许多濒危物种常被捕杀，人类从它们身上获取毛皮、獠牙、腺体以及生殖器——这些器官在世界各地都能卖出高价。

这一切他都知道。于是，就在 2008 年 3 月的一个下午，当 4 个当地政府工作人员（一个来自海关，一个来自税务部门，另两个是护送他们来的警察）敲开他家的门时，他一点儿都不惊讶。他们带着搜查证，头骨们的主人只得让他们对其收藏品开始了漫长的检查。

调查者发现大部分的收藏品都是合法的，其中的一些种类甚至可以从合法的大宗买卖中购得。但是，达德利还是犯了法，他被指控违反了《国际濒危物种贸易公约》中的 7 项条例。有 6 个头骨问题最大，它们分别属于赤蠵龟、黑猩猩、玻利维亚的节尾猴、虎以及一种厄瓜多尔的吼猴和一种企鹅。警方要求他在脚踝上戴上电子监控器，以阻止他靠近自己的收藏品，收藏室的门上也被贴了封条。最终，达德利在考文垂的法庭上认罪了，他被处以 50 周的监禁，延缓执行，那些违法的标本也都被没收了。

法官宣判时表示，达德利的学术热情突破了底线，成为一种非法的痴迷。他特别提到了达德利手中的吼猴头骨。在购买这个头骨前，一共有 3 只吼猴的头骨图片挂在网上待价而沽，其中有两只吼猴的脑袋上很明显有枪伤。达德利买了那个脑袋上没有中枪的

标本。法官说："你肯定知道你当时没有也不可能有任何进口头骨的许可。你当时必然、绝对、完完全全地知道，那 3 个头骨的来源至少可以说极端可疑，其他两只吼猴的照片很明显地显示出了这一点。在我看来，购买中枪而死的保护动物的头骨，这个交易显然是不合法的。"

法官判处达德利 50 周的监禁，缓期执行，罚了他 1000 英镑，达德利在这些非法的交易中损失了 1500 英镑。

后来，他终于摘掉了脚踝上的电子监控器，收藏室门上的封条也被揭掉了。达德利终于得以和自己的收藏品重逢。他决定继续增加自己的收藏品，但发誓在采购时要更加谨慎，碰到一些稀有的物种时要少些冲动。后来，当我们见面时，达德利刚刚结束了在鱼市里的采购——当然是合法的采购——他买了一条鮟鱇鱼，这家伙的脑袋上有发光的诱饵，面容如魔鬼般丑陋，头骨却极其迷人。

达德利依旧坚毅而热情地经营着自己古怪的嗜好。回忆起早些年的经历——在局外人看来，这些经历多少有些怪异——他却深感收获颇丰。这位收藏家讲起了当年的故事：有一次，他在一条沟渠里找到了一只蜷缩着的死狐狸幼崽，于是花了好几个小时，趴在寒冷而混浊的水中，想找全这只狐狸的牙齿（和大部分狗类似，狐狸有 42 颗牙齿）；有一次，他在西班牙一个荒废的公寓大楼内遇到了一只拴在绳上的饿死了的大丹狗，于是用一把小刀切下了它的脑袋；有一次，他为在野外找到了一只死去的仓鸮而狂喜；有一次，他的妈妈把一只死乌龟葬进了塑料袋当中，之后这个可怜的家伙被弄碎了；有一次，他找了一只被踢足球的小孩儿们误杀的刺猬，"可是它的鼻骨还完好无损，没有被

他们的游戏给弄坏"；有一次，他前妻发誓要把他的收藏品都给毁了，因为花园中处理头骨的水桶散发出的味道让她抓狂。但无论如何，回想起一只因癌症而死的蜘蛛猴时，达德利依旧说出了这样的话："我没法去拿走它的脑袋，它的故事太悲伤了。"

收集的本质

按照艾伦·达德利自己的说法，收集头骨——虽然头骨可能不比其他的许多物品更具诱惑力——的确很古怪，自己有种类似于宗教热情的感觉。心理学家一直对这种热情感兴趣（小说家也是，约翰·福尔斯写了本《收藏家》，书中一位蝴蝶收藏家将一个无辜的女人纳入了收藏之列，这本书的悲剧结局当然是可预见的）。

无组织的获取、有组织的获取与分类收藏之间有什么区别？收藏家们通过控制无生命的实体，常能获得心理上的安全感，它能发展出一种病态的需求。

大多数情况下，集邮、收集钱币、火柴盒、古玩、啤酒瓶盖儿以及古董车都没什么害处。的确，靠着我们天生的收藏癖，人类建立了一项规模巨大的产业。而头骨收藏，一开始就会让人感到毛骨悚然和诡异，即使最大胆的人也会觉得有一点恐怖，但它和其他收藏没什么不同，事实上，这些头骨还具有更高的教育意义。

但是，头骨收藏可能比其他的收藏爱好更容易导致一些不光彩的行为，招来一些让人讨厌的群体。举例来说，对头骨的需求可能导致盗墓、非法捕猎受保护动物等犯罪行为的发生。同时，头骨收藏还有可能将某些人引入歧途。

例如，19 世纪美国著名的医师兼科学家塞缪尔·乔治·莫顿就是个头骨爱好者，他收藏了 1000 多个人类头骨。这些头骨让他建立起了一个为美国种族主义者提供理论依据的学说。当然，现在看来这个学说完全是胡扯。

莫顿沉迷于颅骨测量法，他试图用这个方法来测量人类的相对脑容量。这位医师相信，人类分为 5 个独立的人种，其中高加索人种是最高等的，其他肤色较黑的人种都注定要侍奉高级人种。他相信自己找到了证据。南方的白人大批倒向了莫顿那一边，相信他为奴隶制找到了依据。多年来，他一直是全美国种族主义者的宠儿。在这位谦和、羞于让自己的学术研究卷入政治的学者去世之后，他的颅骨测量数据被人们拿出来重新审视，结果发现了许多问题。莫顿的理论来自于不实的数据，还好，它从未被全世界所接受。

达德利是一个出色的标本剥制师，他制作的收藏品都是明证。这是一只红尾鵟（*Buteo jamaicensis*），原产于北美，也叫鸡鹰。

超过2000个头骨被囊括进了艾伦·达德利的收藏。它们都被放在英国中部的一座小屋子顶部的空余卧室当中。这间屋子从外面看毫不起眼，但它依旧是全世界藏品数量最多、藏品种类最丰富的头骨收藏室——从这海量的藏品中选出一部分编进此书，真是莫大的挑战。

我们一开始就试图从这些收藏品中选取珍品中的珍品，之后若是依据分类学分门别类进行介绍那自然最好。之后，我们发现，我们的选择囊括了达德利先生个人最喜欢的那些藏品（他总是说，如果房子着了火，就是冲进火海地狱，自己也得抢救出马来犀鸟、河马、猩猩和南海狮，之后，再捞出鹿豚、鲸头鹳、山魈、大猩猩和鸭嘴兽，哦，对了，别忘了那最猎奇的双头牛），但我们也认为，要把这本书编辑得更好，除了尽可能多地从达德利的收藏品中选出我们所要的之外，也需要做一些必要的补充。

我们唯一的成就——或许正如我们一开始所希望的那样——是从达德利那些无论是质量还是深度都很棒的藏品中选出了最好的。

事实证明我们干得不赖。举个例子，我们得从全世界现存的5000多种哺乳动物当中选出代表：现生的哺乳动物可以分成三类——生蛋的单孔类、有袋的后兽类以及包括我们人类在内的真兽类——达德利藏的哺乳动物头骨主要集中在第三类，也是最大的一类当中的25个目里（仅仅缺了大象和海牛），其他两大类别也有所涉猎。

鸟类大致上可以分成32个目，达德利的收藏覆盖了差不多20个目。这就意味着挑选时必须精而又精。公平而论，我们选择的都是鸟类的代表。

同样的情况也发生在选择爬行动物藏品时，虽然这一大类脊椎动物的演化历程更久远，分类也更复杂，但达德利的收藏还是覆盖了爬行动物的几个主要类群，从中你能找到大量的蛇、蜥蜴、鳄鱼以及龟的头骨。

现生两栖动物仅仅分为3个目。感谢达德利先生，他的藏品覆盖了2个目，只缺了那些被称作蚓螈的不起眼的穴居蠕虫状动物。

我们尽可能地选出了鱼类的代表，全世界现生的鱼类超过3万种，其中的一些有头骨（或者叫前端），一些鱼并没有真正的头骨——噢，这些美味的生物的种类真是多得令人生畏啊。

总之，因为这些收藏品中的大部分的分类质量本身就很出众，

所以我们需要做的是适当地从中挑选出最好的。

另外，公正地说，我们所选择的收藏品都被尽可能仔细、恰当地鉴定过——我们查找过它们的来源：达德利收藏品中的大多数都来自于动物园，动物园里的工作人员都很了解动物，他们能够很好地处理它们的尸体，使其死后还保持着惊人的细节，当然他们也具备正确鉴别它们的技能。

达德利也和经销商们打过交道，否则也弄不到一些或稀有或古老的头骨，这些藏品也都被分类记录过。对这些头骨的鉴定肯定会出现一些不可避免的分歧——生物学家们会纠结于该把某个头骨放在生命之树的哪根细小的枝桠上。但我们坚定地认为，每一个样品都得到了精确的鉴定。

达德利的收藏有一些细微的缺口。我们找出一些在他的卧室收藏中找不到的动物的头骨照片——这其中有些动物太稀有，有些动物太大。但我们补充的照片数量非常少，仅包括一头大象和它的獠牙、一只犀牛和它的长角，以及著名的牛津渡渡鸟。

他的收藏品中有一些珍品，例如无头但外表华丽的龟壳、剑齿虎头骨的复制品。

最后，说说这本书的设计。为了展现头骨的细节，我们力争选取最好、最有趣的角度给它们拍照，并按照分类依据给它们排序，以便最系统地展现这些头骨。有些照片我们特别选择出来放得很大，相应的有些会比较小，本书中显示的头骨的大小比例和真实头骨的大小比例不是一一对应的。

我们在本书当中所做的，换句话说，是近乎完美的调查——书中生物的组合平衡且多样——这本书是被设计用来看，用来学习的。我们几乎能够认为这一系列图片充分展示了脊椎动物身体上最具代表性的那个部分，这些图片直接且细腻地重现了美丽的头骨，而头骨承载了高等动物的神经组织与各种感官，这些器官让高等动物（以及我们）成了真正的奇迹。

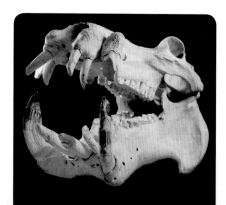

河马的头骨真的非常巨大，只有大象和白犀牛拥有如此魁硕的头骨。

两栖动物

美国牛蛙

Rana catesbeiana

　　美国牛蛙的头骨是个易碎品，其上有容纳双眼的
两个大孔（蛙类可通过闭眼压迫眼球使其往颅内收缩，
这个动作可以帮它们吞咽）以及一个非常大的嘴巴。
它们的下颌骨上没有牙齿，但上颌骨上有一排小齿。

界： 动物界（Animalia）
门： 脊索动物门（Chordata）
纲： 两栖纲（Amphibia）
目： 无尾目（Anura）
科： 蛙科（Ranidae）
属： 蛙属（*Rana*）
习性： 食虫 / 夜行性
保护状况： 无危（LC）

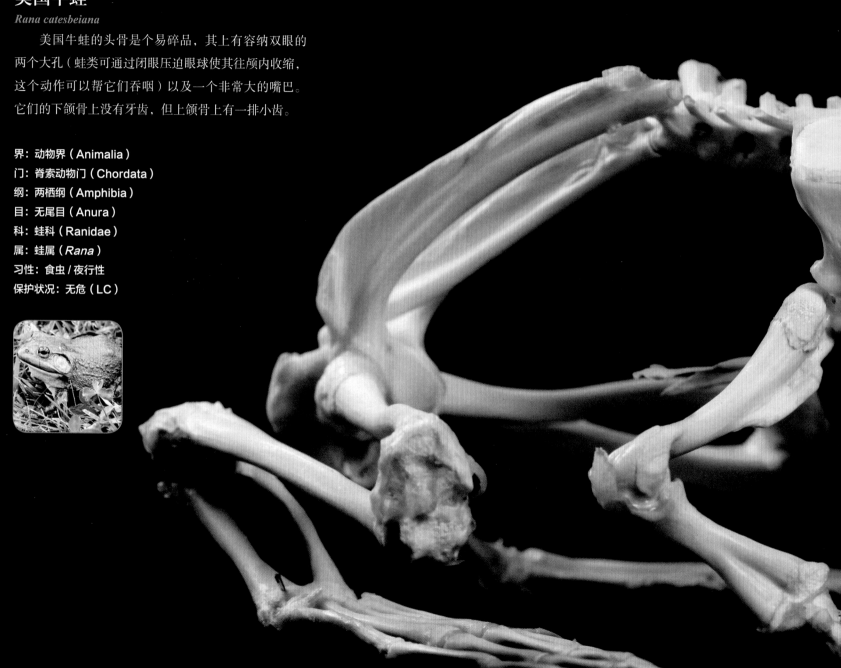

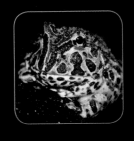

钟角蛙

Ceratophrys ornate

这种两栖类的下巴是如此之大，大到看起来能够把自己给吞下去。这种角蛙原产于阿根廷，这里展示的这具骨骼就出自那里。它们非常贪吃，几乎会把所有从它们身边经过的东西给吞下去。另外，这种看起来像"口袋妖怪"（知名电子游戏）中的大嘴蛙的角蛙，有一个让人印象深刻的大脑壳。

又名：阿根廷角蛙	科：细趾蟾科
界：动物界（Animalia）	（Leptodactylidae）
门：脊索动物门（Chordata）	属：角花蟾属（*Ceratophrys*）
纲：两栖纲（Amphibia）	习性：食肉/夜行性
目：无尾目（Anura）	保护状况：近危（NT）

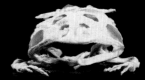

墨西哥钝口螈

Ambystoma mexicanum

　　墨西哥钝口螈是一种性成熟时依旧保持幼态的蝾螈，它们备受动物学家喜爱。这听起来很奇怪，但它们是一种保留着幼年时期外腮的巨大蝾螈。动物学家称这种现象为幼态延续：动物在性成熟时还保持着幼年期的特点。这种蝾螈的头骨非常精致而易碎，能够当作两栖类的代表，大嘴巴上有数以百计的细小牙齿，一直生长到上下颌连接的关节处。

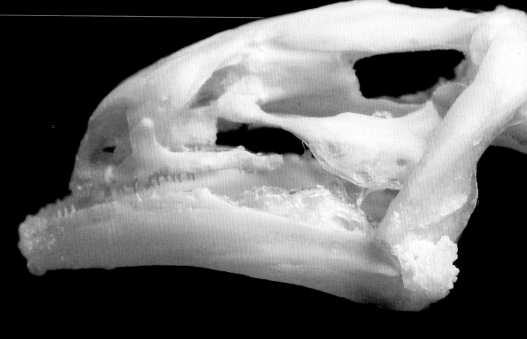

界： 动物界（Animalia）

门： 脊索动物门（Chordata）

纲： 两栖纲（Amphibia）

目： 有尾目（Caudata）

科： 钝口螈科（Ambystomatidae）

属： 钝口螈属（*Ambystoma*）

习性： 食肉 / 夜行性

保护状况： 极危（CR）

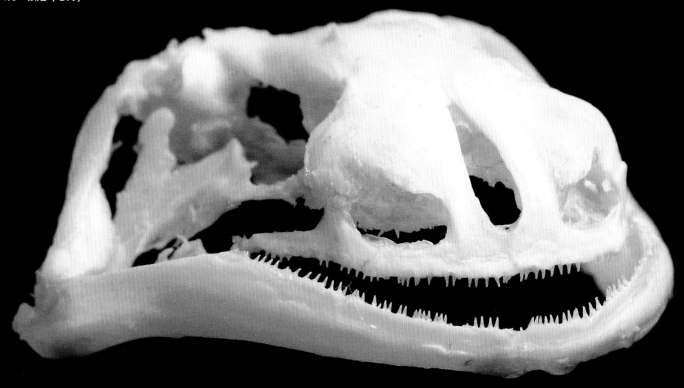

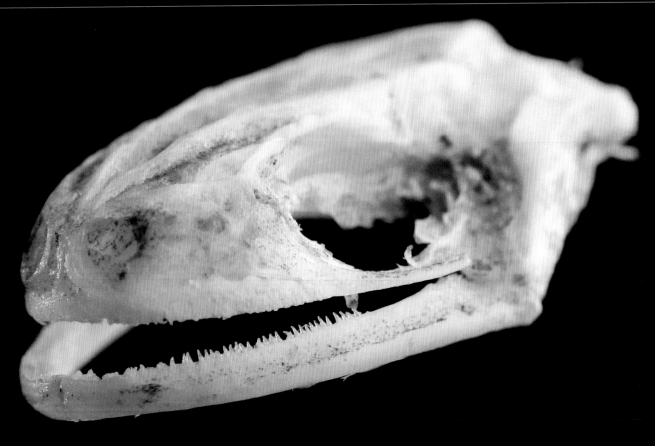

普通欧螈

Lissotriton vulgaris

　　普通欧螈的头骨不是很复杂——上面有一对颚鼻孔、眼眶以及两排牙齿。这种蝾螈遍布于欧洲北部，寻常可见。到了暮春、初夏，它们就能从蝌蚪长成拥有长尾巴、四条腿的成年蝾螈。这个比手指甲还小的头骨是达德利先生最小的收藏品。

界：动物界（Animalia）
门：脊索动物门（Chordata）
纲：两栖纲（Amphibia）
目：有尾目（Caudata）
科：蝾螈科（Salamandridae）
属：滑螈属（*Lissotriton*）
习性：食肉 / 夜行性
保护状况：无危（LC）

头骨的特性与特质

在数千万种动物当中，只有非常少的一部分动物拥有头骨：据分类学家估计，这个数字大约是 58000——还不到动物界物种总数的 0.05%。有头骨的都是脊椎动物，因此，"脊椎动物"和"有头动物"这两个词在很大程度上是可以画等号的。

仅有 58000 种动物拥有其他动物所没有的脊柱与头骨，这些动物可以粗略地分成 5 大类：以土豚和斑马为代表的哺乳类、以信天翁和火鸡为代表的鸟类、以短吻鳄和乌龟为代表的爬行类、以蝾螈和蟾蜍为代表的两栖类和以鳕鱼和狼鱼为代表的鱼类。

大多数情况下，头骨是骨质的。骨是一种组织，也可以指代某些拥有组织的器官。它们极度复杂，有的重，有的轻；有的坚硬，有的柔韧。在同一个生物体内，骨头也各不相同；在各种动物当中，骨头更是多种多样（举个简单的例子，沙丁鱼的骨头就和河马的骨头大不一样，而人类的头骨与腿骨也大不一样）。

但是，几乎所有的骨头都拥有相同的化学成分。它们都是由纤维蛋白、胶原蛋白构成的，其中还有磷酸钙、羟磷灰石等矿物质，这些物质赋予了骨骼硬度、耐久度以及强度。胶原组织是骨骼当中活着的部分，它们让骨骼这看起来无生命的紧密结构能够生长、弯曲、得到修复。骨骼的每一处都有无机物和有机物，但它的结构不是均匀的：外部是密质骨，内部是松质骨。那些看起来呈海绵状的松质骨占据了骨骼的大部分体积：其中的组织是活组织，有血管、神经和骨髓；骨髓能够为脊椎动物的身体生产血液细胞。

人体内一共有 5 种骨骼：籽骨，例如膝盖骨；不规则骨，例如坐骨和脊椎骨；短骨，例如踝关节、腕关节中的骨头；长骨，例如手臂和腿上的长骨头；扁骨，例如胸骨。而头骨的大部分，就是由外面是密质骨、内部是松质骨的宛若三明治的扁骨构成的。

无论是哪种动物的头骨，都有两个大的基本组成部分，这两部分由软骨和肌肉连接在一起。较大的一部分通常是颅骨，它容纳着大脑和感觉器官；另一部分是下颌骨，也就是下颌那部分。

下颌骨和颅骨一样，上面一般都有牙，它们依靠杠杆原理，让脊椎动物能够抓取食物，还能对食物进行处理，让它们更容易消化。下颌上一般都有强大的肌肉组织，在少数情况下，它还能起到装饰的作用。

颅骨的形态多种多样，但一般都能分成 3 个基本的组成部分（尽管颅骨当中还有很多细微的结构以及细小的游离骨骼）。一个部分叫脑壳，通常是穹顶状结构，功能如其名，起到覆盖、保护大脑的作用。一个部分是颧骨及颧弓，构成了眼球所需要的孔洞，也为眼球提供了保护；它有时候看起来特别大。还有一部分是口（rostrum）。《牛津英语词典》为头骨的各个部分提供了语源学的考证，其中"rostrum"这个词条下，收录了几乎所有指代嘴的词：吻部（snout）、口鼻部（muzzle）、喙（beak、bill），这些词汇指代不同的、但都自然存在的嘴，动物的种类不同，它们的嘴也不太一样。

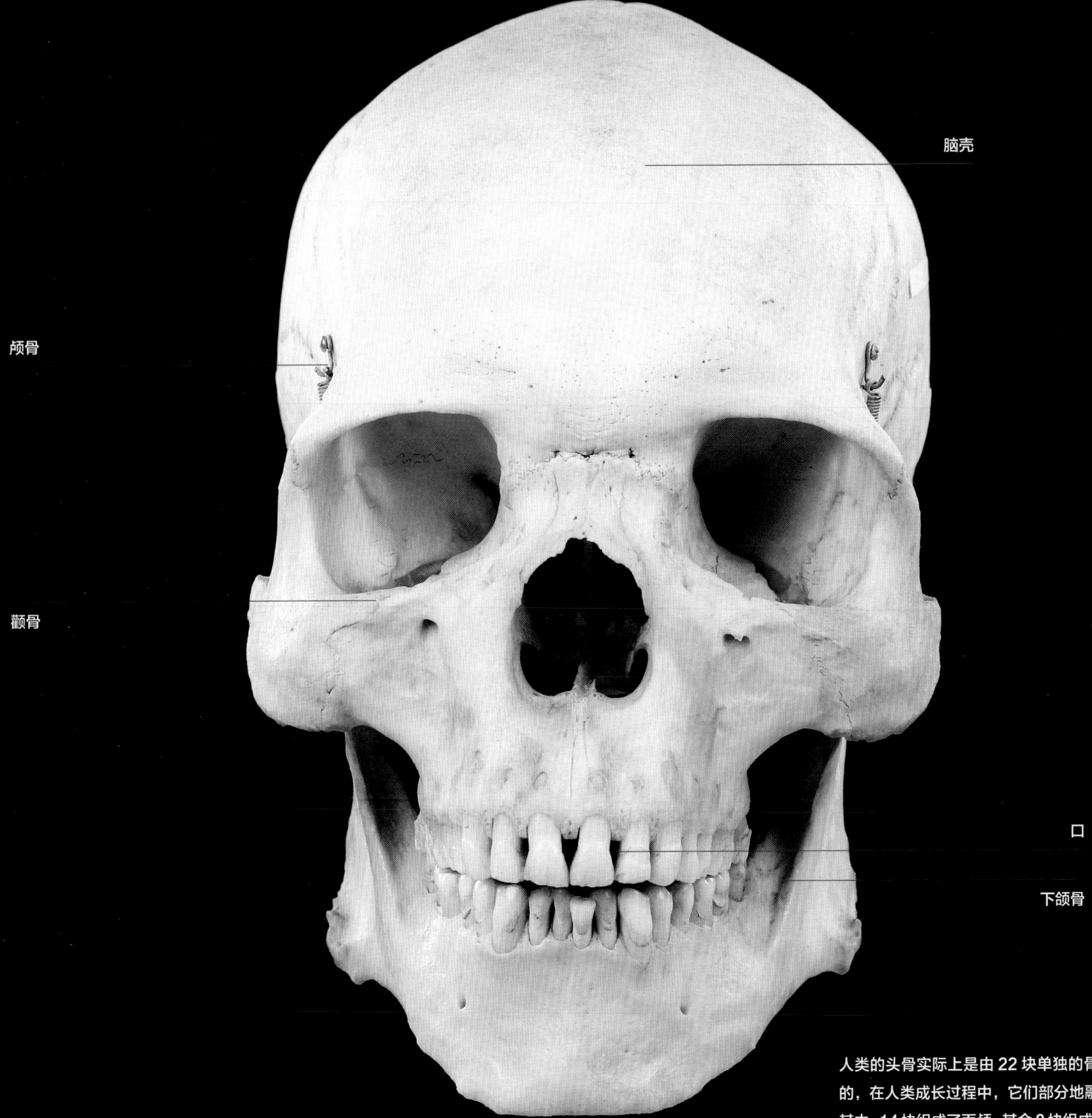

脑壳

颅骨

颧骨

口

下颌骨

人类的头骨实际上是由 22 块单独的骨头组成
的，在人类成长过程中，它们部分地融合了，
其中，14 块组成了面颅，其余 8 块组成了脑颅。

头骨的组成部分

一直以来，头骨迷住了许多人。但头骨的各个部件或组成部分的名称，却并没有成为常用名词，不为一般人所熟悉。颌骨、眼眶以及脑壳这些词语尽管不常出现，但很容易看得懂。但头骨上其他部件的名称宛若古典的迷宫，让人迷惑不解——其中的大部分名词都得用拉丁文才能准确表示。头骨之外，其他的骨骼名称都较为易懂，诸如股骨、坐骨、肱骨，还有指骨，这些词语都很好理解；但在头骨上，有顶间骨和鳞骨，有描述由几块骨头延伸部分围绕成的孔洞的颞窝，有描述靠近颌骨前方大致呈三角形、构成部分鼻中隔的犁骨。人类以及大部分哺乳动物的头骨上各个细小的、常人难以观察到的小部件，在学术上几乎都被赋予了如此不常见的名称。这些名称一般都是拉丁文的，例如"犁骨"，其词根就是拉丁文中的"犁头"。

这些名称是如此的重要，有了它们，你就能够科学地描述不同生物的头骨，并通过它们为多种多样的动物分类。本书的余下部分将不可避免地出现这些词语。以北美水獭（*Lontra canadensis*）为例，我们能够如此简单又科学地描述一颗头骨：这颗头骨呈扁圆形，拥有伸展得很开的颧弓，嘴部很短，脑壳很大。

但你若是要完整地描述它，那就比较麻烦了：北美水獭的嘴短且宽；唇基沟仅在不成熟的个体中明显；颧弓细长，伸展得很开，向前段汇聚；眼眶位于头骨中间，朝前，大小约为颞窝的一半；两眼眶中间的部分很宽，比眼眶后收束的部分要宽；脑壳长且宽，占

据了整个头骨长度的 50% 以上；头上的脊线发育不完全，汇聚于头顶之上，成年个体有很低的矢状嵴；枕骨嵴发育良好；乳突大且具有特点……

还有另外一种方式能够描述头骨，在外行人眼中，这种方法看起来只是不知所云的数字表达式。拿它来描述北美水獭，就是 i3/3 c1/1 p4/3 m1/2。

若要描述头骨并为其分类，这种式子最为重要。它是在描述牙齿——是故，最为狂热的头骨收藏家都会尽可能地收集齐藏品的牙齿，并让它们各居其位。式子中的 4 个字母——i、c、p 和 m，分别表示门齿、犬齿、前臼齿和臼齿；而 "/" 前面的数字是上颚一侧该种牙齿的数量，"/" 后面的数字是下颚一侧该种牙齿的数量。例如，我们能从这个式子中看出，北美水獭上颚的一侧有 4 枚前臼齿，下颚一侧有 3 枚。利用这个式子我们能算出这种动物的正常成年个体一共有 36 枚牙齿。

脑壳的修饰

脑壳配得上这样的广告词：材质坚硬，设计优良。但当你看到啄木鸟"咚咚咚"地不停大力地敲击坚硬的树干，你一定还是会有这样的疑问：它们的脑壳真的够坚硬吗？真的能够让它们免于脑震荡吗？

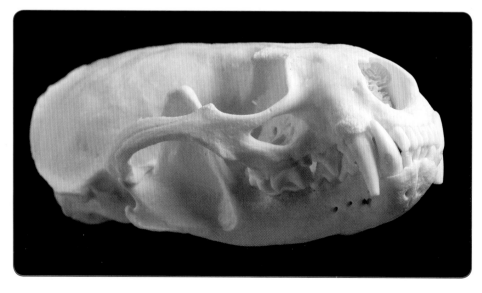

这是和北美水獭很像的欧亚水獭（*Lutra lutra*）的头骨。尽管它的嘴巴合上了，但你依然能够计算出它的牙齿数量，以此作为鉴定依据，其头骨每边都有 3 枚上、下门齿，1 枚上、下犬齿，4 枚上前臼齿，3 枚下前臼齿，1 枚上臼齿，2 枚下臼齿。

那么，春季的公羊与雄鹿凶暴地用撞头来争高低也没问题吗？彼时，空气中回响着敲击声、双角纠缠时的摩擦声、雄性的吼叫声，不断重复着的极端暴力——这真没事儿吗？这些动物的本能是如此粗野，是什么保护着它们的大脑，不让大脑被捣成糨糊？

（说到这儿，不得不承认对于很多观察者来说，公羊们有时候看起来就像长着糨糊脑子。一对公羊上青岗，有时候很融洽，但有时候它们就像是突然发了疯，毫无缘由地小步冲向对方，猛烈地用双角争斗上那么一小会儿，然后又小步跑回去，用满是空虚与愚蠢的双眼凝视着天空，仿佛啥事儿也没发生似地继续吃草。你可能会觉得这些羊都在扪心自问：俺们这是在干什么呢？）

不论是公羊还是啄木鸟，都得有坚固的头骨，尤其是那浑圆的脑壳，更得像装甲车的铁甲一般。更关键的一点是，相对其他动物，这两种动物的脑壳得拥有非比寻常的平滑的内部。

许多动物都必须面对一个问题，那就是它们的脑袋经常要承受撞击——鹿等各种有角的哺乳动物自不必说，一些鸟类也得面对这样的问题——这些动物的大脑一般都不大，而且相比人类，它们的脑皮层要光滑许多。这些动物颅腔中的脑脊液也不多，腔体内多出来的空间也很小，这样一来，大脑在以头为锤的过程中，脑脊液就不会因骤然加速、减速而在颅腔内乱撞。此外，无论是公羊还是啄木鸟，它们都很小心地让"头槌"精确地只在一个方向上接受撞击，这样一来，就能尽可能地避免大脑在多个方向上的移动，也就减少了受到撞击和其他各种损伤的可能性。

鲣鸟也得解决类似的问题。这些黑白相间的水鸟，翼展能达到近两米，会用惊人的"高台跳水"的方式扎入大洋当中捕食游鱼——它们会飞到 30 多米的高空中，以 60 千米 / 时的速度一头刺进水里，像企鹅一样划动翅膀追击它们选中的猎物。

这个过程相当惊人，会让你由衷地为这些出色的"猎人"叫好。鲣鸟拥有鹰一般的眼睛（这个比喻可以反过来），而对于鸟类来说，真正罕见的双眼视觉能让它们更容易锁定目标。如果足够幸运，它们能在水中将猎物吃完，然后浮上水面，笨拙地起飞，准备下一次捕食。

但是，对于鲣鸟来说，成功的捕食背后是演化带来的巨大的改变。从 30 多米的高空一头扎入水中，对一只体重不那么大的动物来说可能不是致命的，但像鲣鸟那么大呢？正如 J.B.S. 霍尔丹在他知名的 *On Being the Right Size* 中写道："投小鼠自百丈之崖，下有软土，晕厥复又醒，施施然而走之。鼠大则死，若人则碎，若马则似掷坛酒于地。"

但鲣鸟不会摔碎，只会溅起一团水花（正如霍尔丹那句话的字面意思）。扎入水中这个动作似乎会让鲣鸟患上头痛病，但事实上它们好得很。回到水面之后，这些奇异的水鸟并没有因为"撞了脑袋"而有任何智力上的损伤。它们是怎么做到的？它们的脑壳经过足够合适的修饰，正如公羊和啄木鸟那样。在速度为 60 千米 / 时的冲击之下，水面就是一堵墙，鲣鸟又长又窄的鸟喙分开了水面，脸上的气囊能帮它们缓冲，它们没有鼻孔，因此也不会被水以 60 千米 / 时的速度冲进头部造成内伤。鲣鸟的头骨和协和式超音速客机的"鼻子"很像，强健、精致，铁板一块，没有孔洞，略微向下倾斜，以便高速地扎进水中。

不同动物的头骨有着不同的修饰，它们都是由演化这双"大手"造就而成的，以适应不同的生活环境、生活方式和生态位。有些动物的头骨狭窄而精细，例如瞪羚；有些短粗而有力，例如狮子。前者适应于食草，经常要腾跃运动；后者是伏击高手，需要用有力的大嘴来杀戮。

通过观察头骨，人类能够很容易地推测出动物的行为、居住环境，对于训练有素的人来说，甚至只要扫上一眼就能够找到这些信息，因为头骨的修饰与功能有关。

牙、角以及喙，我们稍后讨论。这里说说嘴巴——（狭义的），颌骨在下组成下颌，颌骨在上组成上颌——各种动物的嘴都不一样。

例如，相比狼那巨大的嘴巴来说，野兔的嘴要小得多，看起来也少了太多侵略性；或者看看一些动物头骨顶上的脊线，例如美洲狮，它的脊线高高突起，宛若船帆一般，这种结构被称作矢状嵴，肌肉能够附其上，赋予动物巨大的咬力。对于像长鼻浣熊这样的不那么凶暴的动物来说，拥有大型矢状嵴意味着它们的咬力不一般。如果你惹了这样的动物，那还是跑吧，否则它们自卫的时候能够狠狠地咬你一口，会对你造成很大的伤害（如果你碰到的长鼻浣熊是雄性的，那更得加倍小心，它们的矢状嵴比雌性的更大；矢状嵴的性二型现象还出现在渔猫身上，所以你遇到雄性的渔猫也得多加小心）。

相比之下，眼眶不像嘴或是矢状嵴那样具有攻击力。但有些动物的眼眶大得吓人。例如眼镜猴，就有着似乎和头骨一般大的眼眶。眼眶的大小，能够揭示这种动物的视力是否良好。

同样，那个叫"听泡"的结构的大小能够揭示动物的听力是否良好。跳兔（*Pedetes capensis*）和家兔都有大型的听泡，据说，兔子

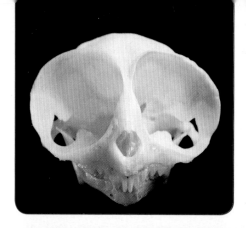

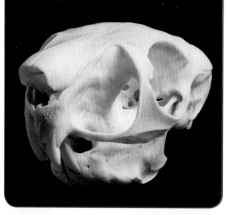

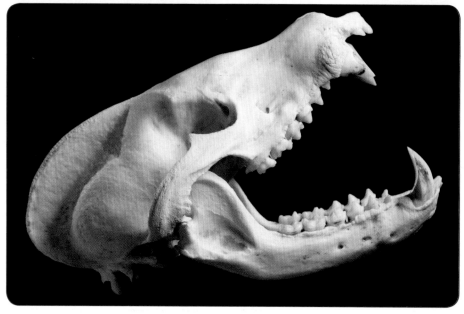

的一些小线索让他们欢喜：约书亚警告杰里科城的居民城墙将倾时所用的乐器是羊角号，这是一种由雄性绵羊多瘤的骨质大角制成的仪式用乐器，是好斗的公羊的角。

在英文当中，乐器"号角"和动物的"角"都可以用"horn"这个单词来表示，这个现象值得注意。这个词在希腊语和拉丁语中都能找到源头。大约在公元825年，它传到了英国，这其中有一段有趣的历史。

"horn"刚出现在英文当中时，即指乐器，也可以指代《圣经》中的一种权力的象征。但在大约两个世纪之后（约公元1000年），它看上去变成了指代动物脑袋上的角的词语，也能指代由角做成的能够装盛粉末、油、墨水的容器。

附着在听泡上的内庭能够和猫头鹰猛扑下来时羽毛发出的微弱"嗞嗞"声发生共鸣，这使得它们及时逃回洞穴、看到明天的太阳的概率大大增加。

如果不仔细检查头骨，那么没人会知道兔子是如何做到这一切的：猫头鹰扑下，但兔子已然消失无踪——长期以来，兔子的这种行为被当作与公羊撞头而不得脑震荡一般神秘的事情。

行为学家认为，公羊撞头是为了地位，为了地盘，为了性。但公羊的头骨不能揭示这些事实，只能告诉你它强壮异常。兔子的头骨上却布满了线索，有许多泄露它们行为的蛛丝马迹——对头骨收藏家来说，也许应

该多考虑头骨上隐藏的那些学术上的价值，考虑破解那些行为谜团带来的智商上的快感，而不只是为了摆在那里好看。

角^{译者注}

"七个祭司要拿七个羊角走在约柜前。到第七日，你们要绕城七次，祭司也要吹角。"

——《圣经·约书亚记》6:4

研究《圣经》的学者能够一眼看出这句话背后的事件：杰里科城被摧毁了，这是以色列人征服迦南进程当中的第一次小冲突。但生物学家同样对此感到好奇，他们可能对圣地神秘的历史兴趣不太大，但埋藏在其中

译者注：本节原标题为"horn"。在动物学当中，狭义的"horn"单指空角，即内有骨芯外有角蛋白包裹的角，这种角基本只出现在牛科动物（包括牛、羊、羚羊等）当中。而鹿角是实角，犀牛角是纤维角，都不是真正的"horn"。这和中文当中"角"这个字的含义很不相同。本节主要描述的就是牛科的空角，除非特殊注明（例如"鹿角""犀牛角"），本节当中出现的"角"都特指空角。

这种转变看起来是个谜题。表示羊角号的"horn"，为什么在英语里先有乐器"号角"的意思，后来才指代这种乐器的原料"动物角"呢？这样的顺序似乎表现出了这样一种逻辑：动物脑袋上的角"horn"（后期含义），看起来很像是那种乐器"horn"（前期含义）。但这个逻辑很荒谬，违反了直觉，而且是错的。把它反过来才是正确的：乐器"horn"（相对来说晚近的发明）很像动物的"horn"，因此被称作"horn"。但问题是，为什么英语里会出现这样奇怪的词义转变呢？

答案是：英语的某些概念偶尔会缓慢地吸收一些外来的概念，因为语言的改变也是势利的（你敢说不是吗？）。1000 多年前，英国人——或者说讲英语的人——可能很高兴地从当时更文明的地区接受了拉丁语单词"cornu"，这个词有"角"的意思，也有像"角"的东西的意思。之后，两世纪以来一直表示羊角号的"horn"和"cornu"发生了同化或是混用，前者也拥有了动物角的意思。（"cornet"这个单词指代"小号"这种现代乐器，它是"cornu"这个拉丁语单词的衍生词。）

你被这些单词的逻辑绕晕了吗？没事儿，英文版《圣经》中"horn"这个词用得也很多："或是献有角有蹄的公牛"（《诗篇》69:31），"这兽与前三兽大不相同，头有十角"（《但以理书》7:7），"有羔羊站立，像是被杀过的，有七角七眼"（《启示录》5:6），"基拿拿的儿子西底家造了两个铁角"（《列王记上》22:11），"我必使你的角成为铁，使你的蹄成为铜"（《弥迦书》4:13）。这些"角"显然意思不尽相同，但用的都是"horn"这个词。

简单地说，动物的角长期以来一直被（至少在圣地一直被）当作高位的象征，在犹太人的宗教仪式当中，吹响羊角号经常会成为活动的中心和高潮。（苏格兰人亚历山大·克鲁登是一位著名的早期《圣经》索引编纂者，他编纂的"公羊（See Ram's）"这个条目当中，"角"占据的页码很多。）

这就是羊角号。在希伯来人的历史当中，羊角号可长可短，或古拙或华丽（例如用金、银装饰号角的吹口），或直或弯，或由一般的绵羊角制成（这种比较普通，每天都会在庙宇中吹响，宣告普通的事情），或用特殊的公羊角制成（只在大的节日中或等级较高的会堂上吹响），或用旋角羚角制成（也门的犹太人会这么做）。羊角号也在战场上吹响，用来召集士兵战斗——犹太人摧毁杰里科城城墙时就吹响过。羊角号有时也被当作政治声明：1967 年，拉比们就在西墙上吹响了羊角号庆祝战争的结束。

犹太人生活当中有许多事情都有严格的法则来规范。羊角号的制作当然也不例外。这种乐器必须用洁净的动物——洁净的兽类包括那些偶蹄、有趾、反刍的种类——的角制成。所以，北美野牛、羚羊、瞪羚、绵羊、山羊的角在理论上都是可用的。鹿角符合规范，却不能使用，因为鹿角彻底骨化了，不太容易做成空心的；而牛科动物的角虽然有骨质的芯，但主要由 α-角蛋白构成（指甲和头发中也有同样的蛋白），因此掏空它是可能的。

如今的羊角号——最好的那些几乎都是用公绵羊的弯曲长角做成的——基本只在犹太教新年和赎罪日上吹响。在那些神圣的时刻，羊角号吹出的声音被当成来自天堂的声音，能够被选中成为吹号手，是巨大的荣耀。

角，是大部分雄性牛科动物头骨上不可缺少的一部分——这些偶蹄动物的头骨已经演化成适合于它们生活方式的外形，而对于它们来说，活着的时候最重要的事情就是吃草。所以，它们的牙齿冠面不仅平坦，也很锋利；它们的眼眶很大，朝向侧方，于是能够在不动脑袋的情况下观察到很大一片区域；它们的颅骨上方很平坦，鼻窦和其他一些小部件都很坚固，于是它们能够放心地纵情于交配前划定地盘与地位的争斗当中。有种观点认为，牛科动物角的作用是适应种内争斗，这些动物为了防止受伤而用各种方式加强自己的头骨，角就是这个过程的副产物：角的骨质核心和头骨的质地一样，会和后者一起生长。当角长得足够大的时候，就不再只有保护头骨的能力，还能给敌人或同类竞争者造成伤害。

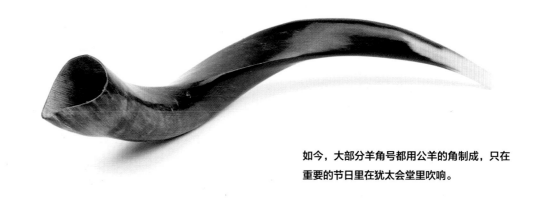

如今，大部分羊角号都用公羊的角制成，只在重要的节日里在犹太会堂里吹响。

角能够暴露动物的年龄：它们会一直生长，拥有和树木类似的年轮。角还会像做"体操"一样扭曲成有趣的形状——首先，水平向外或对角向上生长（想想家牛），有时候会出现弯曲（想想德州长角牛或亚洲的瘤牛），或向后生长（想想野牛或牛羚），或出现大角度弯曲，成为盘卷在脑袋上的大型圆月状角（想想那些不幸成为狩猎爱好者挚爱的摩弗伦羊）。

在所有的动物当中，极度稀有的大黑马羚（*Hippotragus niger variani*）的角可能是最漂亮的。它们是安哥拉的国家象征——但讽刺的是，在已于2002年结束的持续了近30年的安哥拉内战中，这种动物几乎灭绝了。雄性大黑马羚向后弯成月牙状的巨角，长度能达到1.8米以上。当这种害羞的、但极其健硕的动物屹立在森林边缘昂首展现其巨角时，你能感受到它们身上野性的优雅与高贵——动物之美的极致不过如此，但如今这幅画面极难看到。

牛科动物的角都没有分叉。而在一些非

牛科的有蹄动物当中，情况就不太一样了。例如叉角羚这种生活在北美的不是羚羊但貌似羚羊的动物，就有着分叉的角。叉角羚角中的骨芯也是分叉的（这种分叉甚至反向延伸到了头骨上），这使得它们那有两个分枝的角看上去有几分像鹿角（重复一遍，"鹿角"和牛、羊的空角完全不一样，它们是没有角质层覆盖、一年或几年一换的实角）。叉角羚角较小的那一枝向头的前方伸出，使得整个角看起来像是个叉子。

牛科动物和叉角羚隶属于偶蹄动物（它们通常用4个指/趾负重）这个庞大的家族，这个家族囊括了河马、猪、野猪、骆驼、鼷鹿、牛、羊、山羊、羚羊和长颈鹿。

在有蹄动物当中，还有奇蹄动物这个家族，它们常以巨大的中指/趾负重。这个家族囊括了斑马、貘等动物，当然，有角动物中的明星——犀牛也隶属于这个家族。但悲剧的是，犀牛那雄伟、本是用来保护自己的大角，从某种意义上说却害得它们濒临灭绝。

拥有向上盘旋3圈甚至4圈的壮观长角

的印度黑羚（*Antilope cervicapra*），因它们的皮与肉而被人类猎杀；拥有弯曲巨角的大角羊（*Ovis canadensis*），因以兽头装饰墙面的虚荣需求而被人类猎杀。但相比之下，现存的5种犀牛——2种在非洲，3种在亚洲——被人类猎杀的原因就更为吊诡而特殊，它们的处境也更加危险。

犀牛角和其他动物的角不太一样，它缺少骨芯，只是单纯的角蛋白堆积——这种蛋白也出现在指/趾甲和毛发当中。印度犀牛（*Rhinoceros unicornis*）和爪哇犀牛（*R. sondaicus*）只有一根独角，而黑犀牛（*Diceros bicornis*）、白犀牛（*Ceratotherium simum*）和苏门答腊犀牛（*Dicerorhinus sumatrensis*）拥有两根角。所有的犀牛都被偷猎者无差异地盗猎着，它们的角是最主要的目标。在黑市上，犀牛角被当作工艺品的原材料，但在传统医学中更常被碾成粉末，用于壮阳或催情（常和虎鞭、蛇胆等奇怪物件一起使用）。多种因素造成犀牛的种群濒临灭绝，于是我国于2018年发布了《国务院关于严格管制犀牛和虎及其制品经营利用活动的通知》，以加强对犀牛的保护。

除了哺乳动物之外，还有一些动物的头上有角状物。例如，包括犀牛鬣蜥（*Cyclura cornuta*）在内的一些蜥蜴拥有覆盖着角质层的骨质角，这样的角和牛、羊的空角拥有颇为类似的结构。

这里有一个隐喻。正如药箱中的犀牛角、战利品墙上的羊角、犹太会堂中的号角那样，动物的角既神秘又充满诱惑，它们似乎在人类世界当中扮演了一个超自然的先验角色，不论是在世界的哪一个角落，不管角是大还是小，只要那里有人类，角都扮演了这样的先验角色。

公羊角的大小决定了公羊是否能赢得雌性。

（按顺时针方向）

长颈鹿的头顶上有独一无二的角，它源自钙质的沉积，刚出生的个体是不会有角的。

许多鹿的头上有巨大的骨质鹿角，有些鹿每年都会换一次角。牛科动物的空角就长得慢多了，也从不替换。

这是一颗印度黑羚的头骨，它的长角在头顶上旋转了 4 圈。

如果按重量来计量，犀牛角比黄金和可卡因还要贵。这个标本来自芝加哥自然博物馆，它的价值可能超过 40 万美元。

这颗苏拉威西鹿豚的头骨上有看起来很像角的长獠牙。

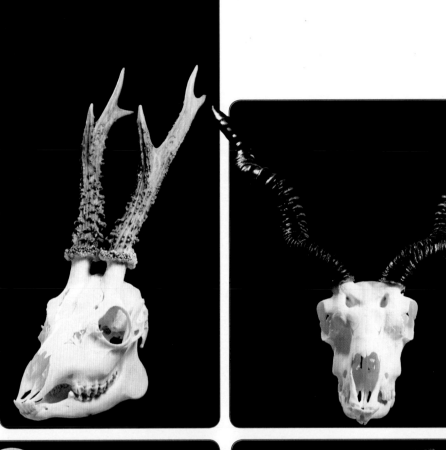

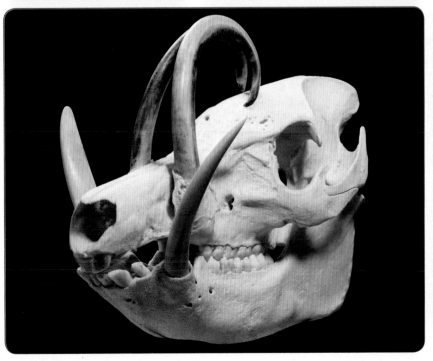

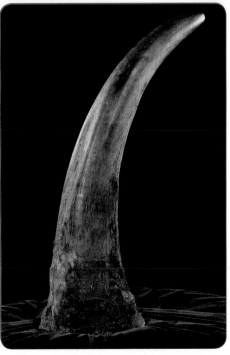

牙

有位姑娘，尼日尔来
骑虎背上，满面笑颜
他日再来，姑娘不见
看那老虎，笑容满面

开怀大笑是友谊、高兴的信号，也是对幽默的回应，还能让人显得容易接近。然而，那种常出现在电影、电视当中的完全不露齿的笑容似乎展现出了一种半心半意的感觉，让我不太能接受：笑而露齿，不管是露得多还是露得少，都应该是一件乐事。

但前面说的这些都是人类的表情。对于大多数动物来说，露出牙齿就是另外一种意思了。如果有人对着你露出闪亮的八颗大门牙，你应该跑过去给他/她一个大大的拥抱。但如果有动物对你露出了牙齿，那你要赶紧朝相反的方向跑，能跑多快跑多快。牙齿，一般来说在动物世界里是可怕的。

在动物世界当中，最具有戏剧性、最可怕的"微笑"应该属于已经灭绝了的巨兽剑齿虎。从技术上讲，虽然名字里有个"虎"字，但剑齿虎其实是一种猫科动物，只不过个头很大，犬齿极长而已——那就是一对指向头部下方的尖刀。有趣的是，剑齿虎并不会把这对长牙当作主要的格斗武器，不会用它们在搏斗当中刺杀它的敌人（有证据显示，以斯剑虎为代表的一些剑齿虎咬力比较弱）。它们会用强有力的前肢和可怖的爪子压服猎物，再以长牙为刀，结果猎物。

在现生的猫科动物当中，珍稀的云豹拥有相对来说最长的犬齿。它们的咬力非常惊人，能够把带着长牙的血盆大口当成主要武器。"腥牙血爪"这个俗语可能在剑齿虎身

上不太适用，但对于现存的大猫——狮子、老虎、豹与猎豹来说，却如量身定制一般。如果你看到了它们的"微笑"，跑吧（虽然不一定有用）。

那些能吓得你逃跑的长牙位于这些大猫嘴巴的前部，这些犬齿又长、又大、又尖锐。它们是专属于午夜档恐怖片的牙齿——牙位于最有力的骨骼之上，专门用作切割、穿刺、撕咬敌人或猎物的血肉。

牙齿表面覆盖着磷酸钙，这些无机物组成了一种坚硬的晶型，它被称作珐琅质（在这层物质的下方，通常还有一层叫作象牙质的物质），有了它，即使动物身体已归尘土，牙齿也能保存下来。人们若是能找到一颗头骨，那常常也能够在头骨中或其旁边找到牙齿。而在更多的时候，牙齿能比头骨保存得更久。在所有牙齿当中，犬齿是最突出的一种，它们的长度和尖锐程度，常常能帮我们鉴定出其主人的身份。

人类的头骨上当然也有犬齿——一共有4颗，无论上下颌，从中间开始往旁边数第三颗就是——但人类的犬齿和它们的"邻居"差别不是特别大。是的，人类的犬齿的确是圆锥形的而且比较尖，而前方的门齿更像是凿子，后方的前臼齿和臼齿显得宽而圆，上面还有碾磨食物的小尖。但至少从尺寸上看，人类的犬齿和其他的牙差别不是特别大——除非人变成了吸血鬼，那样一来，犬齿才可能变成那种能够刺入猎物颈动脉当中的滑稽的细长尖牙。即使是在恐怖小说中，人类也不会用犬齿来战斗，如果一个人咬其他的动物，也是用门齿咬。

剑齿虎嘴中的巨齿看起来不像是真的，它能让人感到深切的恐惧。这颗头骨是个复制品。

而那些吃肉的哺乳动物（包括熊、大猫、狗、猪）以及一些大型的爬行动物（例如鳄鱼，但它们的犬齿不是真正的犬齿）拥有又长又可怕的犬齿（"canines"这个英文单词源自拉丁语中的"狗"）。前面提到过的剑齿虎，它的犬齿长度可达60厘米，即使是把嘴巴合上，它们的大牙也会露在嘴巴外面。现生食肉动物已经没有那么长的牙了，但它们的犬齿依旧很厉害，咬上猎物一口会留下4个洞（如果没有撕下一大块肉的话），它们的上犬齿能刺穿血肉，深入下颌对应的穴窝当中，下犬齿也是这样。

在其他一些动物当中——这里要说的是那些不常吃肉的动物——犬齿拥有其他牙齿没有的终身生长的能力，它们的那几颗牙会变得细长，会出现弯折或旋转，甚至形成螺旋，这样的犬齿常被称作獠牙。疣猪的獠牙就呈现出一种险恶的弧形，能用来挖掘地面或争斗。与此类似的，海象拥有一对突出的长牙，它们能帮主人从海中爬上冰面、在冰面上挪动肥胖的身躯或挖掘海底的泥土以便在其中寻找食物。

但并非所有的獠牙都是犬齿。独角鲸拥有一枚长獠牙——很奇怪的只有一枚（考虑到脊索动物几乎全部都是对称的，这一点真的很古怪），只长在嘴巴的左边——那其实是个门齿。而现生动物当中，知名度最高的獠牙当然是象牙，这些细细长长、具有优美弧线的长牙也是门齿，大象通常情况下没有犬齿。当然，象牙也无时无刻不在提醒我们脊索动物的对称性是不完美的，和人类有左右利手一样，一般来说大象某一边的象牙要比另一边的长。

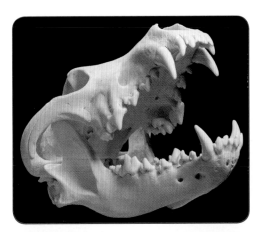

（按顺时针方向）

犬科动物，例如灰狼，其齿列和猫科动物很像，但也有不少不同。

尼罗鳄的"微笑"真是太可怕了！

啮齿动物的门齿通常一面硬，一面没那么硬，这使得它们不借助外物就能够保证门齿的锋利。

疣猪也会磨尖自己的獠牙，来抵御猎食者。它们还会用牙齿掘土，寻找藏在地下的食物。

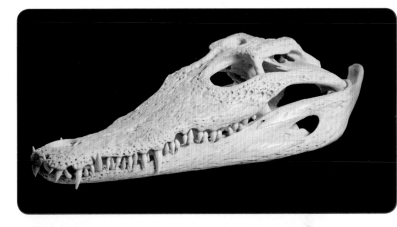

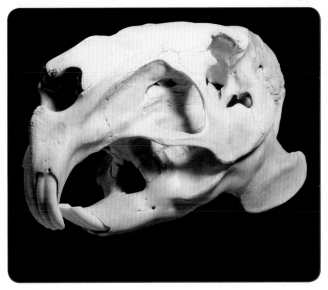

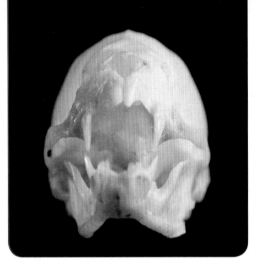 

左图：著名的吸血蝠的利齿给寄主造成的伤口几乎是无痛的。

右图：加蓬咝蝰是毒蛇当中毒牙最长的种类之一，如果那对大牙受损了，后面的牙齿还能补上来。

在演化学研究中，牙齿非常重要。大象的牙齿和海牛的牙齿有颇多相似之处，这使得许多坚定的持演化论者认为，象的演化史中一定和水生有些什么联系。

象牙贸易已经繁盛了几千年（如今的象牙贸易已经被大大地削减了，这类生物的生存受盗猎的影响非常之大，目前它们已被置于《华盛顿公约》的监控之下），许多人相信，只有很少的动物的牙齿是像象牙这样由象牙质构成的。但实际上，不论是哪种脊椎动物（包括人类），其牙齿当中都有象牙质。只不过，人类不会为了牙齿猎取灵长类或其他的小型动物，因为只有很少的一些动物的牙齿（例如独角鲸、海象、象）足够大到能够制作家具、琴键或是工艺品，不是什么动物的牙都能被当成珠宝。另外，大部分动物的牙齿上都覆盖着珐琅质，这增大了加工的难度。

门齿位于嘴巴的最前方，当人或动物露齿而"笑"时，最先露出的就是门齿——但门齿很少长得像犬齿那么大。拥有最特殊门齿的动物，当然是啮齿类——"啮齿动物（rodents）"这个词来自于拉丁语，意思是"啮咬的动物"。囊地鼠、海狸以及身躯庞大而又懒散的水豚，都拥有发育得极其良好的门齿，这些大门牙在无数的动画片中都得到了完美的展现。夹住物件、刮取食物、剥木啃皮，甚至是梳理毛发，啮齿动物的门齿就有这么多功能。因此，它们必须极度锐利、异常强健，永远都处于工作状态（事实上，啮齿动物门齿的生长速度常常和磨损的速度一样快，不停地啃噬会带来磨损，但在磨损的过程当中，门齿保持了自己的锐利）。

马和牛也拥有强大锐利的门齿，和灵活的舌头配合，能够割取坚韧的草，并将这些食物运送给后方的白齿来处理。

吸血蝠的门齿拥有刀锋般锐利的边缘。它们的牙齿上缺少牙釉质，因此更锐利（但也较容易受损）。这些牙齿只需要在寄主的皮肤上割开几毫米长的口子，往伤口上注入含有抗凝血剂的唾液，吸血蝠就可以开始进餐了，在整个过程当中，寄主甚至不会感到任何异样。这种动物能够吞下和体重相当的血液，以至于无法顺利起飞，只能等待体重减轻再离去。

毒蛇用带沟槽或带细管的门齿（和鳄鱼没有真正的犬齿一样，蛇的"门齿"不是真正的门齿），来将毒液注射进猎物或敌人的身体当中。它们的牙齿还能向后倒伏，以便在张开大嘴吞食物时不妨碍吞咽。产于非洲赤道地区西部丛林当中的加蓬咝蝰身长可达近2米，拥有长达5厘米的毒牙。靠近毒牙基部的唾液腺演化成了毒液腺，能够生产、储存大量的蛇毒，在咬到猎物之后，毒液就会顺着5厘米长的毒牙深深地注入受害者的肌肉当中。

有些眼镜蛇还拥有远程毒液攻击的能力：毒液通道在门齿的末端处有一个急剧的转弯，这个结构能够让眼镜蛇喷出毒液，有时候能喷近2米远。眼镜蛇通常瞄准敌人的眼睛喷射毒液；它们的毒性很强，喷得还很准，于是在常能够见到会喷毒的眼镜蛇的索马里、乌干达、肯尼亚北部等国家和地区，经常会有人因此而瞎掉眼睛。

并非所有毒蛇的门牙上都有毒液管：大多数只有导流的凹槽。这些毒蛇同少数几种拥有毒液的哺乳动物有几分相似。在最原始的哺乳动物之一——鼩鼱的家族当中，有几个种拥有带毒的唾液。其中一种叫沟齿鼩（Solenodon）的物种，就是通过带沟槽的门齿来注射毒液的。

鳄鱼拥有可怕的牙齿，在其一生当中，这些牙齿都能够替换——一条鳄鱼的一生，可以换上3000枚牙齿。[小贴士：鳄和短

许多人相信，只有很少的动物的牙齿像象牙这样由象牙质构成。但实际上，不论是哪种脊椎动物（包括人类），其牙齿当中都有象牙质。

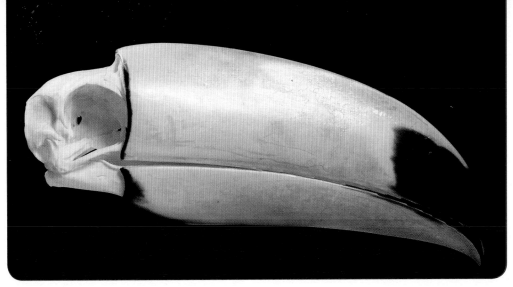

鸟喙，以巨嘴鸟为例，其基础都是骨头，骨头上覆盖着角质层，角质层下有血管与神经末梢。

吻鳄其实是两种差异比较大的动物，有一个很简单（但并非总能生效）的方法可以将二者区分开——闭上嘴巴的时候，后者的牙都藏在嘴里，但前者会露出下犬齿。]

从数量上来说，前臼齿和臼齿占哺乳动物牙齿数量的大多数：待前方的牙齿做了该做的之后，最艰苦的工作由它们来完成。当花草树叶、猎物的血肉已然进口后，这两种牙齿会将食物磨碎、切碎或碾碎，食物的尺寸变小了，才更容易消化。然后，唾液、消化液会加入进来，食物将在消化道中变成动物新陈代谢所需的能量与物质。

食物不同，臼齿的外形也不同：海獭拥有能碾碎贝壳的臼齿，狼拥有能咬断骨头的臼齿，熊拥有能压碎植物的臼齿，鼹鼠拥有能咬碎昆虫坚硬外壳的尖锐臼齿，海豚拥有能咬住游鱼滑溜溜的身躯、不让它们出逃的向后弯曲的尖锐臼齿。在所有的牙齿当中，臼齿和前臼齿看起来可能不是最漂亮的，但就像维多利亚时代建造的那些宏伟建筑与工程，它们安于自己的岗位，能把自己的活干得漂漂亮亮的，这让人尤为感动。这种牙齿功能的分化（科学家称这些动物为异齿系动物）与头骨的多个部分之间的完美融合，是哺乳动物能成功地适应各种环境的原因之一。

最后我们来说说鲨鱼的牙齿。德国戏剧家贝托特·布莱希特曾将其称为漂亮的珍珠白。鲨鱼的牙齿着实可怕——它们锐利得可怕，多得可怕，巧妙（或者称狡猾）的生长方式尤为可怕。鲨鱼的牙齿非常锐利，边缘常常还有锯齿，一般是三角形的，向嘴后方倾斜，非常坚硬。当某一枚牙齿坏掉了，后面的牙齿就会顶上来补它的空——一条鲨鱼在一生当中可能会换上 35000 枚牙齿，它们那时刻保持锐利的大嘴，对其他水生生物甚至其同类以及轻易靠近的人类来说，是彻彻底底的梦魇。在布莱希特的作品当中有一些颇具嘲讽的关于鲨鱼的描写，美国作家彼得·本奇利对鲨鱼大嘴的描写更为逼真。常看 20 世纪 70 年代中期的美国电影的人，很难忘记恐怖的大白鲨，很难忘记它们那成百上千颗几乎不可摧毁的利齿，更忘不了那一抹漂亮的珍珠白。

相对于流行文化对鲨鱼恐怖的满口大牙的渲染来说，更重要的一个事实是这种动物没有硬骨质头骨。老虎、狼、鳄鱼这些同样拥有满口恐怖的大牙的动物都有硬骨质头骨，但鲨鱼就是没有。你能够在它们身体的前端找到布满牙齿的头，但它们的头是由软骨而不是坚硬的硬骨构成的。所以，在这方

面鲨鱼和其他靠满口大牙捕食的掠食者很不一样，但我们对这些肌肉发达的动物同样恐惧。正是因为这样的差异，你在这本书中找不到鲨鱼的头骨。

所以，你愿意怎么怕鲨鱼，就怎么怕吧，但别期待在本书中找到它们的头骨，因为达德利先生的收藏品中不可能有。为了（迂腐的）生物学上的严谨性，在这本关于"头骨"的出版物当中，不应该提到这种没有头骨的动物。

但考虑到这种动物在文化上受欢迎的程度，我们在这里说一说它，应该也不是什么大问题。就当是我们想让你回忆起这种可怕的动物带给你的那些不眠之夜吧！

喙

多萝西·L. 塞耶斯，英国最伟大的侦探小说家之一，她是"彼得·温西爵爷探案系列"等杰出作品的作者。在青年时代，塞耶斯在伦敦的一家广告公司当广告文字撰稿人。即使是在这个工作上，她也十分出色：都柏林阿瑟·健力士公司出品的烈性啤酒有句著名的广告语——"我的天，我的健力士（My goodness, My Guinness）"——就是她创造出来的，到如今，你依旧能看到这个著名的标语。

在这之后的 1924 年的一天，塞耶斯的脑中突然涌现出一个新的点子。她匆忙在一张纸上画下一只鸟的素描，在旁边潦草地写下了几行话，这几行话成为所有英国人最喜欢的广告歌谣之一：

Toucans in their nests agree
Guinness is good for you

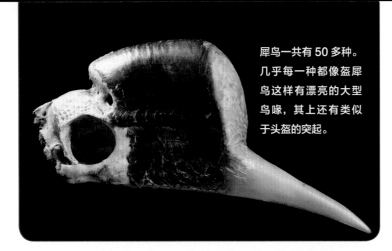

犀鸟一共有 50 多种。几乎每一种都像盔犀鸟这样有漂亮的大型鸟喙，其上还有类似于头盔的突起。

全世界一共有 4 种反嘴鹬属鸟类，每一种都有向上弯曲的长喙。这是反嘴鹬的头骨，它们分布在欧洲。

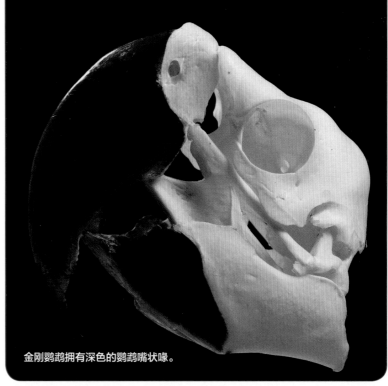

金刚鹦鹉拥有深色的鹦鹉嘴状喙。

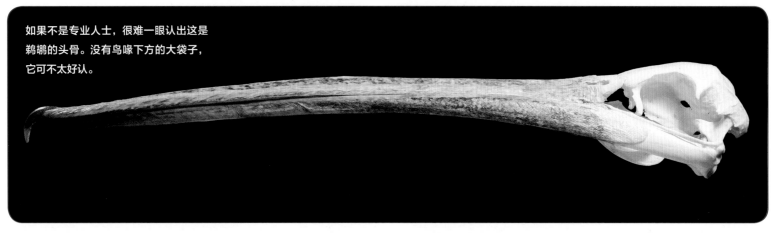

如果不是专业人士，很难一眼认出这是鹈鹕的头骨。没有鸟喙下方的大袋子，它可不太好认。

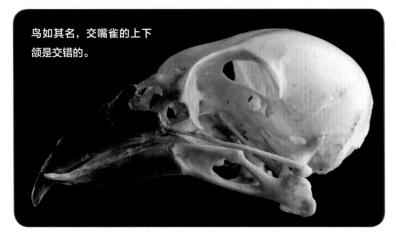

鸟如其名，交嘴雀的上下颌是交错的。

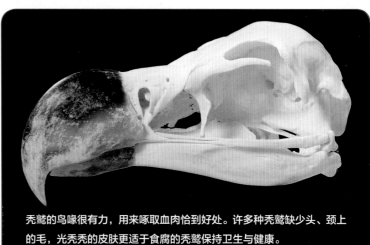

秃鹫的鸟喙很有力，用来啄取血肉恰到好处。许多种秃鹫缺少头、颈上的毛，光秃秃的皮肤更适于食腐的秃鹫保持卫生与健康。

Try some today and see
What one or toucan do.

巨嘴鸟是显示鸟类特性的绝佳范例，这一大类动物拥有其他动物都没有的一种器官。这种器官由骨骼打底，外包其他组织；其他动物拥有嘴巴和鼻子，但这两个器官在鸟类身上合二为一，组成了被称作"鸟喙"的部分。巨嘴鸟的鸟喙的颜色格外多彩，体积格外巨大，弯曲的角度也格外优雅。

喙作为工具，能够赋予鸟类不同的能力，它能够哺育幼鸟、装饰鸟身、能梳理羽毛、搜寻食物、捕获猎物，如果鸟喙足够锋利，还能够当作杀戮的武器。鸟类的呼吸、嗅探、进食都要通过喙来执行。而一些鸟类有五彩的美喙，能够用作吸引异性的工具，在求偶仪式上博得眼球和青睐。

换句话说，喙就是鸟身上的一个标签，是生长于头骨与生着羽毛的颜面之上的多功能"瑞士军刀"，常常还拥有戏剧性的外表——在巨嘴鸟这样的鸟类身上，喙尤其具有戏剧性，它们那拥有荒诞外表的喙真的会让人过目难忘。巨嘴鸟大嘴巴的长度常常能够达到体长的一半，这些喙向下弯曲，常常是黄色的，看起来颇有几分像香蕉。巨嘴鸟上颌的边缘有向前端倾斜的锯齿，较小的下颌上也有。

巨嘴鸟的嘴巴看起来又大又重，不禁让人担心它们无法保持平衡，会不由自主地向前倾斜，从栖息的树枝上跌落。它们那又小又圆的眼睛躲在喙的后头，看起来常常会露出焦虑的表情，就好像它也在担心自己会失去平衡，或是知道自己这副模样很荒谬，希望别人不要盯着自己看。我不认为巨嘴鸟会露出一副骄傲的神情，尽管它们的外貌的确有种言不由衷的华丽。

以前，人们以为巨嘴鸟是食肉动物，它们喙上的锯齿是种辅助捕捉猎物的结构，但现在，我们知道这种鸟几乎只吃水果。事实上，巨嘴鸟一般静止地站在长满果实的树上，用它们的大嘴巴摘取果实吃。它们很少飞来飞去，只是安心进食，不想多浪费能量。

巨嘴鸟是食果动物——但如果抓得到，它们也不会拒绝偶尔拿昆虫或蜥蜴开开荤。凯洛格公司为他们的早餐谷物麦圈产品"Froot Loops"选了只叫"巨嘴鸟山姆"的吉祥物，这只大鸟会摇晃着它的喙说出广告词"跟随你的鼻子，它什么都知道（Follow your nose, It always knows）"。这个公司似乎在假设吃这种食物的人都太年轻或太无知，以至于不知道鸟喙不是鼻子，它的用途更为广泛。

那么，这广泛的用途都包含了什么呢？首先，巨嘴鸟的喙似乎拥有一切颜色（但很少有粉色的），但对于这个物种来说，它不是用来调情的，因为雌雄两性的喙没有什么

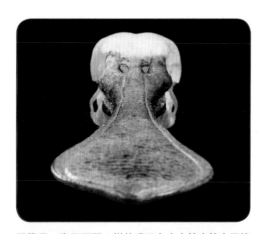

琵鹭是一类用琵琶一样的嘴巴在水中筛来筛去寻找食物的长腿涉禽。

差异；其次，巨嘴鸟的喙是实用的工具，可以用来做许多平凡的工作，例如，从身躯难以接近的树枝上摘取果实，容纳15厘米长、高度敏感的舌头，以及搭建巢穴。据说，巨嘴鸟还能用大嘴把小型鸟类吓跑，然后洗劫它们的巢。

巨嘴鸟的喙的内部是海绵状的，由角质纤维构成，质地有点像木棉树飘出的絮。这样的结构能够让巨嘴鸟在热带地区炎热的下午保持凉爽。

和其他鸟类类似，巨嘴鸟的喙的最外层覆盖着坚硬、轻巧又有光泽的角蛋白鞘，这种结构被称作喙鞘，它的组成和爪尖很像。在喙鞘的下方是血管，血管的下方是骨骼支柱，但不像其他的种类，巨嘴鸟嘴巴上的骨骼很薄。喙的最里层又是木棉丝状的角蛋白。

尽管巨嘴鸟喙看起来很笨重，但喙中海绵状的填充物保证了它的轻巧——事实上，考虑到它的重量，巨嘴鸟的喙又轻巧又牢靠。就算是嘴中叼满了食物（也许是浆果，也许是大片的芒果、粟子，也许是偶尔抓到的蜥蜴或昆虫），巨嘴鸟也不会因为嘴巴太重而失去平衡。如果你不带着过度拟人化的眼光观察巨嘴鸟，它们那在人类眼中貌似惊慌失措的表情不过是日常的面无表情罢了，这些鸟十分自信，想挺着大嘴站多久就可以站多久，一点都不会觉得累。

不同的鸟类有不一样的鸟喙，不同的外形适于执行不同的功能。吃谷物的金翅雀有小小尖尖的鸟喙；滤食性的火烈鸟的鸟喙中有过滤水中食物的装备，火烈鸟嘴的外形适于低头取食；在滩涂上筛泥取食的琵鹭拥

有琵琶一样前段扁平的鸟喙；探花心取花蜜的蜂鸟拥有长针状的鸟喙；涉水捕鱼的白鹭拥有镊子一样的长嘴；经常用头撞击同类竞争者的盔犀鸟的鸟喙上有结实的被称作"盔突"的突起；啄木鸟有钻头一样的鸟喙；嗜吃坚果的鹦鹉有边缘锋利的类似于坚果钳的鸟喙；横扫泥地取食的反嘴鹬拥有向上弯曲的鸟喙；食肉的猛禽拥有既强壮又锋利的鸟喙；"网捕"鱼类的鹈鹕的鸟喙下方有个神奇的大袋子（容积甚至比胃还要大）；而鸭子与天鹅有看起来对人畜无害的扁平鸟喙。

另外，许多鸟类的喙，即使演化没有赋予其特殊的外表，也能用于雌雄两性之间的交配仪式之上，这种行为可以被称作"喙之舞"：它们会互相啄、摩擦对方的喙，就像是在说悄悄话一般，这种浪漫的行为在年轻的人类当中也很常见。许多鸟类，例如信天翁、鲣鸟、海鹦，都善于此道：它们会和同类集合在一起，"咔哒、咔哒"地敲着喙，把自己的上下颌与其他个体的上下颌交叉纠结在一起（太平鸟尤其擅长这种类似于法式深吻般的浪漫行为），或者带着明显的爱意轻轻地啄对方的喙。

但面对食物，鸟喙可没有这么斯文的功能：鸟类会大口吞下食物，这些食物会在食道当中进行预处理，哺乳动物用嘴完成的工作，鸟类会在食物通过咽喉之后、进入尾部之前做完，这事儿鸟喙帮不上什么忙。

19世纪，查尔斯·达尔文在建立《进化论》的核心之一——自然选择的时候，鸟喙占据了一个论据当中的核心位置。他把在加拉帕格斯群岛上捕捉的许多小型雀类带回了伦敦，仔细地进行了研究，发现它们属于很多不同的种类，每种的嘴巴都不太一样，分别适应于岛上不一样的生态位。通过研究这些

鸟类的喙，达尔文得以建立他的理论，因为这些鸟儿都是来自南美洲大陆的同一祖先的后代，在一代一代的繁衍当中，个体之间出现了自然的变异，嘴巴的形状出现了不同，在自然选择的压力下，不同的嘴形或者适应于某个生态位而成功地继续繁衍，或者消失在时间的长河当中，这个过程如此往复经历了一代又一代的重复，新的种就产生了。这些鸟儿被统称为达尔文地雀，在20世纪90年代中期，科学家进行了进一步的研究，遗传学研究为这些鸟儿的演化提供了近似于连续的证据，我们甚至能从中知道新种诞生的速度。达尔文这位带来革命性（当然，对许多不了解演化的人来说这里只能称之为"争议性"）思想的先行者，都不知道这些鸟儿的演化过程有多么的戏剧性。

如果你要在大脑当中重构一个鸟喙，一定要记得这样一个要点：它的外侧覆盖着闪光的喙鞘。其中的骨骼给予了喙鞘以支撑，一般来说，骨骼的形状和喙的形状还是匹配的，看到了鸟类头上的骨头，就能推测出喙的外形。

但这个蛋白质构成的喙鞘并非总是和内部的骨骼有相同的形状，还是有一些特例。红交嘴雀的喙鞘左右不对称，因此喙的上下两半才能交错在一起，但是它们的骨骼是直的。红隼上颌的下边缘有一个突起，这个结构只存在于喙鞘上，骨头上没有。这带来了一些混乱，喙的外形可能会很"狂野"，但喙鞘下的骨头不一定，要理清这团乱麻得借助于想象力。

除鸟类之外，很少有动物拥有类似于喙的器官，即使有也不是真正的喙。

例如，哺乳纲单孔目的鸭嘴兽就有类似于喙的器官。这种产卵的哺乳动物生活在澳

大利亚东部。它们的头部上有扁平的像鸭子嘴一样的口吻部，质感很像橡胶。但这个器官和鸟喙不一样，它们的嘴开口于这个"鸭子嘴"的腹面，鼻孔在背面，整个结构和嘴巴实际上是分离的。

有种分布在美国东南部叫鳗螈（Siren）的无齿蝾螈的嘴巴上有角状结构，和鸟类的喙类似。

龟类也有喙，它们骨质的上颌向外突出，龟嘴中没有牙，下颌的上边缘、上颌的下边缘都有锐利的骨质脊线，用来切断或撕裂食物。因性情残暴而臭名昭著的鳄龟曾因为它那可怕的喙而被画入了美国最早的政治漫画当中：图中有只名叫奥格雷姆的鳄龟，它是一派支持封港令的政客的化身，这家伙的喙被画得特别长，特别显眼。

有毒的四齿鲀科（Teraodontidae）鱼类也有类似于喙的器官——它们常出现在"007系列"电影以及高档日式料理当中——其名字源于它们嘴巴前端那4颗夸张的牙齿，这些牙齿是用来粉碎贝壳取食其中的软体部分的，它们就起到了类似于喙的作用。

生活在热带水域珊瑚礁当中的鹦嘴鱼身上也有类似的结构——实际上也是牙齿，牢固地着生于嘴巴之上向外突出的龅牙——它们用这种特殊的"喙"啃噬珊瑚礁，取食其中的水藻。但所有的这些，无论是鸭嘴兽、龟、鳗螈、鲀鱼、鹦嘴鱼的"喙"，都不是真正的喙——真正的喙只有鸟类才拥有，它突出于头骨之上，内有骨骼，外有角质喙鞘。

但这并不妨碍人们用想象力加工这些动物。就像巨嘴鸟，在艺术家的眼中它的长喙上闪烁着彩色的异国情调，它们是如此的美丽非凡。

就像80多年前多萝西·L.塞耶斯所做的。

鸟　类

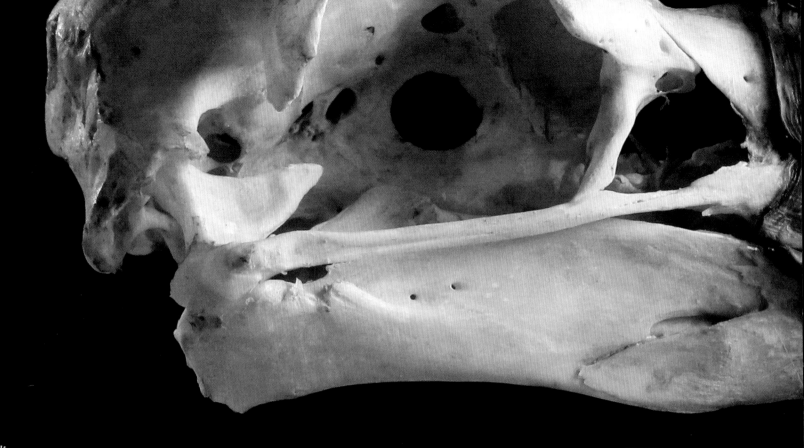

黑脚信天翁

Phoebastria nigripes

　　信天翁觅食时会在广阔的大洋上巡航。它们拥有
敏锐的嗅觉，这在鸟类当中可不多见。信天翁上颌骨
上有一对长管，其中有分泌盐分的器官，对于一种从

界： 动物界（Animalia）	**科：** 信天翁科（Diomedeidae）
门： 脊索动物门（Chordata）	**属：** 北太平洋信天翁属（*Phoebastria*）
纲： 鸟纲（Aves）	**习性：** 食鱼／日行性
目： 鹳形目（Ciconiiformes）	**保护状况：** 易危（VU）

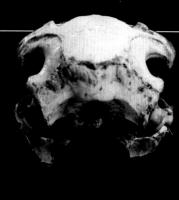

漂泊信天翁

Diomedea exulans

漂泊信天翁一生当中的大部分时间都在海上度过，只有在繁殖时才返回陆地。觅食时，它们会用自己宽大的弯钩嘴把乌贼或鱼从海里给叼出来。近年来，这些鸟儿学会了捡取拖网渔船抛弃的副渔获物为生。它们直接喝海水，之后主动排出盐分，其脑袋两边的鼻管都是排盐的器官。

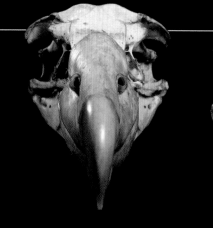

界：动物界（Animalia）
门：脊索动物门（Chordata）
纲：鸟纲（Aves）
目：鹳形目（Ciconiiformes）
科：信天翁科（Diomedeidae）
属：信天翁属（*Diomedea*）
习性：食鱼／日行性
保护状况：易危（VU）

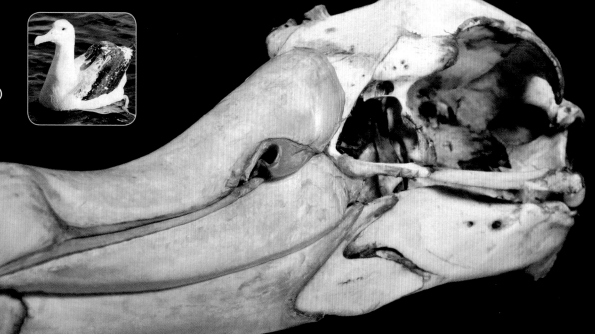

达德利的笔记

漂泊信天翁是世界上最大的飞鸟。我收藏了 4 个信天翁头骨，但这一个要比其他几个大很多。这个头骨上有很多破损，在获得的时候就是这个样子了，想必它是个老古董。

北极海鹦

Fratercula arctica ▷

　　北极海鹦在夏季会戴上红蓝相间的鲜艳面具，参加择偶的盛宴。但不幸的是，鸟喙上的那些颜色经受不住时间的侵蚀。海鹦的上下颌骨又大又平，上面覆盖角质层构成的鸟喙。

界：动物界（Animalia）

门：脊索动物门（Chordata）

纲：鸟纲（Aves）

目：鹳形目（Ciconiiformes）

科：海雀科（Alcidae）

属：海鹦属（*Fratercula*）

习性：食鱼 / 日行性

保护状况：无危（LC）

达德利的笔记

　　就因为这多彩的喙，人人都爱海鹦，人人都爱这海上的小丑。但不幸的是，每当其头骨标本做好之后，喙上的颜色就会消失。另外，它们的头骨和喙上的颜色一样脆弱。

刀嘴海雀

Alca torda ▷

　　这是一种会潜水的鸟：它们会漂浮在海面上，频繁地点头，将脑袋浸入水中寻找食物（通常是各种玉筋鱼），在发现猎物之后，刀嘴海雀会潜入水中追逐猎物。它们会同时叼住多条玉筋鱼带回巢中喂养幼鸟，其近似于直角的喙很适合干这件事儿。

界：动物界（Animalia）

门：脊索动物门（Chordata）

纲：鸟纲（Aves）

目：鹳形目（Ciconiiformes）

科：海雀科（Alcidae）

属：刀嘴海雀属（*Alca*）

习性：食鱼 / 日行性

保护状况：无危（LC）

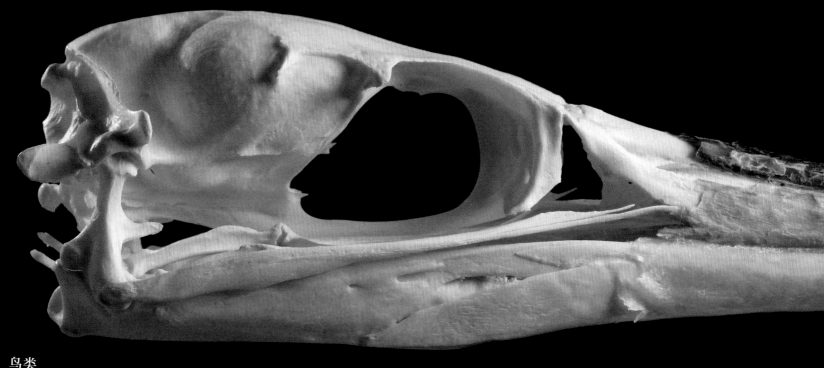

北鲣鸟

Morus bassanus

捕食时，北鲣鸟首先会飞到高处，像一支鱼叉一样扎入水中攻击惊慌的鱼儿，往往在浮出水面之前它们就已经吃完了猎物。它们的头和嘴是流线型的，这样一来就可以减小扎入水中时的阻力，也能压住水花以减少对猎物的惊扰。它们大钉子一样的长嘴在求偶时也会派上大用场。

界：动物界（Animalia）　　科：鲣鸟科（Sulidae）
门：脊索动物门（Chordata）　属：大鲣鸟属（Morus）
纲：鸟纲（Aves）　　　　　　习性：食鱼／日行性
目：鹳形目（Ciconiiformes）　保护状况：无危（LC）

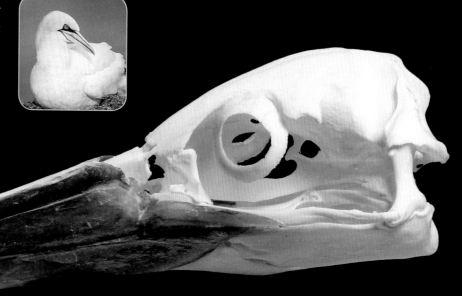

普通鸬鹚
Phalacrocorax carbo ▷

　　这种会潜水的鸟以滑溜的底栖鱼类（例如比目鱼、鳗鱼）为食，因此其鸟喙的尖端有个尖锐的钩。这个结构能让普通鸬鹚更牢靠地抓住猎物，以免它们溜走。这种鸟能够吞下特别大的鱼，这可招来了垂钓爱好者的厌恶。

界：动物界（Animalia）
门：脊索动物门（Chordata）
纲：鸟纲（Aves）
目：鹳形目（Ciconiiformes）
科：鸬鹚科（Phalacrocoracidae）
属：鸬鹚属（*Phalacrocorax*）
习性：食鱼 / 日行性
保护状况：无危（LC）

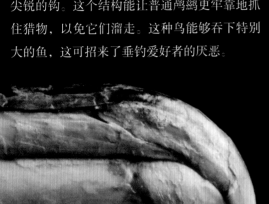

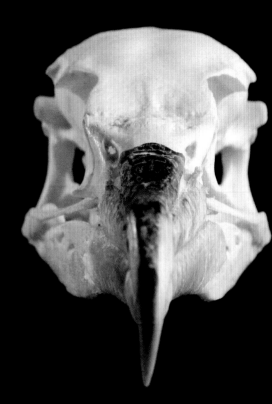

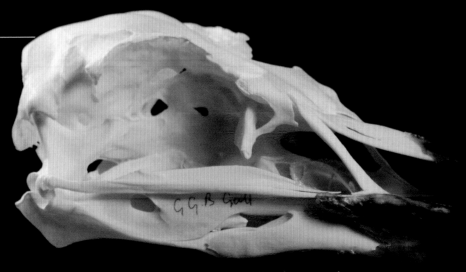

大黑背鸥
Larus marinus ▷

　　大黑背鸥是海鸥当中体型最大的一种，它们的鸟喙非常强健，其习性非常野蛮：欺凌小型海鸥，吞食腐肉，掠食其他海鸟的猎物和雏鸟，总之就是过着一种机会主义者的生活。它们分布在北美、欧洲的海滨地区。

界：动物界（Animalia）
门：脊索动物门（Chordata）
纲：鸟纲（Aves）
目：鹳形目（Ciconiiformes）
科：鸥科（Laridae）
属：鸥属（*Larus*）
习性：食肉 / 日行性
保护状况：无危（LC）

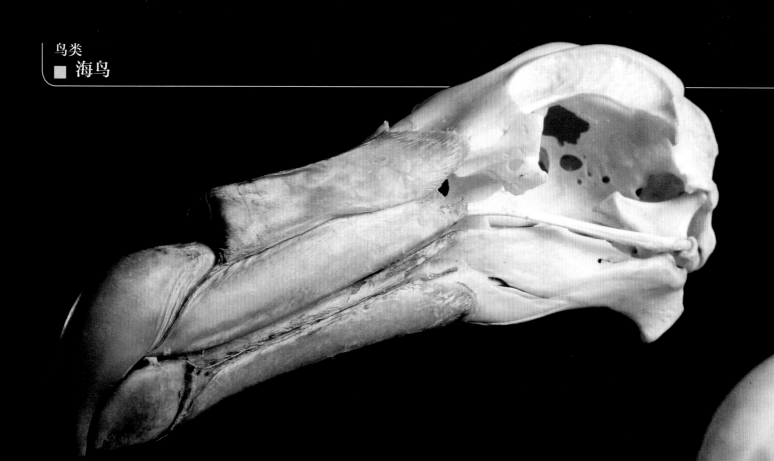

巨鹱

Macronectes giganteus △

　　巨鹱正如其学名的字面意思，是最大的一种鹱，其头骨很容易被误认为是信天翁的。它们通常以小鱼、磷虾以及乌贼为食，和其他种类的鹱差不多。巨鹱还能充当清道夫的角色，同时也不会拒绝用自己巨大、沉重而危险的鸟喙撕开其他鸟类的身体，享用新鲜的食肉。

界：动物界（Animalia）
门：脊索动物门（Chordata）
纲：鸟纲（Aves）
目：鹳形目（Ciconiiformes）
科：鹱科（Procellariidae）
属：巨鹱属（*Macronectes*）
习性：食肉 / 日行性
保护状况：无危（LC）

白颏风鹱

Procellaria aequinoctialis ▷

　　为了生存，这种海鸟会定期沿着食物丰沛的大陆架迁徙近 2000 千米。白颏风鹱和它们的亲戚信天翁类似，也喝海水，因此，它们也有类似的用来排出盐分的鼻管。它们主要以鱼类为食，也吃磷虾和乌贼，其钩状的喙能带它们抓住扭动的猎物。

界：动物界（Animalia）
门：脊索动物门（Chordata）
纲：鸟纲（Aves）
目：鹳形目（Ciconiiformes）
科：鹱科（Procellariidae）
属：风鹱属（*Procellaria*）
习性：食鱼 / 日行性
保护状况：易危（VU）

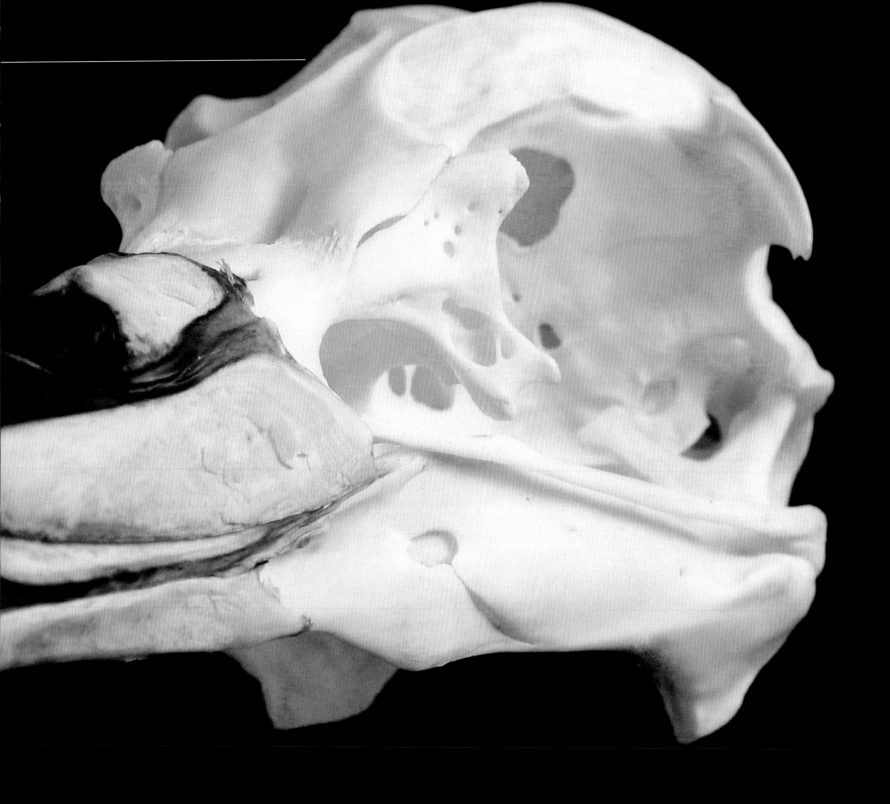

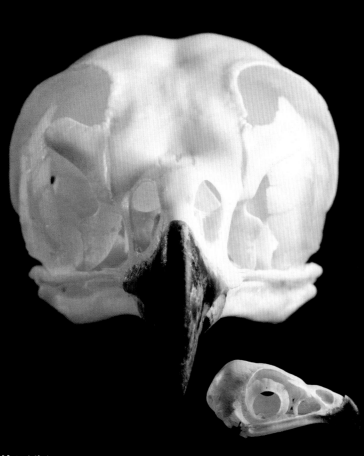

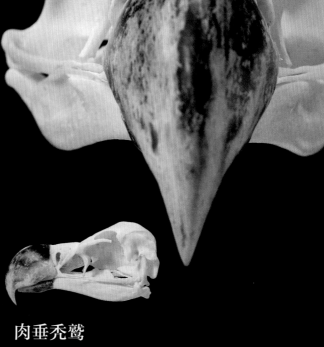

普通鵟
Buteo buteo △

　　普通鵟是一种分布很广的旧大陆猛禽。尽管它的面相很凶残，但其钩状的喙是用来扯下猎物身上的肉的，用来杀敌的则是强壮的爪子。普通鵟的喙的基部有蜡黄色的蜡膜。学者们发现，许多鸟类蜡膜微妙的颜色变化能够显示其健康状况，甚至会影响到它们的求偶。

界：动物界（Animalia）
门：脊索动物门（Chordata）
纲：鸟纲（Aves）
目：鹳形目（Ciconiiformes）
科：鹰科（Accipitridae）
属：鵟属（*Buteo*）
习性：食肉 / 日行性
保护状况：无危（LC）

肉垂秃鹫
Torgos tracheliotos △

　　肉垂秃鹫大到能够从胡狼这般大的陆地食腐者口中抢走尸体，其近方形的头骨之上连接着一个强壮到能够把尸体撕裂开的喙，使得它们能够吃到小一些的秃鹫无法触及的肉。如果需要，它们也能用这可怕的鹰钩嘴杀死虚弱的或受伤的动物。

界：动物界（Animalia）
门：脊索动物门（Chordata）
纲：鸟纲（Aves）
目：鹳形目（Ciconiiformes）
科：鹰科（Accipitridae）
属：肉垂秃鹫属（*Torgos*）
习性：食肉 / 日行性
保护状况：易危（VU）

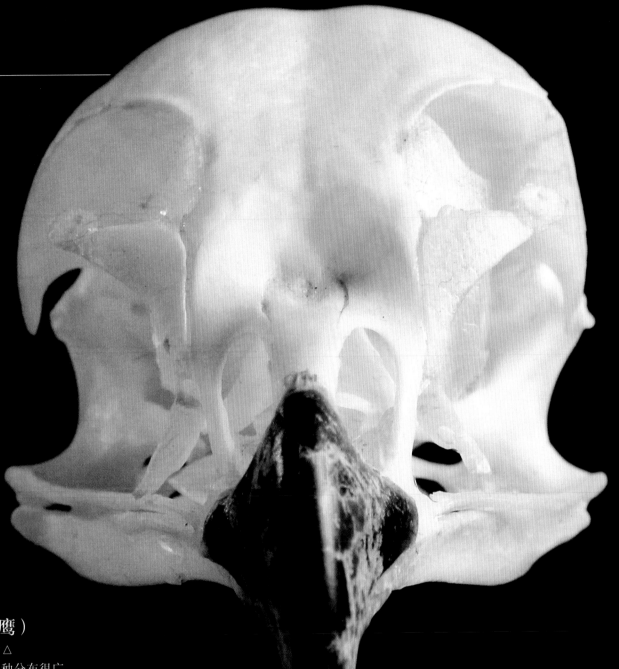

黑鸢（老鹰）

Milvus migrans △

黑鸢是一种分布很广的食腐动物。其鸟喙上的钩能够撕下尸体上的肉，也能帮它们杀死一些体型小的猎物。

界：动物界（Animalia）

门：脊索动物门（Chordata）

纲：鸟纲（Aves）

目：鹳形目（Ciconiiformes）

科：鹰科（Accipitridae）

属：鸢属（*Milvus*）

习性：食肉 / 日行性

保护状况：无危（LC）

译者注：从全球的视角来看，黑鸢不算是一种数量稀少的鸟类。但在中国，老鹰不常见。事实上，所有的猛禽在中国都不常见。中国所有的猛禽（包括各种鹰、隼、猫头鹰）都至少是国家二级保护动物。

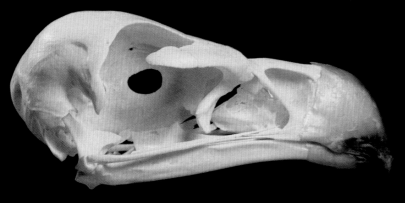

白尾海雕

Haliaeetus albicilla △

　　白尾海雕是食腐的机会主义者，但是，强壮带钩的鸟喙和有力的利爪也赋予了它们杀死鸟类、鱼类以及小型哺乳动物的能力，其宽阔的眼眶上长着巨大的鹰眼，它们朝向前方，宛若双筒望远镜一般，使白尾海雕能够看清远方的猎物。

界：动物界（Animalia）
门：脊索动物门（Chordata）
纲：鸟纲（Aves）
目：鹳形目（Ciconiiformes）
科：鹰科（Accipitridae）
属：海雕属（*Haliaeetus*）
习性：食肉 / 日行性
保护状况：无危（LC）

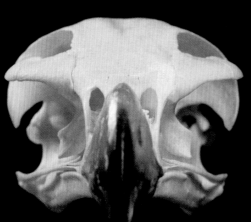

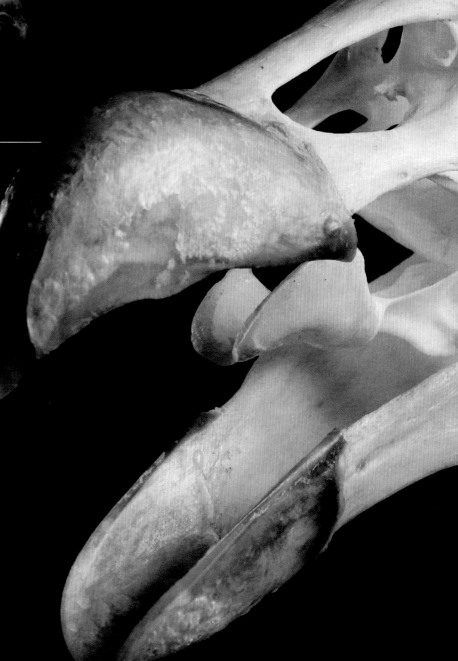

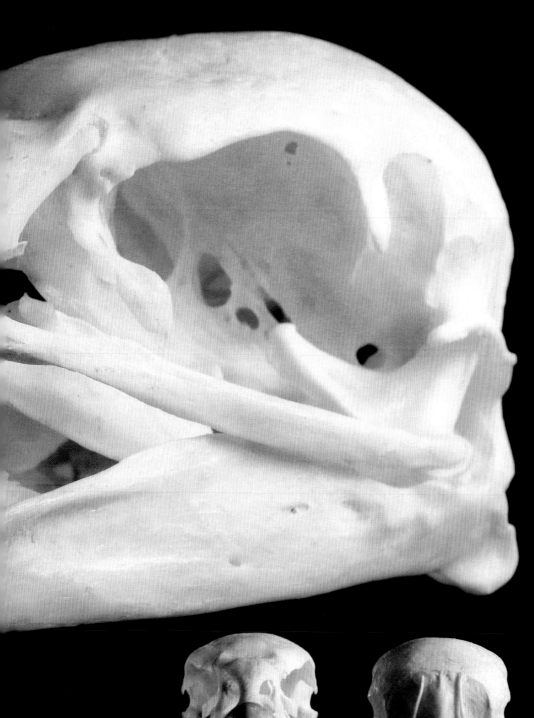

安第斯神鹰

Vultur gryphus ◁

虽然不像加州神鹫那样极度濒危，安第斯神鹰依旧处于危险的状态。它是 6 个南美国家的象征，是全世界第二大飞鸟（翼展可达 3 米，仅次于漂泊信天翁），也是最长寿的鸟类之一（在野外能活 50 岁）。正如属名"Vultur"的字面意思"秃鹫"，安第斯神鹫也是一种秃鹫，它们是食腐者，头上没毛，拥有锐利的尖嘴。但它和它的新大陆秃鹫亲戚们与旧大陆的秃鹫关系很远，只是因为趋同演化而获得了相似的外形。

界：动物界（Animalia）
门：脊索动物门（Chordata）
纲：鸟纲（Aves）
目：鹳形目（Ciconiiformes）
科：鹳科（Ciconiidae）
属：南美神鹰属（*Vultur*）
习性：食肉 / 日行性
保护状况：近危（NT）

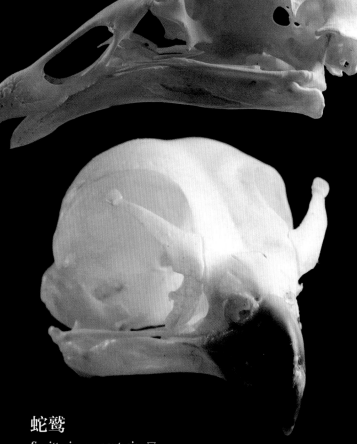

红头美洲鹫

Cathartes aura ▷

　　红头美洲鹫钩状的上喙能帮它们撕扯腐肉。它们大脑中的嗅叶不同寻常地大，这意味着这种鸟的嗅觉很好（这在鸟类中可不多见），能够在很远处闻到死尸的味道。

界：动物界（Animalia）	科：鹳科（Ciconiidae）
门：脊索动物门（Chordata）	属：美洲鹫属（*Cathartes*）
纲：鸟纲（Aves）	习性：食肉/日行性
目：鹳形目（Ciconiiformes）	保护状况：无危（LC）

红隼

Falco tinnunculus ▷

　　看看红隼的头骨！尖锐的鹰钩嘴，巨大的眼窝，这可都是猛禽的典型特征。作为空中的猎手，红隼捕食时飞得不高，它们会在大约20米高的空中徘徊，搜寻小型哺乳动物、蜥蜴或鸣禽，随时准备俯冲而下。

界：动物界（Animalia）
门：脊索动物门（Chordata）
纲：鸟纲（Aves）
目：鹳形目（Ciconiiformes）
科：隼科（Falconidae）
属：隼属（*Falco*）
习性：食肉/日行性
保护状况：无危（LC）

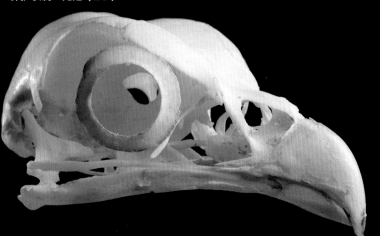

蛇鹫

Sagittarius serpentarius ▽

　　蛇鹫又叫秘书鸟。这种非洲猛禽有着鹰一样的身体，却长了一对鹤一样的长腿。它一般步行在陆地上捕食，其头骨和别的鹰非常像，都有着有力的鹰钩嘴。它们因能捕食蛇而得名，但也会抓小型哺乳动物或昆虫吃。

界：动物界（Animalia）
门：脊索动物门（Chordata）
纲：鸟纲（Aves）
目：鹳形目（Ciconiiformes）
科：蛇鹫科（Sagittariidae）
属：蛇鹫属（*Sagittarius*）
习性：食肉/日行性
保护状况：易危（VU）

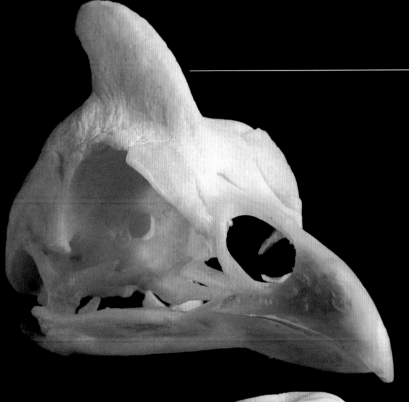

普通珠鸡
Numida meleagris ◁

    普通珠鸡已经被驯化了，对于很多国家的人来说，这种矮胖、小头、有头饰的珠鸡很常见。它们头上有一个迷人的盔状突起，但这玩意儿有什么用人类至今没搞清楚。

界：动物界（Animalia）
门：脊索动物门（Chordata）
纲：鸟纲（Aves）
目：鸡形目（Galliformes）
科：珠鸡科（Numididae）
属：珠鸡属（*Numida*）
习性：杂食 / 日行性
保护状况：无危（LC）

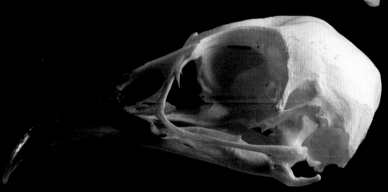

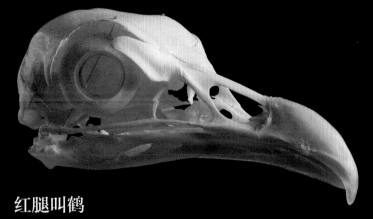

棕尾虹雉
Lophophorus impejanus △

    雄性棕尾虹雉拥有惊人的美貌，宛若从动画片里走出来的动物。它们的毛色蓝绿相间，泛着金属的光芒，头上的羽冠还点缀着红色。从嘴巴尖到尾羽的末端，这种不会飞的鸟体长约 70 厘米，其宽阔、强健的鸟喙能够从冰冻的土壤中挖掘块茎或蠕虫为食。

界：动物界（Animalia）
门：脊索动物门（Chordata）
纲：鸟纲（Aves）
目：鸡形目（Galliformes）
科：雉科（Numididae）
属：虹雉属（*Lophophorus*）
习性：杂食 / 日行性
保护状况：无危（LC）

红腿叫鹤
Cariama cristata △

    分布在南美的红腿叫鹤主要在陆地上活动。它们锋利的喙能让人不由地联想到猛禽。这种鸟能捕食蛙或蜥蜴，当它们的猎物太大以至于不能一口吞下时，红腿叫鹤会使出极具特色的一招：牢牢地用嘴抓住食物，并用镰刀形脚爪将其撕成碎片。

界：动物界（Animalia）
门：脊索动物门（Chordata）
纲：鸟纲（Aves）
目：鹤形目（Cariamiformes）
科：叫鹤科（Cariamidae）
属：叫鹤属（*Cariama*）
习性：杂食 / 日行性
保护状况：无危（LC）

松鸡

Tetrao urogallus

松鸡这种火鸡大小的鸟类分布在欧洲的森林当中。它们以松针和林间的小野果为食。当骨头上还覆盖着血肉与羽毛的时候，雄性松鸡蒙着红色"眼罩"，在求偶时会像孔雀那样开屏。

界：动物界（Animalia）
门：脊索动物门（Chordata）
纲：鸟纲（Aves）
目：鸡形目（Galliformes）
科：松鸡科（Tetraonidae）
属：松鸡属（*Tetrao*）
习性：杂食 / 日行性
保护状况：无危（LC）

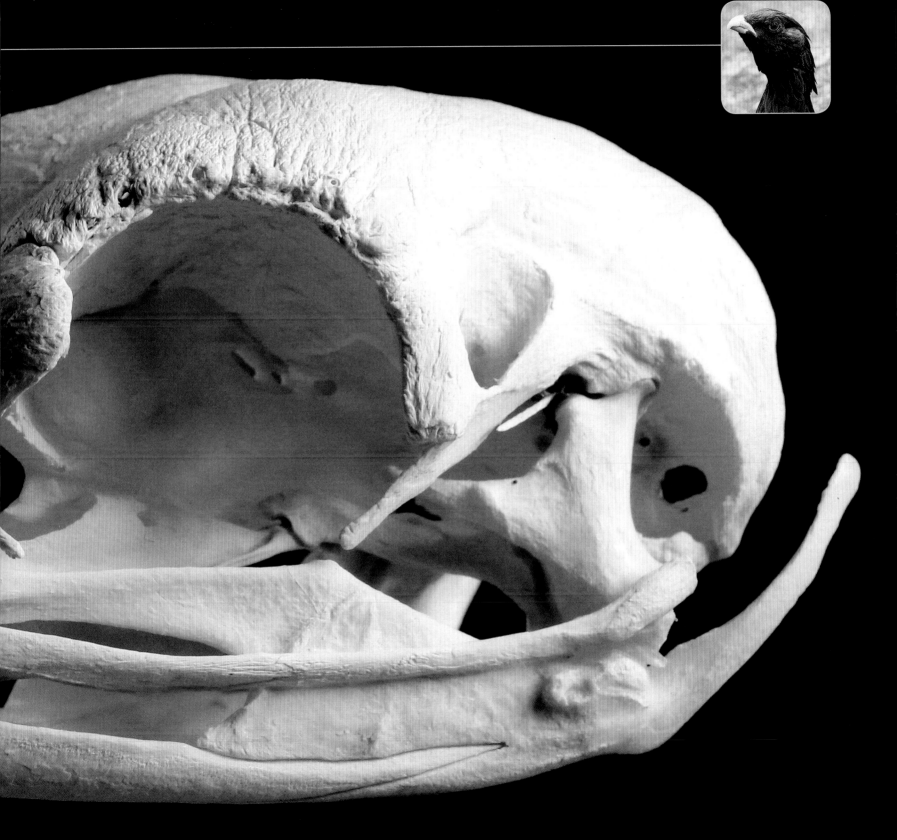

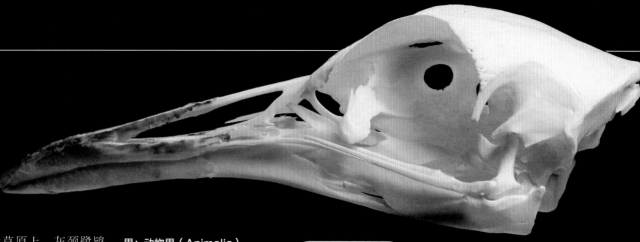

灰颈鹭鸨

Ardeotis kori △

在开阔的大草原上，灰颈鹭鸨会大步快速地迈过短草地，长长的脖子使它们拥有广阔的视野，能够找到远处的昆虫、小型爬行动物或哺乳动物当猎物。这种鸟是最重的飞鸟之一。

界：动物界（Animalia）
门：脊索动物门（Chordata）
纲：鸟纲（Aves）
目：鹤形目（Cariamiformes）
科：鸨科（Otididae）
属：叫鹭鸨（*Ardeotis*）
习性：食肉／日行性
保护状况：无危（LC）

巨嘴盔嘴雉

Mitu tuberosum ▽

巨嘴盔嘴雉得名于它们那从基部就开始高高鼓起像头盔一样的上颌骨。和其亲戚灰凤冠雉的习性类似，它们以果实及嫩芽为食。作为一种圆胖且美味的物种，凤冠雉们长久以来一直被土著居民捕杀做食物。人口的增长以及栖息地的破坏影响了这些鸟的生存，但巨嘴盔嘴雉看起来过得还不错。

界：动物界（Animalia）
门：脊索动物门（Chordata）
纲：鸟纲（Aves）
目：鸡形目（Galliformes）
科：凤冠雉科（Cracidae）
属：盔嘴雉属（*Mitu*）
习性：杂食／日行性
保护状况：无危（LC）

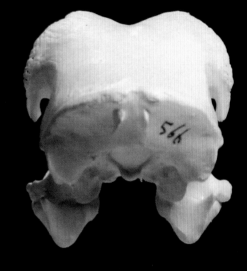

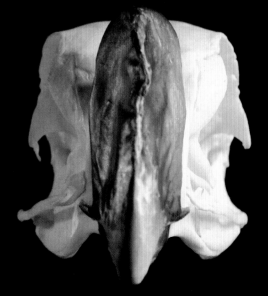

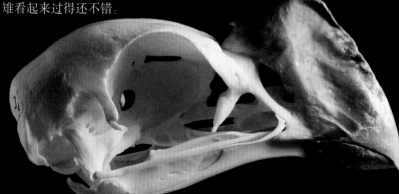

灰凤冠雉

Pauxi pauxi

灰凤冠雉生活在南美山区的雨林当中，以落到地上的水果和种子为食。它们头上装饰性的盔状突起在其活着的时候是浅蓝色的，看起来颇为华丽。这个"头盔"的功能人类还没有完全搞清楚。雄性灰凤冠雉的叫声低沉而洪亮，它们的盔状突起也比较大，这似乎说明这个结构和发声有关。

界：动物界（Animalia）
门：脊索动物门（Chordata）
纲：鸟纲（Aves）
目：鸡形目（Galliformes）
科：凤冠雉科（Cracidae）
属：盔凤冠雉属（*Pauxi*）
习性：杂食 / 日行性
保护状况：濒危（EN）

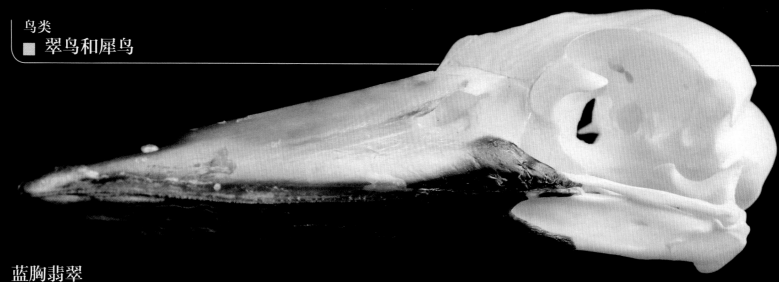

蓝胸翡翠

Halcyon malimbica ▷

蓝胸翡翠能用短剑般的长喙捕食昆虫以及蛙类。它们是一种林翠鸟，不会抓鱼，但依旧能够从高处俯冲下来，杀猎物一个措手不及。

界：动物界（Animalia）
门：脊索动物门（Chordata）
纲：鸟纲（Aves）
目：佛法僧目（Coraciiformes）
科：翠鸟科（Alcedinidae）
属：翡翠属（*Halcyon*）
习性：食肉 / 日行性
保护状况：无危（LC）

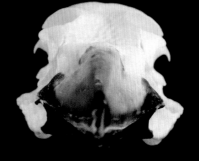
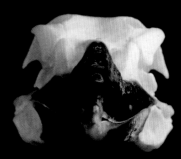

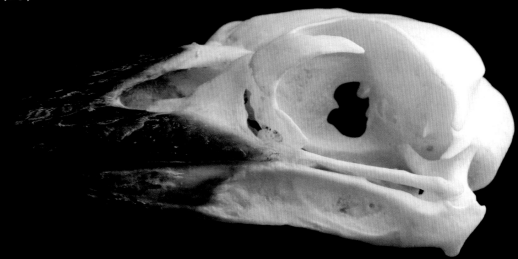

笑翠鸟

Dacelo novaeguineae △

笑翠鸟原产于澳大利亚，和一般的翠鸟不一样，它们不需要住在水体旁边。笑翠鸟捕食时也会从高处俯冲而下，其猎物是小型哺乳动物、蜥蜴甚至是毒蛇。

界：动物界（Animalia）
门：脊索动物门（Chordata）
纲：鸟纲（Aves）
目：佛法僧目（Coraciiformes）
科：翠鸟科（Alcedinidae）
属：笑翠鸟属（*Dacelo*）
习性：食肉 / 日行性
保护状况：无危（LC）

黑盔噪犀鸟

Ceratogymna atrata

  这种犀鸟的盔突比喙还长（雌鸟的要短得多，但依旧很显眼）。盔突中空的部分连接着喙，它可能具有吸引雌性、放大叫声的作用。犀鸟典型的向下弯曲的长嘴适应于宽泛的食谱：从种子、水果到昆虫乃至小型哺乳动物，它们都能吃。

界：动物界（Animalia）

门：脊索动物门（Chordata）

纲：鸟纲（Aves）

目：佛法僧目（Coraciiformes）

科：犀鸟科（Bucerotida）

属：盔噪犀鸟属（*Ceratogymna*）

习性：杂食 / 日行性

保护状况：无危（LC）

■ 翠鸟和犀鸟

地犀鸟

Bucorvus abyssinicus ▷

达德利特别喜欢犀鸟，因为这类鸟的喙多样性极高，他一共拥有25件犀鸟科的藏品，每一个头骨的上颌部都有角质的精巧盔状隆起，这种结构被称作盔突。地犀鸟的盔突看起来像是开着口的象限仪，当中填满了海绵似的多孔基体。这些盔突具有物种识别与性炫示的作用，可能还能当作共鸣腔，让犀鸟的叫声更洪亮。

界：动物界（Animalia）
门：脊索动物门（Chordata）
纲：鸟纲（Aves）
目：佛法僧目（Coraciiformes）
科：犀鸟科（Bucerotida）
属：地犀鸟属（*Bucorvus*）
习性：杂食 / 日行性
保护状况：无危（LC）

斑尾弯嘴犀鸟

Tockus fasciatus ▽

斑尾弯嘴犀鸟看起来很像巨嘴鸟，其喙的边缘有锯齿，使得它们能够更好地用嘴抓水果（虽然它们更喜欢吃昆虫）。这种犀鸟的盔突一直延伸到喙的尖端，雄性的盔突比雌性的大，而未性成熟的个体没有盔突。

界：动物界（Animalia）
门：脊索动物门（Chordata）
纲：鸟纲（Aves）
目：佛法僧目（Coraciiformes）
科：犀鸟科（Bucerotida）
属：弯嘴犀鸟属（*Tockus*）
习性：杂食 / 日行性
保护状况：无危（LC）

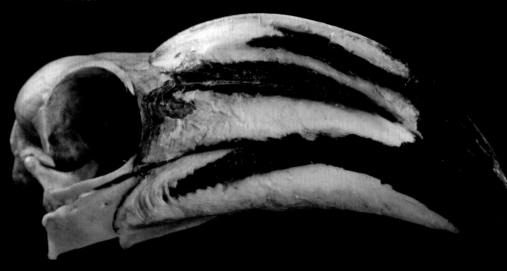

褐颊噪犀鸟

Bycanistes cylindricus ▷

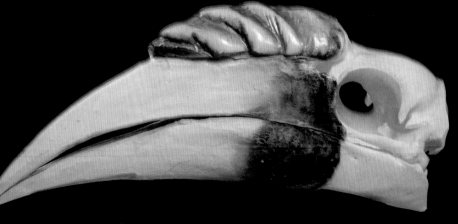

这种犀鸟有个比喙还大的盔突。这个大"头盔"被认为能够帮助褐颊噪犀鸟发出标志性的洪亮叫声。世界自然保护联盟认为这个物种的生存受到了威胁，因为栖息地被破坏，它们的数量在急剧减少。

界：动物界（Animalia）　　　科：犀鸟科（Bucerotida）
门：脊索动物门（Chordata）　属：噪犀鸟属（*Bycanistes*）
纲：鸟纲（Aves）　　　　　　习性：杂食／日行性
目：佛法僧目（Coraciiformes）保护状况：易危（VU）

蓝喉皱盔犀鸟

Rhyticeros plicatus ▷

蓝喉皱盔犀鸟拥有低平的花环状盔突。它那犀鸟的典型的下弯长喙适合吃各种水果（主要是无花果），但这种鸟也不会拒绝偶尔抓几只虫子、小型脊椎动物当零食。

界：动物界（Animalia）
门：脊索动物门（Chordata）
纲：鸟纲（Aves）
目：佛法僧目（Coraciiformes）
科：犀鸟科（Bucerotida）
属：皱盔犀鸟属（*Rhyticeros*）
习性：杂食／日行性
保护状况：无危（LC）

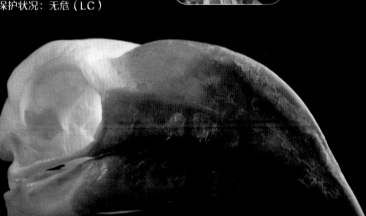

黄弯嘴犀鸟

Tockus flavirostris ▽

黄弯嘴犀鸟和狐獴组成了觅食同盟。在这种互助行为当中，犀鸟得到了狐獴从植被上惊扰出来的昆虫作食物，它们会以为后者提供警戒服务作为回报。在觅食之前，狐獴甚至会等待犀鸟，但如果犀鸟先到了，就会呼唤狐獴，叫它们赶紧过来。

界：动物界（Animalia）
门：脊索动物门（Chordata）
纲：鸟纲（Aves）
目：佛法僧目（Coraciiformes）
科：犀鸟科（Bucerotida）
属：弯嘴犀鸟属（*Tockus*）
习性：杂食／日行性
保护状况：无危（LC）

双角犀鸟

Buceros bicornis

　　在将这具完整的骨架装架的时候，我们的摄影师遇到了个大麻烦：这家伙脑袋太重以至于整体上很不平衡——实际上，这只鸟活着的时候大概也遇到了这个麻烦。许多嘴巴大的鸟类需要额外的肌肉来支撑它们的脑袋。双角犀鸟分布很广，从南亚的印度到东南亚的马来半岛都能找到。

界：动物界（Animalia）
门：脊索动物门（Chordata）
纲：鸟纲（Aves）
目：佛法僧目（Coraciiformes）
科：犀鸟科（Bucerotida）
属：角犀鸟属（*Buceros*）
习性：杂食 / 日行性
保护状况：近危（NT）

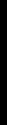

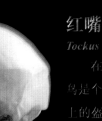

红嘴弯嘴犀鸟
Tockus erythrorhynchus ◁

在犀鸟当中，分布在撒哈拉以南非洲的红嘴弯嘴犀鸟是个小个子——从嘴尖到尾羽末端仅长 50 厘米。它头上的盔突也很小，看起来仅仅是上颌上的一个小突起。这种鸟类以水果、虫子为食，它能用下弯的长喙从土中掘取食物吃。

界：动物界（Animalia）
门：脊索动物门（Chordata）
纲：鸟纲（Aves）
目：佛法僧目（Coraciiformes）
科：犀鸟科（Bucerotida）
属：弯嘴犀鸟属（*Tockus*）
习性：杂食 / 日行性
保护状况：无危（LC）

盔犀鸟
Rhinoplax vigil ◁

盔犀鸟的盔突是如此地与众不同——它是实心的，质地像象牙，其重量能够达到成鸟体重的十分之一，因此被称作头胄。盔犀鸟尾脂腺的分泌物会将头胄染成红色。在求偶时，雄鸟会在空中用这沉重的"头槌"厮打。在所谓的收藏界，盔犀鸟的头胄是一种比象牙、犀角更名贵的工艺品原材料，被称作"鹤顶红"。这种变态的嗜好是盔犀鸟日益稀少的一大原因。

界：动物界（Animalia）
门：脊索动物门（Chordata）
纲：鸟纲（Aves）
目：佛法僧目（Coraciiformes）
科：犀鸟科（Bucerotida）
属：盔犀鸟属（*Rhinoplax*）
习性：杂食 / 日行性
保护状况：近危（NT）

马来犀鸟
Buceros rhinoceros

马来犀鸟的盔突硕大无比，因此获得了 *rhinoceros* 这个意为"犀牛"的拉丁文种名。这引人侧目的盔突能够放大马来犀鸟的叫声，在浓密的森林当中，声音是最有效的吸引配偶的方式。

界：动物界（Animalia）
门：脊索动物门（Chordata）
纲：鸟纲（Aves）
目：佛法僧目（Coraciiformes）
科：犀鸟科（Bucerotida）
属：角犀鸟属（*Buceros*）
习性：杂食 / 日行性
保护状况：近危（NT）

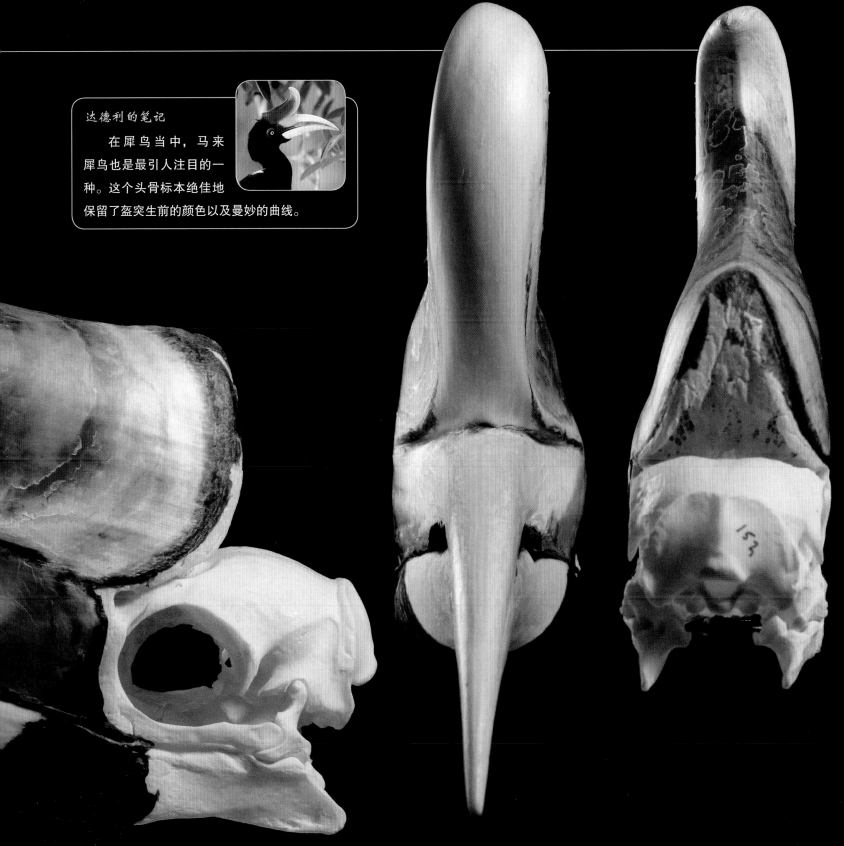

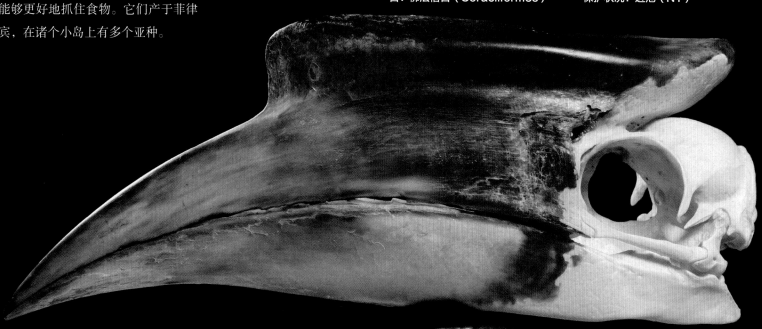

棕犀鸟
Buceros hydrocorax ▽

性成熟时，棕犀鸟的盔突呈现亮丽的红色。和其他以果实为食的犀鸟差不多，棕犀鸟的长喙边缘有锯齿，能够更好地抓住食物。它们产于菲律宾，在诸个小岛上有多个亚种。

界：动物界（Animalia）	科：犀鸟科（Bucerotida）
门：脊索动物门（Chordata）	属：角犀鸟属（*Buceros*）
纲：鸟纲（Aves）	习性：杂食 / 日行性
目：佛法僧目（Coraciiformes）	保护状况：近危（NT）

菲律宾犀鸟
Penelopides sp. ▷

和其他一些以果实为主食的犀鸟一样，菲律宾犀鸟也拥有带有锯齿的长喙，其盔突只是一个简单的角质隆起。菲律宾犀鸟属的分类尚存很多争论，这个头骨有可能属于棕尾犀鸟（*P. panini*），可以再讨论讨论。

界：动物界（Animalia）
门：脊索动物门（Chordata）
纲：鸟纲（Aves）
目：佛法僧目（Coraciiformes）
科：犀鸟科（Bucerotida）
属：菲律宾犀鸟属（*Penelopides*）
习性：杂食 / 日行性

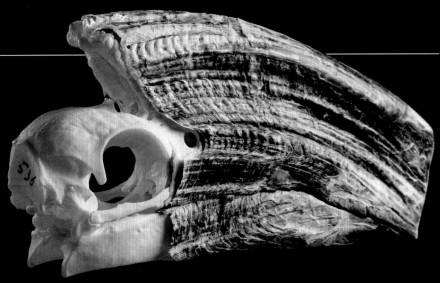

噪犀鸟

Bycanistes bucinator ◁

雄性噪犀鸟的盔突比雌性的要大，它似乎是这个物种性能力或社会地位的标志。同其他一些犀鸟类似，噪犀鸟的盔突可能也具有放大叫声的作用。它们广泛分布于非洲。

界：动物界（Animalia）
门：脊索动物门（Chordata）
纲：鸟纲（Aves）
目：佛法僧目（Coraciiformes）
科：犀鸟科（Bucerotida）
属：噪犀鸟属（*Bycanistes*）
习性：杂食／日行性
保护状况：无危（LC）

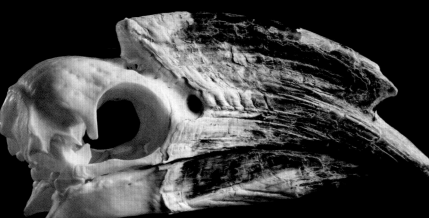

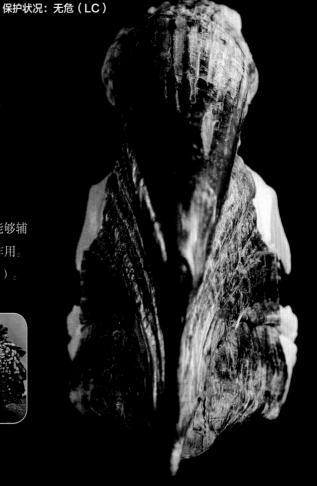

银颊噪犀鸟

Bycanistes brevis △

银颊噪犀鸟这种东非犀鸟的盔突也被认为能够辅助发声，同时也在性选择过程中起到了一定的作用。雌性的盔突要比雄性的小（这就是个雌性的头骨）。

界：动物界（Animalia）
门：脊索动物门（Chordata）
纲：鸟纲（Aves）
目：佛法僧目（Coraciiformes）
科：犀鸟科（Bucerotida）
属：噪犀鸟属（*Bycanistes*）
习性：杂食／日行性
保护状况：无危（LC）

红脸地犀鸟

Bucorvus leadbeateri ▷

红脸地犀鸟是非洲最大的犀鸟，它们的体重可达 6 千克，其盔突较小，但是上颌很强壮。它们上下喙之间有一条缝隙，这意味着它可以把力量集中在喙的尖端。红脸地犀鸟能够用镊子一般的长喙制服危险的猎物（例如蛇），同时保证自己的安全。

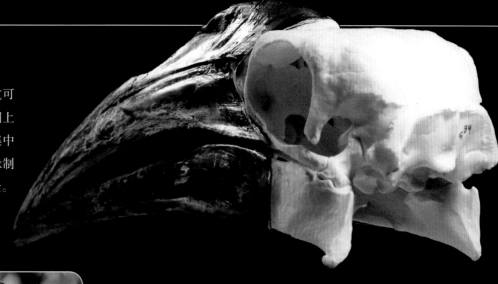

界：动物界（Animalia）
门：脊索动物门（Chordata）
纲：鸟纲（Aves）
目：佛法僧目（Coraciiformes）
科：犀鸟科（Bucerotida）
属：地犀鸟属（*Bucorvus*）
习性：杂食／日行性
保护状况：易危（VU）

花冠皱盔犀鸟

Rhyticeros undulates . ▷

单看上颌骨，就能识别出花冠皱盔犀鸟。这个头骨应该属于一个年轻的个体：其盔突上的褶皱越多，年龄就越大（这个个体只有一个褶皱）。花冠皱盔犀鸟分布在东南亚。

界：动物界（Animalia）
门：脊索动物门（Chordata）
纲：鸟纲（Aves）
目：佛法僧目（Coraciiformes）
科：犀鸟科（Bucerotida）
属：皱盔犀鸟属（*Rhyticeros*）
习性：杂食／日行性
保护状况：无危（LC）

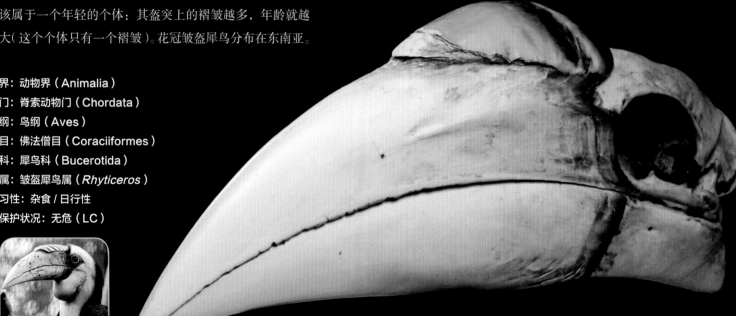

Ceratogymna elata ◁

黄盔噪犀鸟拥有巨大的空心盔突，在它们鸣叫时能发生共鸣，放大声音。这个物种一般会待在丛林的地面而不是树枝上。它主要吃果实，因此长喙的边缘有锯齿。

界：动物界（Animalia）
门：脊索动物门（Chordata）
纲：鸟纲（Aves）
目：佛法僧目（Coraciiformes）
科：犀鸟科（Bucerotida）
属：盔噪犀鸟属（*Ceratogymna*）
习性：杂食 / 日行性
保护状况：易危（VU）

皱盔犀鸟

Aceros corrugates ▽

这种主要吃果实的犀鸟拥有令人印象深刻的大嘴以及相对较小的盔突。雌性皱盔犀鸟在哺育幼鸟时会住在树洞当中，并用泥将洞口封住，只留一个小口，等待雄鸟喂食。下一代长大之后才破"门"而出。

界：动物界（Animalia）
门：脊索动物门（Chordata）
纲：鸟纲（Aves）
目：佛法僧目（Coraciiformes）
科：犀鸟科（Bucerotida）
属：皱盔犀鸟属（*Aceros*）
习性：杂食 / 日行性
保护状况：近危（NT）

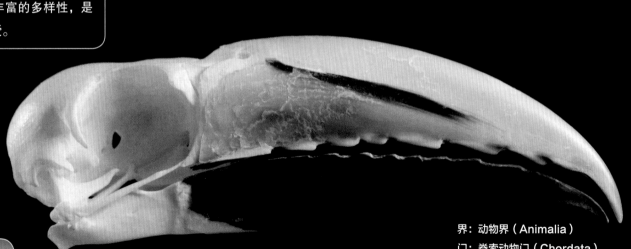

扁嘴山巨嘴鸟

Andigena laminirostris ▷

　　作为专性食果动物，扁嘴山巨嘴鸟的嘴巴上有防止果实滑落的锯齿。它们仅分布在安第斯山脉中很狭窄的一小块地区当中，栖息地被破坏以及全球气候变化都使它们的生存受到了威胁。

界：动物界（Animalia）
门：脊索动物门（Chordata）
纲：鸟纲（Aves）
目：䴕形目（Piciformes）
科：鵎鵼科（Ramphastidae）
属：山巨嘴鸟属（*Andigena*）
习性：食果 / 日行性
保护状况：近危（NT）

达德利的笔记

　　我特别喜欢巨嘴鸟，因为它鸟喙的颜色特别丰富。巨嘴鸟的头骨拥有如此丰富的多样性，是我藏品中的最爱。

绿簇舌巨嘴鸟

Pteroglossus viridis △

　　这种小巨嘴鸟住在树洞当中（这些树洞通常是由啄木鸟开发出来的）。热带雨林里的多种果实都能成为绿簇舌巨嘴鸟的食物，它们带有锯齿的长喙采摘果实就像镰刀割草一般容易。

界：动物界（Animalia）
门：脊索动物门（Chordata）
纲：鸟纲（Aves）
目：䴕形目（Piciformes）
科：鵎鵼科（Ramphastidae）
属：簇舌巨嘴鸟属（*Pteroglossus*）
习性：食果 / 日行性
保护状况：无危（LC）

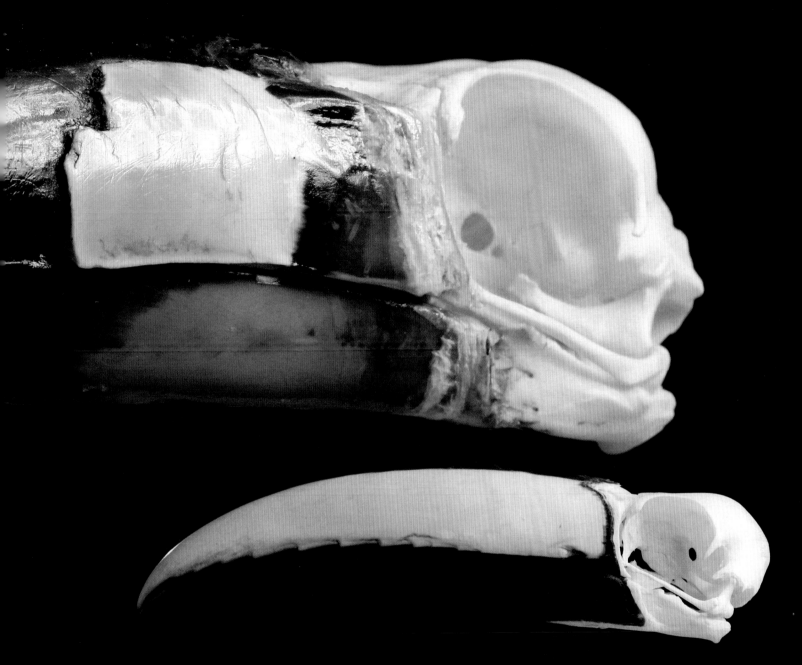

黑颈簇舌巨嘴鸟

Pteroglossus aracari △

　　除了采摘水果之外，黑颈簇舌巨嘴鸟那不成比例的大嘴还可能起到调节体温的作用。

界：动物界（Animalia）
门：脊索动物门（Chordata）
纲：鸟纲（Aves）
目：䴕形目（Piciformes）
科：鵎鵼科（Ramphastidae）
属：簇舌巨嘴鸟属（*Pteroglossus*）
习性：食果 / 日行性
保护状况：无危（LC）

■ 巨嘴鸟和啄木鸟

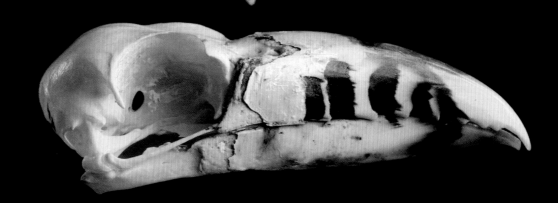

点嘴小巨嘴鸟

Selenidera maculirostris ▷

　　和其他巨嘴鸟一样，你能在点嘴小巨嘴鸟的
下喙上看到防止果实滑落的锯齿。它们得名于嘴
巴上的斑点，每个个体都有并且各不相同，因此
可以将这些斑点当作点嘴小巨嘴鸟的"指纹"。

界：动物界（Animalia）
门：脊索动物门（Chordata）
纲：鸟纲（Aves）
目：鴷形目（Piciformes）
科：鵎鵼科（Ramphastidae）
属：小巨嘴鸟属（*Selenidera*）
习性：食果／日行性
保护状况：无危（LC）

鵎鵼

Ramphastos toco ▽

　　鵎鵼是最著名的巨嘴鸟。它们的身体上覆盖
有白色羽毛，喉部点缀着白色，拥有庞大的亮黄
色鸟嘴。和其他巨嘴鸟类似，鵎鵼的大嘴除了适
合吃果实之外，可能还有调节体温的作用。

界：动物界（Animalia）
门：脊索动物门（Chordata）
纲：鸟纲（Aves）
目：鴷形目（Piciformes）

科：鵎鵼科（Ramphastidae）
属：鵎鵼属（*Ramphastos*）
习性：食果／日行性
保护状况：无危（LC）

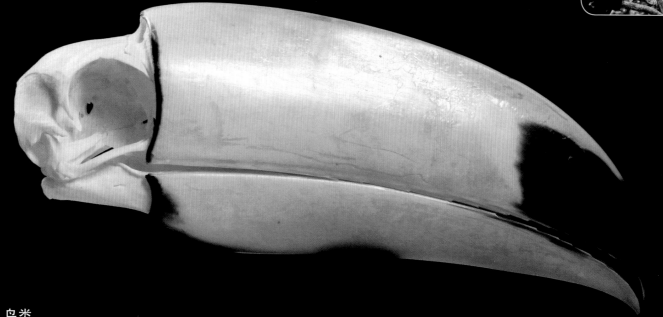

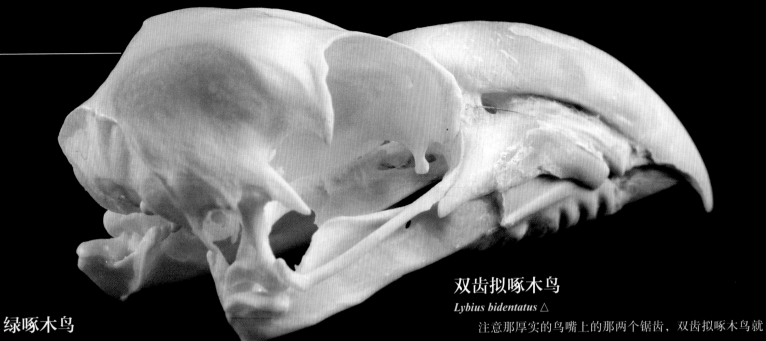

双齿拟啄木鸟

Lybius bidentatus △

注意那厚实的鸟嘴上的那两个锯齿，双齿拟啄木鸟就是因它们而得名的。不过，别被这两个锯齿吓到了，它们是用来撕裂果实的。

界：动物界（Animalia）
门：脊索动物门（Chordata）
纲：鸟纲（Aves）
目：䴕形目（Piciformes）
科：非洲拟啄木鸟科（Lybiidae）
属：非洲拟啄木鸟属（*Lybius*）
习性：食果 / 日行性
保护状况：无危（LC）

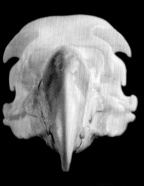

绿啄木鸟

Picus viridis ▽

虽说是啄木鸟，但绿啄木鸟并不常啄树。它们更喜欢以地下而不是树皮下的虫子为食。它们长长的嘴能插入地下，再用黏性的舌头粘出穴中的蚂蚁。

界：动物界（Animalia）
门：脊索动物门（Chordata）
纲：鸟纲（Aves）
目：䴕形目（Piciformes）
科：啄木鸟科（Picidae）
属：绿啄木鸟属（*Picus*）
习性：杂食 / 日行性
保护状况：无危（LC）

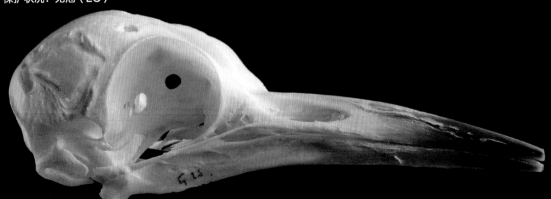

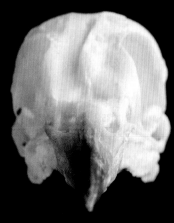

欧夜鹰

Caprimulgus europaeus ▷

　　夜鹰通常会选择开阔地带的高树栖息，这样一来，在天黑之后，它们就能找到可以吃的飞虫。它们会周期性地从栖木上飞下来，抓捕空中的蛾子或甲虫。它们极宽的嘴巴适合于在空中张嘴捕食。夜鹰嘴巴四周还有一圈直立的毛发，当虫子撞上这些毛时，会很容易落进捕食者的嘴巴里。

界：动物界（Animalia）

门：脊索动物门（Chordata）

纲：鸟纲（Aves）

目：鸮形目（Strigiformes）

科：夜鹰科（Caprimulgidae）

属：夜鹰属（*Caprimulgus*）

习性：食虫 / 夜行性

保护状况：无危（LC）

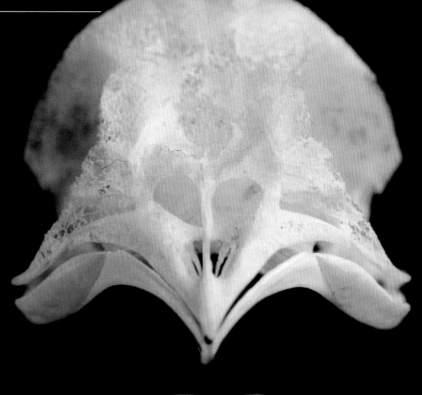

普通楼燕

Apus apus ▷

　　普通楼燕的嘴极宽，在飞行的时候它们会把嘴张得特别大，捕捉飞虫。这种鸟把生命中的相当长一部分时间花费在飞行上，它们能边飞边吃，边飞边喝，甚至边飞边睡觉。

界：动物界（Animalia）

门：脊索动物门（Chordata）

纲：鸟纲（Aves）

目：雨燕目（Apodiformes）

科：雨燕科（Apodidae）

属：雨燕属（*Apus*）

习性：食虫 / 日行性

保护状况：无危（LC）

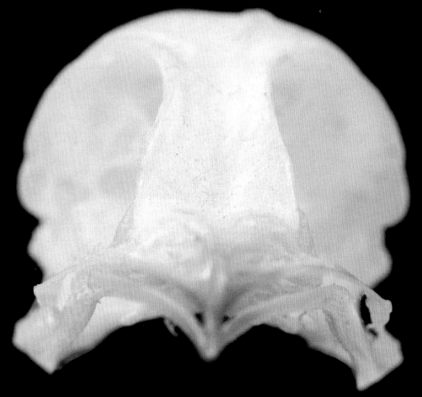

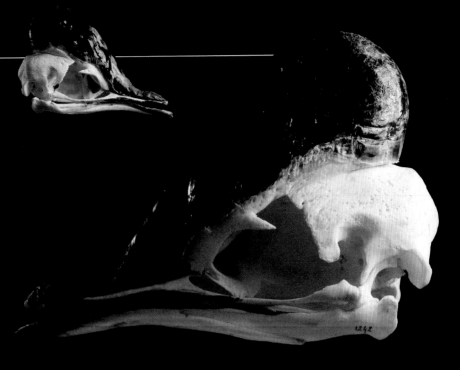

侏鹤鸵

Casuarius bennetti ▷

　　只需要看一眼，鹤鸵头骨上的角质冠就能给你留下深刻印象。侏鹤鸵的嘴巴比较弱小，它们以落在地上的果实以及小虫子为食。

界：动物界（Animalia）

门：脊索动物门（Chordata）

纲：鸟纲（Aves）

目：鸵形目（Struthioniformes）

科：鹤鸵科（Casuariidae）

属：鹤鸵属（*Casuarius*）

习性：食果 / 日行性

保护状况：近危（NT）

双垂鹤鸵

Casuarius casuarius ◁

　　和前面的那些鸟相比，鹤鸵的嘴巴真没什么可看的。但它们拥有覆盖着角质硬壳的壮观"头盔"，保护着其中柔软的组织。鹤鸵最靠里的那个脚趾上有加长的爪子，能挖掘食物，也能用来防卫。

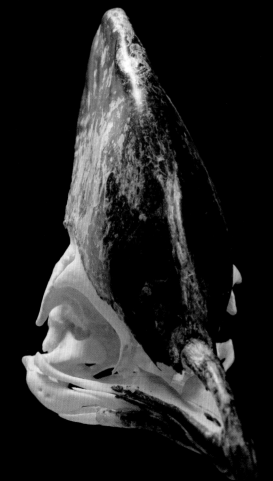

界：动物界（Animalia）

门：脊索动物门（Chordata）

纲：鸟纲（Aves）

目：鸵形目（Struthioniformes）

科：鹤鸵科（Casuariidae）

属：鹤鸵属（*Casuarius*）

习性：食果 / 日行性

保护状况：易危（VU）

达德利的笔记

　　我有两个鹤鸵头骨，它们可真不好伺候，其顶端骨化的角质桶状盔很容易脱落。但是，我挺喜欢其中的蜂巢状填充物。

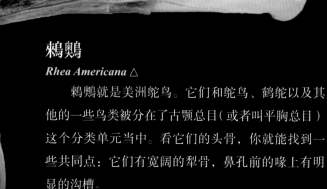

鸸鹋

Rhea Americana △

鸸鹋就是美洲鸵鸟。它们和鸵鸟、鹤鸵以及其他的一些鸟类被分在了古颚总目（或者叫平胸总目）这个分类单元当中。看它们的头骨，你就能找到一些共同点：它们有宽阔的犁骨，鼻孔前的喙上有明显的沟槽。

界：动物界（Animalia）
门：脊索动物门（Chordata）
纲：鸟纲（Aves）
目：鸵形目（Struthioniformes）
科：美洲鸵鸟科（Rheidae）
属：美洲鸵鸟属（*Rhea*）
习性：杂食 / 日行性
保护状况：近危（NT）

鸵鸟

Struthio camelus ◁

对于生活在开阔的半荒漠地带的鸵鸟来说，视力是非常重要的。巨大的眼睛和拔群的身高，使得它们在很远就能发现掠食者。不像"鸵鸟策略"所说的把头埋在沙子里躲避敌人，鸵鸟御敌的手段相当积极——迈开大步，快速逃走。

界：动物界（Animalia）
门：脊索动物门（Chordata）
纲：鸟纲（Aves）
目：鸵形目（Struthioniformes）
科：鸵鸟科（Struthionidae）
属：鸵鸟属（*Struthio*）
习性：植食 / 日行性
保护状况：无危（LC）

■ 猫头鹰

仓鸮

Tyto alba ◁

　　猫头鹰很容易辨认，它们都有朝向前方的双眼，典型的圆盘一般的面部。眼眶之上有着巨大的环形骨骼（这个头骨右眼上的骨骼已经不在了），这就是巩膜环。猫头鹰的视力极好，它们不能转动眼球，取而代之的是可以 270 度转动的脖子。眼睛通常能占据猫头鹰头骨 30% ~ 50% 的体积，如果人类的眼睛所占的比例也这么高，那得有网球那么大。

界：动物界（Animalia）
门：脊索动物门（Chordata）
纲：鸟纲（Aves）
目：鸮形目（Strigiformes）
科：草鸮科（Tytonidae）
属：草鸮属（*Tyto*）
习性：食肉 / 夜行性
保护状况：无危（LC）

雕鸮

Bubo bubo ▷

　　雕鸮眼眶上的巩膜环很大，它限制着眼睛，使其不能转动，因此雕鸮只能扭动脖子改变视线的方向。雕鸮有时会在白天捕食，在强光下瞳孔会缩成针眼大小，以防阳光伤害敏感的视网膜。下弯的鹰嘴暴露了它们食肉的习性：雕鸮（最大的猫头鹰）能够捕杀一些大号的猎物，例如狍子。

界：动物界（Animalia）
门：脊索动物门（Chordata）
纲：鸟纲（Aves）
目：鸮形目（Strigiformes）
科：鸱鸮科（Strigidae）
属：雕鸮属（*Bubo*）
习性：食肉 / 夜行性
保护状况：无危（LC）

纵纹腹小鸮

Athene noctua ▷

　　纵纹腹小鸮真的很小，从头到尾只有 21 ~ 23 厘米长。它们主要在白天捕食，以蠕虫、两栖类、小型哺乳动物和鸟类为食。和它们的大号亲戚一样，它们也有锋利的鹰嘴和爪子，其头骨很精巧，但眼眶和巩膜环还是很大。

界：动物界（Animalia）
门：脊索动物门（Chordata）
纲：鸟纲（Aves）
目：鸮形目（Strigiformes）
科：鸱鸮科（Strigidae）
属：小鸮属（*Athene*）
习性：食肉 / 昏行性
保护状况：无危（LC）

> **达德利的笔记**
>
> 　　这个标本是我在回家的路上捡到的。当时我非常吃惊，因为这是只纵纹腹小鸮，在我们这儿更容易看到灰林鸮，纵纹腹小鸮真的很罕见。

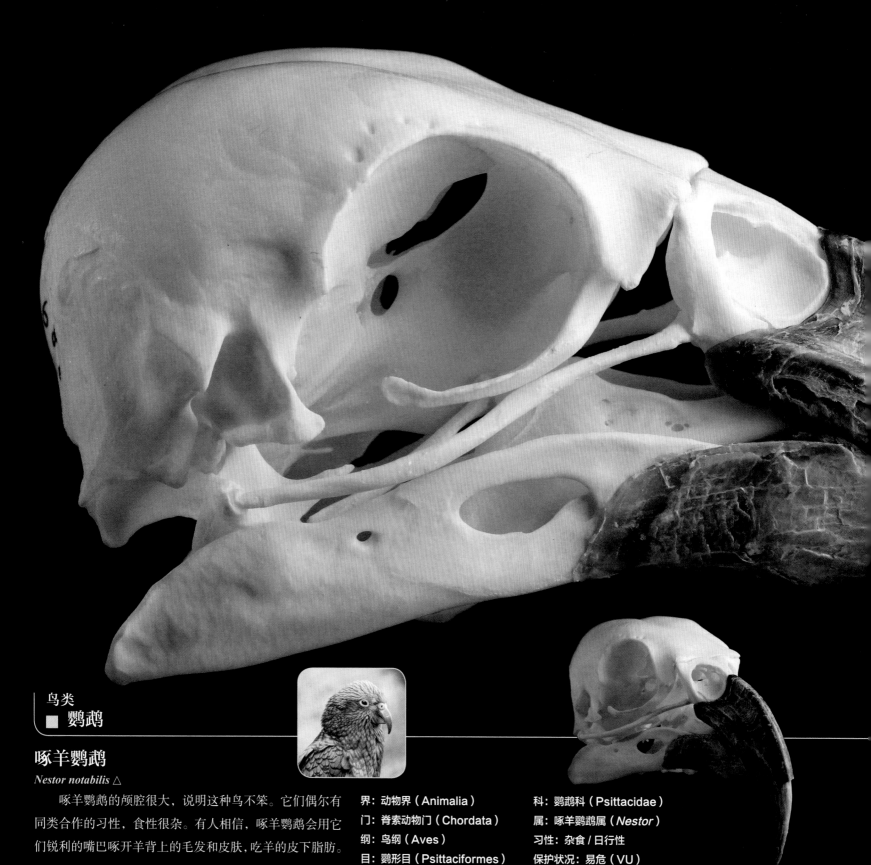

鸟类
■ 鹦鹉

啄羊鹦鹉

Nestor notabilis △

　　啄羊鹦鹉的颅腔很大，说明这种鸟不笨。它们偶尔有同类合作的习性，食性很杂。有人相信，啄羊鹦鹉会用它们锐利的嘴巴啄开羊背上的毛发和皮肤，吃羊的皮下脂肪。

界：动物界（Animalia）
门：脊索动物门（Chordata）
纲：鸟纲（Aves）
目：鹦形目（Psittaciformes）

科：鹦鹉科（Psittacidae）
属：啄羊鹦鹉属（*Nestor*）
习性：杂食 / 日行性
保护状况：易危（VU）

虎皮鹦鹉

Melopsittacus undulatus ▷

　　尽管这个头骨很小，但看到它那典型的鹦鹉嘴，你还是能够认出这是什么。虎皮鹦鹉原产于澳大利亚，现在成了全世界流行的宠物鸟类。它们长长的上喙能够用来去掉种子的外壳，这样就可以吃到里面有营养的仁儿了。

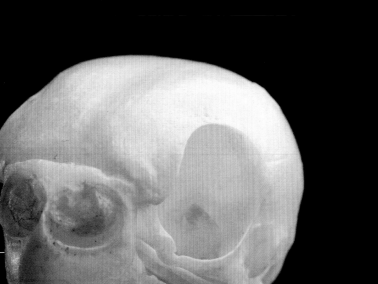

界：动物界（Animalia）

门：脊索动物门（Chordata）

纲：鸟纲（Aves）

目：鹦形目（Psittaciformes）

科：鹦鹉科（Psittacidae）

属：虎皮鹦鹉属（*Melopsittacus*）

习性：植食 / 日行性

保护状况：无危（LC）

紫蓝金刚鹦鹉

Anodorhynchus hyacinthinus ▷

　　紫蓝金刚鹦鹉是身长最长的一种鹦鹉。它们巨大而有力的鹦鹉嘴能够咬碎夏威夷果、巴西果的坚硬外壳。人们观察到，金刚鹦鹉会先用上喙摘下坚果，再一口将其咬成两半。但即使对它们来说，有些坚果还是太坚硬了，它们会从牲畜的粪便里找已被软化的坚果吃。

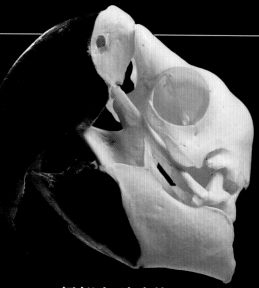

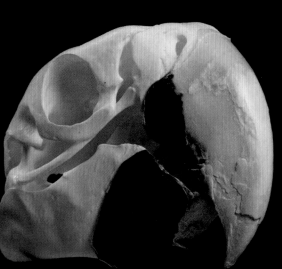

界：动物界（Animalia）
门：脊索动物门（Chordata）
纲：鸟纲（Aves）
目：鹦形目（Psittaciformes）
科：鹦鹉科（Psittacidae）
属：琉璃金刚鹦鹉属（*Anodorhynchus*）
习性：植食／日行性
保护状况：濒危（EN）

绿翅金刚鹦鹉

Ara chloroptera ◁

　　和紫蓝金刚鹦鹉类似，绿翅金刚鹦鹉也会用有力的鹦鹉嘴打开种子的外壳。它们吃的有些坚果含有有毒的生物碱，这些毒素会在鹦鹉体内缓慢生效。但是，鹦鹉们知道一种巧妙的解毒方法：许多种类的金刚鹦鹉会聚集在亚马孙河的河岸边吃黏土。研究者认为，黏土中的一些矿物质可能能够解毒。

界：动物界（Animalia）
门：脊索动物门（Chordata）
纲：鸟纲（Aves）
目：鹦形目（Psittaciformes）
科：鹦鹉科（Psittacidae）
属：金刚鹦鹉属（*Ara*）
习性：植食／日行性
保护状况：无危（LC）

彼氏鹦鹉

Psittrichas fulgidus ▷

　　活着的时候，彼氏鹦鹉长得很难看，没毛的脸让人不由地想起秃鹫。它们是素食主义者，主要以各种果实为食。"秃头"适合吃那些又甜又黏的果子。

界：动物界（Animalia）
门：脊索动物门（Chordata）
纲：鸟纲（Aves）
目：鹦形目（Psittaciformes）
科：鹦鹉科（Psittacidae）
属：彼氏鹦鹉属（*Psittrichas*）
习性：植食／日行性
保护状况：易危（VU）

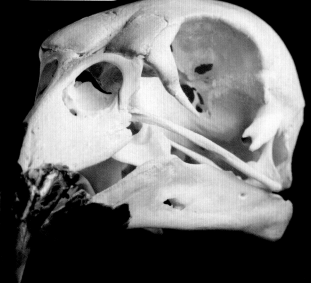

大紫胸鹦鹉

Psittacula derbiana ▷

雄性大紫胸鹦鹉拥有尖端点缀着亮黄色的红色喙。这个头骨部分保留了这一特征。这种群居性的鹦鹉分布在喜马拉雅山脉东部的山地针叶林当中。

界：动物界（Animalia）
门：脊索动物门（Chordata）
纲：鸟纲（Aves）
目：鹦形目（Psittaciformes）
科：鹦鹉科（Psittacidae）
属：鹦鹉属（*Psittacula*）
习性：植食 / 日行性
保护状况：近危（NT）

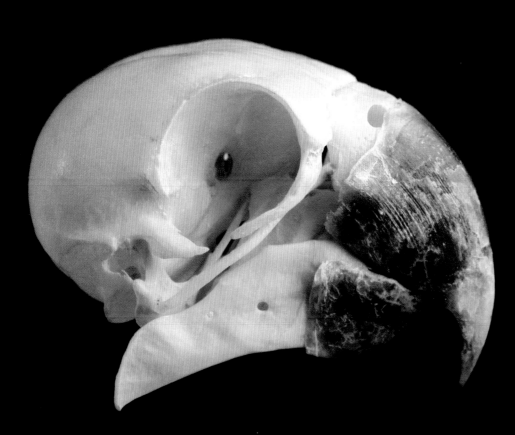

红领绿鹦鹉

Psittacula krameri ◁

和本书中其他一些鹦鹉类似，红领绿鹦鹉延长的上喙能够剥开果实的皮，咬破种子坚硬的外壳，其锯齿状的边缘又能增加摩擦力，防止果实滑落。这种原产于印度和非洲的喧闹的鸟类如今能够在很多公园里找到。

界：动物界（Animalia）
门：脊索动物门（Chordata）
纲：鸟纲（Aves）
目：鹦形目（Psittaciformes）
科：鹦鹉科（Psittacidae）
属：鹦鹉属（*Psittacula*）
习性：植食 / 日行性
保护状况：无危（LC）

小嘴乌鸦

Corvus corone

　　乌鸦们以其聪慧的大脑而知名，其中又以苏格兰的乌鸦为最（它们和黑猩猩一样会用工具）。那巨大的脑／体比或许能说明为何这种吃腐肉的鸟类能够在全世界都过得如此之好。它们是不折不扣的清道夫，吃腐肉、蠕虫、鸟蛋以及任何能够获得且能吃的东西。因此，它的鸟嘴不太有特点（却非常有力）。

界：动物界（Animalia）
门：脊索动物门（Chordata）
纲：鸟纲（Aves）
目：雀形目（Passeriformes）
科：鸦科（Corvidae）
属：鸦属（*Corvus*）
习性：食肉／日行性
保护状况：无危（LC）

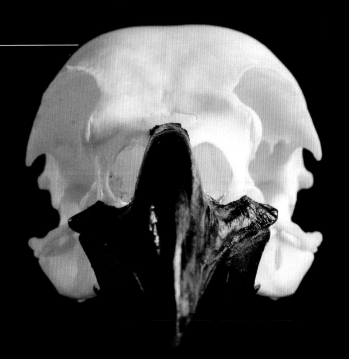

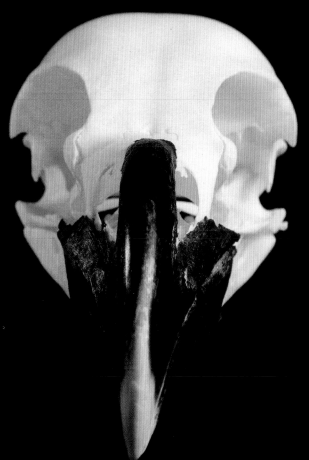

渡鸦
Corvus corax ◁

渡鸦是食腐者（但在资源匮乏的时候，它们也能捕食小型哺乳动物），分布在几乎整个北半球。它和它鸦科的亲戚们展现了脑子最大的鸟类所拥有的超常智力。

界：动物界（Animalia）
门：脊索动物门（Chordata）
纲：鸟纲（Aves）
目：雀形目（Passeriformes）
科：鸦科（Corvidae）
属：鸦属（*Corvus*）
习性：杂食 / 日行性
保护状况：无危（LC）

非洲渡鸦
Corvus albicollis ◁

非洲渡鸦比一般的渡鸦个头要大，翼展能达到一米，但它们都是杂食者，也是机会主义者。它们的喙适应于这样的生活：足够有力，能咬碎种子的外壳，足够尖锐，能从尸体上撕下肉来。

界：动物界（Animalia）
门：脊索动物门（Chordata）
纲：鸟纲（Aves）
目：雀形目（Passeriformes）
科：鸦科（Corvidae）
属：鸦属（*Corvus*）
习性：杂食 / 日行性
保护状况：无危（LC）

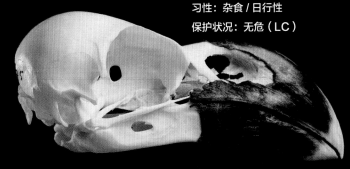

红交嘴雀

Loxia curvirostra ▷

　　红交嘴雀的上下颌骨是交错的而不是正对的，这种形状的喙适应于它们的食性。红交嘴雀吃松子，它们会把自己的"交嘴"插入松果当中，分开覆盖着种子的鳞片，再用舌头一舔，种子就会落入嘴中。每种交嘴雀的嘴都适应于某几种球果。

界：动物界（Animalia）

门：脊索动物门（Chordata）

纲：鸟纲（Aves）

目：雀形目（Passeriformes）

科：雀科（Fringillidae）

属：交嘴雀属（*Loxia*）

习性：植食 / 日行性

保护状况：无危（LC）

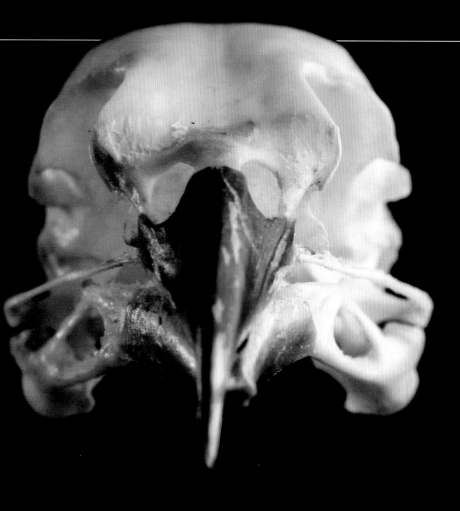

白翅拟蜡嘴雀

Mycerobas carnipes ▷

　　白翅拟蜡嘴雀拥有雀科鸟类典型的短粗嘴和强健的头骨，头骨外面依附着强壮的肌肉，能够让它们一口咬开种子的外壳。

界：动物界（Animalia）

门：脊索动物门（Chordata）

纲：鸟纲（Aves）

目：雀形目（Passeriformes）

科：雀科（Fringillidae）

属：拟蜡嘴雀属（*Mycerobas*）

习性：植食 / 日行性

保护状况：无危（LC）

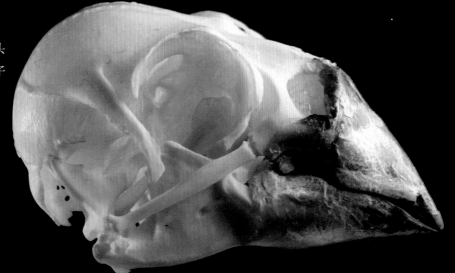

大黄耳捕蛛鸟

Arachnothera flavigaster ▷

大黄耳捕蛛鸟细长的喙能够优雅地深入管状花的花心当中，吸管一样的舌头会带它们吸出花蜜。花和鸟都能从这种相互关系中获益，鸟儿获得了食物，花朵获得了传粉服务。尽管如此，它们还是被命名为捕蛛鸟，这是因为它们也会以节肢动物为食。

界：动物界（Animalia）
门：脊索动物门（Chordata）
纲：鸟纲（Aves）
目：雀形目（Passeriformes）
科：太阳鸟科（Nectariniida）
属：捕蛛鸟属（*Arachnothera*）
习性：杂食 / 日行性
保护状况：无危（LC）

白腹灰蕉鹃

Corythaixoides leucogaster ▷

这种非洲鸟类主要吃果实，尤其喜欢一种名叫"大蕉"的香蕉。它们的上颌骨边缘有锯齿，这种结构能带它们更好地咬住果实。这种鸟的叫声很像英语里的"滚开（go away）"，因此它和它同属的亲戚们的英文名叫 Go-away-bird。

界：动物界（Animalia）
门：脊索动物门（Chordata）
纲：鸟纲（Aves）
目：蕉鹃目（Musophagiformes）
科：蕉鹃科（Musophagidae）
属：灰蕉鹃属（*Corythaixoides*）
习性：食果 / 日行性
保护状况：无危（LC）

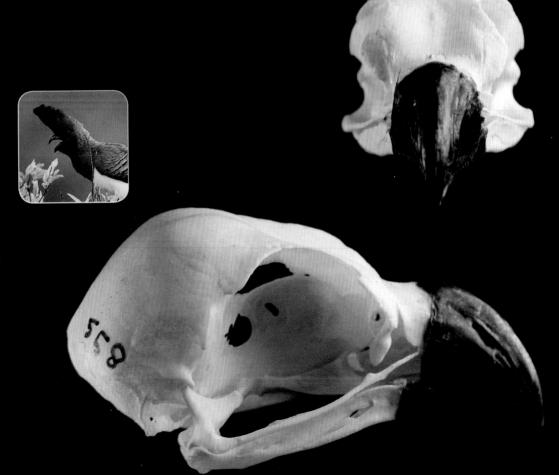

王企鹅

Aptenodytes patagonicus

王企鹅拥有修长的喙。它们在捕食时会潜到水下 200 米的深处。它们流线型的头与喙使得游泳时的阻力很小，能够更快地追逐鱼类和乌贼。

界：动物界（Animalia）
门：脊索动物门（Chordata）
纲：鸟纲（Aves）
目：企鹅目（Sphenisciformes）
科：企鹅科（Spheniscidae）
属：王企鹅属（*Aptenodytes*）
习性：食鱼 / 日行性
保护状况：无危（LC）

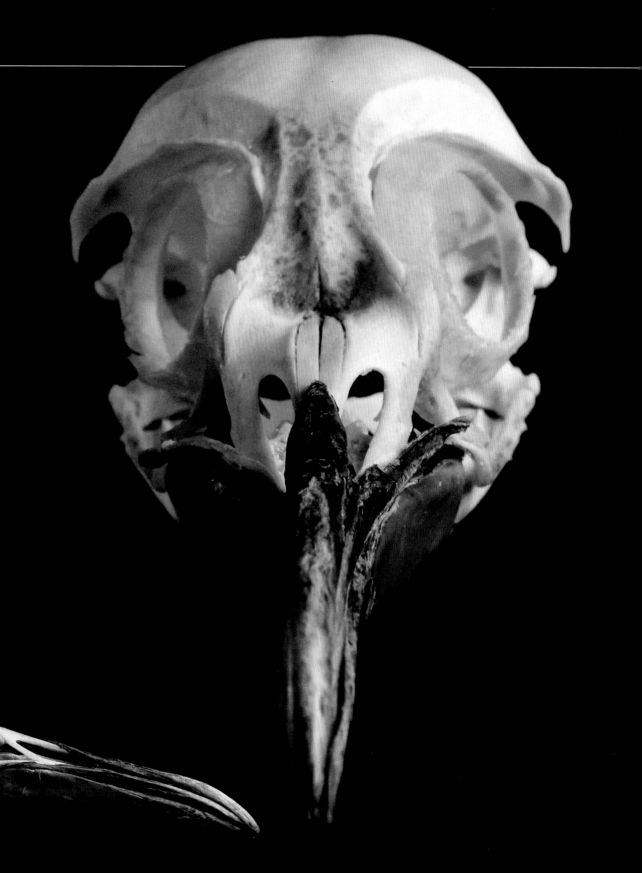

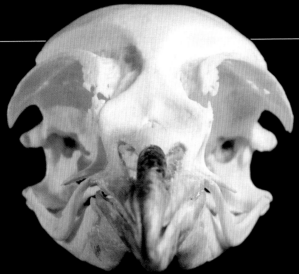

小蓝企鹅

Eudyptula minor ▷

　　身着迷人宝石蓝色外衣的小蓝企鹅是企鹅当中体型最小的。它们居住在新西兰、澳大利亚沿海岛屿的洞穴当中，以鱼和乌贼为食。作为一种典型的食鱼企鹅，它们拥有细长的喙。

界：动物界（Animalia）
门：脊索动物门（Chordata）
纲：鸟纲（Aves）
目：企鹅目（Sphenisciformes）
科：企鹅科（Spheniscidae）
属：小蓝企鹅属（*Eudyptula*）
习性：食鱼 / 日行性
保护状况：无危（LC）

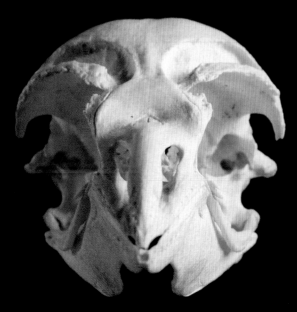

巴布亚企鹅

Pygoscelis papua ◁

　　巴布亚企鹅的食谱中大部分是甲壳动物，例如磷虾。和它们那些吃鱼的亲戚相比，巴布亚企鹅的嘴比较短且沉重。

界：动物界（Animalia）
门：脊索动物门（Chordata）
纲：鸟纲（Aves）
目：企鹅目（Sphenisciformes）
科：企鹅科（Spheniscidae）
属：阿德利企鹅属（*Pygoscelis*）
习性：食肉 / 日行性
保护状况：近危（NT）

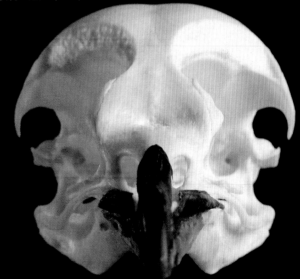

南跳岩企鹅

Eudyptes chrysocom ◁

　　和巴布亚企鹅类似，南跳岩企鹅的嘴巴也很粗短，适合于捕捉机动性差的甲壳动物。

界：动物界（Animalia）
门：脊索动物门（Chordata）
纲：鸟纲（Aves）
目：企鹅目（Sphenisciformes）
科：企鹅科（Spheniscidae）
属：冠企鹅属（*Eudyptes*）
习性：食肉 / 日行性
保护状况：易危（VU）

蓝凤冠鸠

Goura cristata ▷

　　蓝凤冠鸠是鸽形目中最大种类之一，其体型接近于火鸡。它们得名于成体头上装饰用的华丽羽毛冠。它们的嘴和头骨与一般的鸽子很相似，适应于吃植物性食物。在还存在的物种中，它们和渡渡鸟的亲缘关系相对来说是最近的。

界：动物界（Animalia）
门：脊索动物门（Chordata）
纲：鸟纲（Aves）
目：鸽形目（Columbiformes）
科：鸠鸽科（Columbidae）
属：冠鸠属（*Goura*）
习性：植食 / 日行性
保护状况：易危（VU）

渡渡鸟

Raphus cucullatus ▷

　　我们认为，渡渡鸟会用它那沉重的嘴吃果实以及种子，在生机勃勃的雨季里把自己喂得肥肥的，以度过毛里求斯的旱季。在人们眼中，它们很笨，很容易被船员捉住，当作补给品，在漫画里也常被画成蠢肥的样子。但根据现在的研究，这种鸟不是因为饥饿海员的捕杀而灭绝的，灭绝的主要原因是受到人类带到毛里求斯的外来入侵动物（狗和猪）的排挤。

界：动物界（Animalia）
门：脊索动物门（Chordata）
纲：鸟纲（Aves）
目：鸽形目（Columbiformes）
科：鸠鸽科（Columbidae）
属：渡渡鸟属（*Raphus*）
习性：植食 / 日行性
保护状况：灭绝（EX）

渡渡鸟的头骨

欧洲人与这种让人印象深刻的鸟只打过差不多80年的交道，人类得为这种鸟的灭绝负全责，在人与自然的关系史上，渡渡鸟用自己的生命标注了一个让人忧郁的注脚。

1598年，一些荷兰海员在去东印度群岛的途中偏离了航线，登上了一座陌生的岛屿，他们用奥兰治亲王——拿骚的毛里茨的名字，将这座岛命名为毛里求斯。海员们在这里看到并记载了一种外表不同寻常但随处可见的鸟类。没有人认识这种鸟，它们在树丛或草丛中筑巢，拥有大脑袋、大嘴巴，体重可达18千克，翅膀非常小，以至于不能飞翔。这种鸟看起来是如此笨拙。一个曾在之前来过这儿的葡萄牙海员叫它渡渡鸟，在他们的语言当中，"渡渡"的意思是笨蛋。荷兰海员们想不到更合适的名字了：这家伙看起来实在是太笨了，所以，就叫它渡渡鸟吧。

渡渡鸟速写，这些图片绘制于1602年，是荷兰人留下的有关渡渡鸟的最早记录之一。

这种巨大的鸟在受到惊吓时逃跑的动作非常滑稽可笑，拼命扑扇翅膀也没法飞多高，真是太容易捕捉了，就像火鸡一样。火鸡肉味道不错，渡渡鸟的肉却又硬又难吃，所以荷兰人除非打着玩，一般不怎么碰渡渡鸟。不过，欧洲人带来了船上的动物，例如狗、猫和猪以及老鼠，它们会破坏当地的环境。这些动物上了毛里求斯岛，扑进草丛破坏渡渡鸟的巢，恣意地袭击渡渡鸟，而不会受到任何反抗。

16世纪中叶，一些关心殖民地原生动植物的荷兰人开始试图保护这种不幸的大鸟。但为时已晚。1675年，毛里求斯岛上就只剩一对人工饲养的渡渡鸟了；1680年，老鼠杀死了最后一只活着的个体。*Didus ineptus*——林奈为这个物种起了这个学名——它是最先被分进鸠鸽科（Columbidae）的物种，同时也是这个科的典型，就这么不再存在了。

在欧洲殖民者第一次看到这种鸟之后的80年内，他们的漫不经心——实际上，是我们的漫不经心，虽然没有多少人真正是那些殖民者的后代——使得这种外表难看、不会飞的鸟彻底灭绝。这不是现代人目睹的第一次或最后一次物种灭绝（想想那几种老虎，想想大海雀），但渡渡鸟就死在我们面前，其灭绝羞辱了我们，到现在还在羞辱我们。

顺带一说，我们现在能够更精确地知道渡渡鸟的分类地位。18世纪的分类学已经能够将渡渡鸟正确地放入鸽形目的鸠鸽科。无论是现代对其骨骼的研究，还是早在18世纪

的研究都证明了这一点。但各种鸽子都能飞。最近，鸟类生物学家为那些不能飞的鸠鸽科鸟类建立了一个新的亚科级分类单元，称作渡渡鸟亚科（Raphinae）。到目前为止，这个亚科内有两个物种，一种是高个的，看起来很像朱鹮的罗德里格斯渡渡鸟（*Rodrigues solitaire*），另一种就是渡渡鸟，现在的学名是 *Raphus cucullatus*。它们都不能飞，都灭绝了。遗传学证据显示，另一种印度洋鸟类尼克巴鸠（*Caloenas nicobarica*）虽然能飞，但可能是渡渡鸟亚科现存的亲缘关系最近的亲戚。

渡渡鸟为什么能长这么大？20世纪60年代提出的一个演化生物学假说——"岛屿法则"认为，在小岛之上，因为资源更容易获得以及天敌的缺失，小型动物能够长得更大。在毛里求斯，渡渡鸟能够找到丰沛的果实，不用担心天敌，于是一代代越来越胖。需要强调的是，它们的灭绝和肥胖没有关系，让它们灭绝的是人类带来的外来掠食者。

因为长得怪，17世纪渡渡鸟在欧洲的名头越来越响，以至于相当数量的个体被带到欧洲。罗朗·萨瓦里（Roleant Savery）和他的侄子约翰（Jan Savery），是两个以画渡渡鸟知名的荷兰画家。但他们笔下的渡渡鸟太肥了，看起来非常失真，这可能是因为他们的"模特"被饲养者喂了太多水果。"窈窕"一些的渡渡鸟复原图正在变得越来越常见，这应该更符合它们在野外的真实形象。

随着活着的渡渡鸟的减少，渡渡鸟的骨架以及伦敦、阿姆斯特丹的标本剥制师制作

渡渡鸟就死在我们面前，其灭绝羞辱了我们，到现在还在羞辱我们。

出的标本越来越受收藏者们的喜爱。有个叫约翰·特拉德斯坎特（John Tradescant）的杰出园丁就是这样一个收藏家，他开办了英国第一个真正意义上的博物馆——"好奇心橱柜"。在他死后，其收藏品被交给了伊莱亚斯·阿什莫尔（Elias Ashmole），后者自己在牛津开了家博物馆。在他移交给牛津大学保管的 12 车收藏品当中就有渡渡鸟的剥制标本。

不过，这个标本应该是新手做的，它很快就开始腐烂。1755 年，这玩意儿变得非常恶心，以至于阿什莫尔博物馆的主管下了命令，将其从展示区中挪了出来，塞进了阁楼当中。差不多一个世纪后，牛津大学自然历史博物馆建立的时候，人们对这个标本产生了兴趣，当时它只剩一个木乃伊化的头骨和一只脚的森森白骨——但它不仅仅是白骨，人类从中还取出了世界上仅剩的一份渡渡鸟软组织。

这些可悲的遗骸，加上萨瓦里的画，组成了如今世界上最重要的渡渡鸟收藏品——包含了一块含有 DNA 的软组织，包含了未来科学的种种可能，包含了人类对一种久已消失的鸟类的好奇心与浪漫情怀。

这种浪漫情怀很大程度上起源于牛津博物馆早期展出的渡渡鸟给学者查尔斯·道奇森（Charles Dodgson）留下的印象，他曾在 19 世纪 60 年代给馆藏品拍过照。这个道奇森就是《爱丽丝漫游仙境》的作者路易斯·卡罗尔（Lewis Carroll）。他有许多奇特或者说奇怪的特点，其中一个就是口吃。道奇森长期为此发愁，在介绍自己时，他总会说成

"查尔斯·渡·渡·渡奇森"。正因为如此，他觉得自己和这种名为渡渡鸟的怪鸟颇有几分相似。现代人推测，路易斯·卡罗尔正是因为这个原因才把渡渡鸟写进了《爱丽丝漫游仙境》，这个角色就是他的自画像。这本书的第一位可能也是最好的一位插画师约翰·坦尼尔，曾基于萨瓦里叔侄的画描绘出了一只肥胖的渡渡鸟。

于是，渡渡鸟就这样获得了它们的名望——这名望包含了它们悲剧性的灭绝，包含了人类笨拙的粗心大意，包含了自然的脆弱，包含了对人类不能再如此轻率地侵入新环境的警告。牛津渡渡鸟尤其特别，它现在被保存在玻璃橱窗里，只剩一个头骨、一只脚和一点点残存的血肉，仿佛是提醒我们看清人类自身罪恶的尖锐标志，同时能让我们惊讶于渡渡鸟已经永远消失了这一冷酷现实。渡渡鸟灭绝了，但是感谢卡罗尔为孩子们所写的不朽的文学作品，渡渡鸟永远永远也不会被忘记。

这幅画是有关渡渡鸟的画作中最出名也是流传最广的一幅，其作者是罗朗·萨瓦里，据说它曾启发过约翰·坦尼尔。

这是一幅之前从未公开过的 17 世纪渡渡鸟插画。图上那个单词 "Dronte" 是 17 世纪渡渡鸟的荷兰名字。

黑冕鹤

Balearica pavonina ◁

黑冕鹤是现生的鹤中最原始的种类之一。许多鹤类都有长长的鸣管，并且盘曲在胸骨当中，这样的结构能够让它们发出可以传播很远的嘹亮鸣叫。冕鹤的鸣管相对来说很短，于是叫声就没那么响亮，但它们可以挤出膨胀的喉囊中的空气，从而发出隆隆的响声。

界：动物界（Animalia）
门：脊索动物门（Chordata）
纲：鸟纲（Aves）
目：鹤形目（Gruiformes）
科：鹤科（Gruidae）
属：冕鹤属（*Balearica*）
习性：杂食 / 日行性
保护状况：易危（VU）

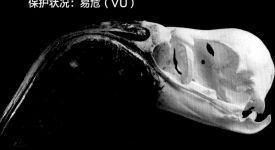

智利火烈鸟

Phoenicopterus chilensis △

在进食的时候，火烈鸟会垂下脑袋，把嘴巴伸入水中滤食蓝绿藻和小虾，它们长了一副适合于这种进食方式的怪嘴。这种鸟类那知名的粉红色是从其食物中获取的。在它们的嘴巴中有一行类似于毛发的组织，它们能够帮火烈鸟筛出水中的食物。

界：动物界（Animalia）
门：脊索动物门（Chordata）
纲：鸟纲（Aves）
目：鹳形目（Ciconiiformes）
科：火烈鸟科（Phoenicopteridae）
属：火烈鸟属（*Phoenicopterus*）
习性：杂食 / 日行性
保护状况：近危（NT）

小红鹳

Phoenicopterus minor △

小红鹳身上的粉红色也是吃出来的。这个标本在制作过程中保存下了其颌骨上用于滤食的毛发状组织。在进食时，火烈鸟的脑袋是倒过来的，上颌骨在下，下颌骨在上。在非洲裂谷地区的湖中，小红鹳能聚集成十万多只的大群。

界：动物界（Animalia）
门：脊索动物门（Chordata）
纲：鸟纲（Aves）
目：鹳形目（Ciconiiformes）
科：火烈鸟科（Phoenicopteridae）
属：火烈鸟属（*Phoenicopterus*）
习性：杂食 / 日行性
保护状况：近危（NT）

> **达德利的笔记**
> 我如此爱火烈鸟的头骨，纯粹是因为它们那弓形的喙。我尝试了一些处理方法，将这只火烈鸟喙上的颜色留了下来。

白琵鹭

Platalea leucorodia ▽

鸟如其名，白琵鹭们都有琵琶一样的嘴。觅食时，它们会涉水而过，把平整的嘴巴尖插入水底的泥中搅来搅去，把猎物（例如无脊椎动物、蝌蚪和鱼）给吓出来，迅速地抓住吃掉。

界：动物界（Animalia）　科：朱鹭科（Threskiornithidae）
门：脊索动物门（Chordata）　属：琵鹭属（*Platalea*）
纲：鸟纲（Aves）　习性：食肉 / 日行性
目：鹳形目（Ciconiiformes）　保护状况：无危（LC）

鲸头鹳

Balaeniceps rex ▷

这个头骨或许是达德利的鸟类收藏品中最美的一件，它的大嘴还保留着些许生前的颜色，鸟喙末端的钩依旧是那么尖锐。这种东非鸟类会在浑水中捕食鱼类或两栖类。它和船嘴鹭的头骨值得好好看看，对比一番。

界：动物界（Animalia）
门：脊索动物门（Chordata）
纲：鸟纲（Aves）
目：鹳形目（Ciconiiformes）
科：鹈鹕科（Pelecanidae）
属：鲸头鹳属（*Balaeniceps*）
习性：食肉 / 日行性
保护状况：易危（VU）

达德利的笔记

鲸头鹳的头骨在世界上是极受欢迎的，但除了我之外，我不知道谁还有。它看起来就是个末端带个大挂钩的木底鞋。能拥有它实在是太幸运了，更幸运的是，它还保留着如此漂亮的色彩。

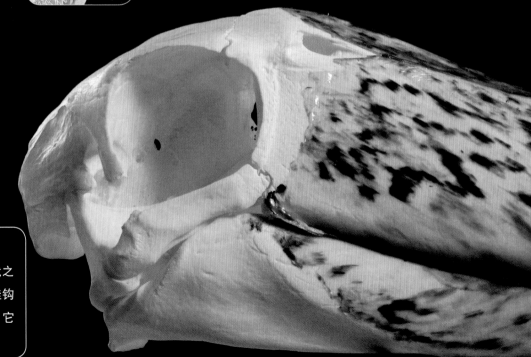

船嘴鹭

Cochlearius cochlearius ▷

船嘴鹭的嘴巴异常宽阔、沉重。它们的属名源自拉丁文单词"cochlearium"，意思是勺子。这种鸟类生活在南美洲的红树森林当中。

界：动物界（Animalia）
门：脊索动物门（Chordata）
纲：鸟纲（Aves）
目：鹳形目（Ciconiiformes）
科：鹭科（Ardeidae）
属：舵嘴鹭属（*Cochlearius*）
习性：食肉 / 日行性
保护状况：无危（LC）

达德利的笔记

船嘴鹭的头骨是我最爱的藏品之一。它的嘴巴看起来就像是大自然的一个失误，似乎是有人不小心踩到了，还把它给踩扁了。

凤头鹮

Bostrychia hagedash ◁

凤头鹮会用它那弯刀似的长嘴探察草地，寻找无脊椎动物吃。它们的英文名是"hadada ibis"，这个名字源自它们"haa-haa-de-daa"的叫声。

界：动物界（Animalia）
门：脊索动物门（Chordata）
纲：鸟纲（Aves）
目：鹳形目（Ciconiiformes）
科：朱鹮科（Threskiornithidae）
属：白鹮属（*Bostrychia*）
习性：食肉 / 日行性
保护状况：无危（LC）

钳嘴鹳

Anastomus oscitans ▷

正如你所看到的，这种鸟的上下颌不是完全合拢的，而是像钳子一样，仅仅是尖端相对，因此它们被称为钳嘴鹳。这样的嘴巴能够帮助它们夹起淡水螺类。

界：动物界（Animalia）	科：鹳科（Ciconiidae）
门：脊索动物门（Chordata）	属：钳嘴鹳属（*Anastomus*）
纲：鸟纲（Aves）	习性：食肉 / 日行性
目：鹳形目（Ciconiiformes）	保护状况：无危（LC）

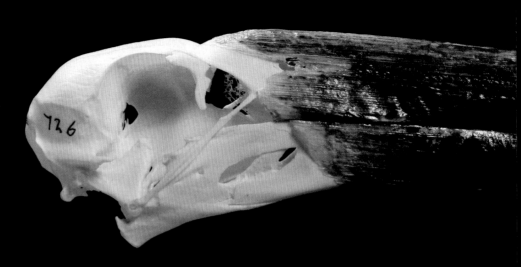

裸颈鹳

Jabiru mycteria ▷

裸颈鹳又长又强健的嘴巴能够连续数次快速地刺向躲藏在水中的猎物。这种鸟非常庞大，身高可达 140 厘米，曾有人观察到裸颈鹳抓到过一条年轻的凯门鳄，并将其拖到水边，肢解后吃掉。

界：动物界（Animalia）	科：鹳科（Ciconiidae）
门：脊索动物门（Chordata）	属：裸颈鹳属（*Jabiru*）
纲：鸟纲（Aves）	习性：食肉 / 日行性
目：鹳形目（Ciconiiformes）	保护状况：无危（LC）

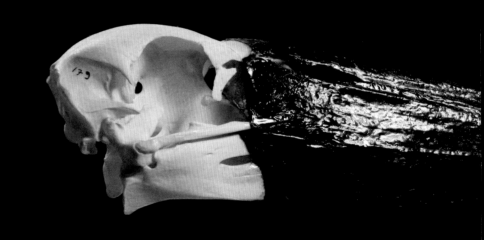

黑尾鹳

Ciconia maguari ▷

黑尾鹳在安第斯山东部的南美洲很常见。它们具有鹳属典型的短剑形长嘴，嘴长能够达到头长的两倍。这对于黑尾鹳从浅水区域中的水草丛或农田中寻找包括两栖类、鱼类、甲壳类、虫子以及啮齿动物在内的猎物很有利。

界：动物界（Animalia）	科：鹳科（Ciconiidae）
门：脊索动物门（Chordata）	属：鹳属（*Ciconia*）
纲：鸟纲（Aves）	习性：食肉 / 日行性
目：鹳形目（Ciconiiformes）	保护状况：无危（LC）

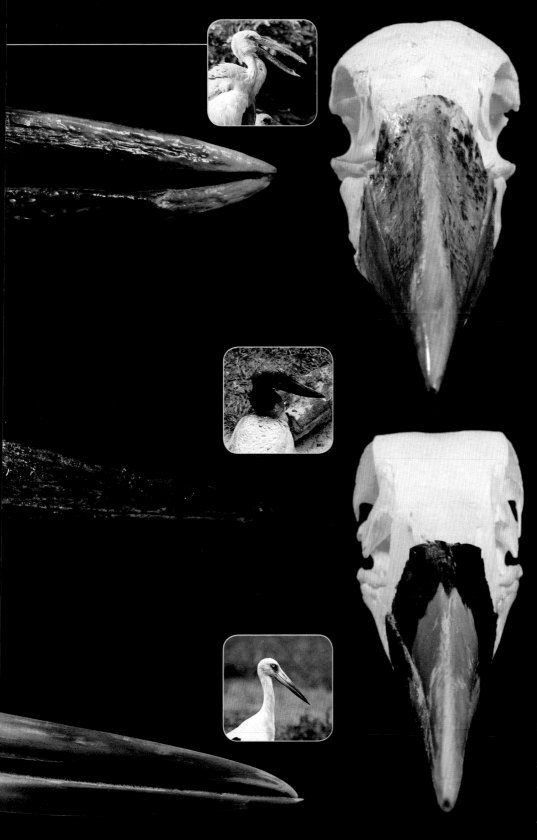

秃鹳

Leptoptilos crumeniferus ◁

秃鹳的脖子上以及头上都没有毛，看起来很丑，它们在自然当中所扮演的角色和秃鹫类似。它们能飞得很高，寻找能够作为食物的死尸或垂死的动物。它们不是专性食腐者，其嘴巴暴露了它们食性的另一面：涉水捕食鱼、蛙或年幼的鳄鱼。

界：动物界（Animalia）
门：脊索动物门（Chordata）
纲：鸟纲（Aves）
目：鹳形目（Ciconiiformes）
科：鹳科（Ciconiidae）
属：秃鹳属（*Leptoptilos*）
习性：食肉／日行性
保护状况：无危（LC）

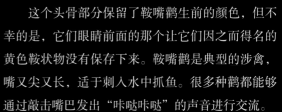

鞍嘴鹳

Ephippiorhynchus senegalensis ◁

这个头骨部分保留了鞍嘴鹳生前的颜色，但不幸的是，它们眼睛前面的那个让它们因之而得名的黄色鞍状物没有保存下来。鞍嘴鹳是典型的涉禽，嘴又尖又长，适于刺入水中抓鱼。很多种鹳都能够通过敲击嘴巴发出"咔哒咔哒"的声音进行交流。

界：动物界（Animalia）
门：脊索动物门（Chordata）
纲：鸟纲（Aves）
目：鹳形目（Ciconiiformes）
科：鹳科（Ciconiidae）
属：鞍嘴鹳属（*Ephippiorhynchus*）
习性：食肉／日行性
保护状况：无危（LC）

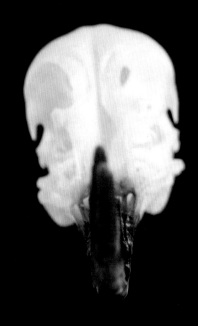

反嘴鹬
Recurvirostra avosetta △

对于英国人来说，反嘴鹬奇怪是奇怪，但并不陌生，因为它的头像就画在英国皇家鸟类保护学会（RSPB）的 Logo（标志）上。它们的属名"*Recurvirostra*"的意思就是反过来的嘴。在觅食时，反嘴鹬会在泥滩上用它奇怪的嘴巴从这头扫到那头，寻找蠕虫、甲壳类和小鱼。

界：动物界（Animalia）
门：脊索动物门（Chordata）
纲：鸟纲（Aves）
目：鹳形目（Ciconiiformes）
科：鸻科（Charadriidae）
属：反嘴鹬属（*Recurvirostra*）
习性：食虫 / 日行性
保护状况：无危（LC）

> **达德利的笔记**
>
> 因为这向上翘的嘴巴，我爱死反嘴鹬了！很少有鸟类长成这样，再要举个例子的话就是长脚鹬了。我这一只是在动物园里搞到的，它死于白鼬的攻击，真悲惨。

白鹳
Ciconia ciconia △

和许多鹳鸟一样，白鹳能够通过敲击长喙发出声音来和同类交流。当然，它们红色的长喙也能用来捕食（猎物诸如大昆虫、蛙类以及爬行动物）。它们在浅水滩或矮草地里觅食时的动作很像是闲庭信步，但其大嘴巴早已做好出击的准备。在欧洲，房顶上的白鹳巢会被当作吉兆。

界：动物界（Animalia）
门：脊索动物门（Chordata）
纲：鸟纲（Aves）
目：鹳形目（Ciconiiformes）
科：鹳科（Ciconiidae）
属：鹳属（*Ciconia*）
习性：食肉 / 日行性
保护状况：无危（LC）

普通潜鸟
Gavia immer ▷

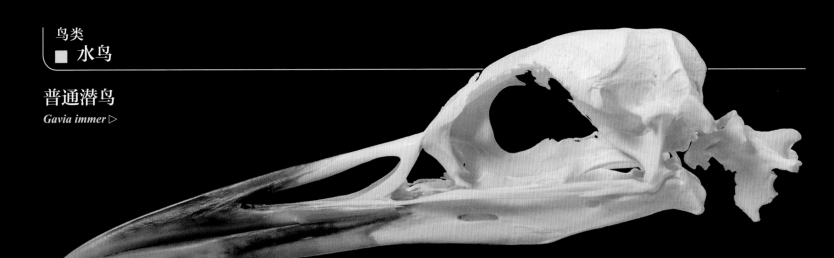

这位捕鱼专家在捕食时，能够令人难以置信地潜到水下 60 米。普通潜鸟又长又锋利的嘴巴能够用来赶跑捕食者或想抢走它们猎物的动物，其交配时的叫声会给人留下很深的印象，以至于美国人给它们起了"loon（笨蛋）"这个名字。

界：动物界（Animalia）
门：脊索动物门（Chordata）
纲：鸟纲（Aves）
目：鹳形目（Ciconiiformes）
科：潜鸟科（Gaviida）
属：潜鸟属（*Gavia*）
习性：食鱼 / 日行性
保护状况：无危（LC）

疣鼻天鹅
Cygnus olor △

许多人对疣鼻天鹅并不陌生，它们常出现在公园中，其嘴尖的黑色区域是固定的，这是许多鸭子、鹅与天鹅的共同特征。

界：动物界（Animalia）
门：脊索动物门（Chordata）
纲：鸟纲（Aves）
目：雁形目（Anseriformes）
科：鸭科（Anatidae）
属：天鹅属（*Cygnus*）
习性：食草 / 日行性
保护状况：无危（LC）

鸿雁
Anser cygnoides △

鸿雁被认为是家鹅的祖先，后者的头上常有瘤，雄性尤其明显。家鹅个头不小，叫声很吵，所以在许多农场里常被当作"看门狗"。

界：动物界（Animalia）
门：脊索动物门（Chordata）
纲：鸟纲（Aves）
目：雁形目（Anseriformes）
科：鸭科（Anatidae）
属：雁属（*Anser*）
习性：食草 / 日行性
保护状况：无危（LC）

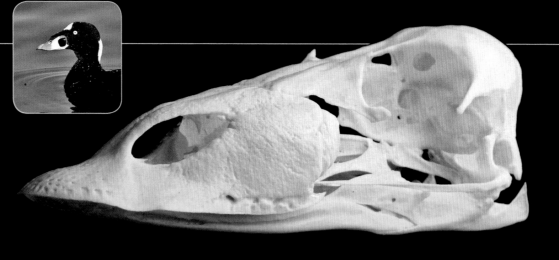

斑头海番鸭

Melanitta perspicillata ▷

　　相对于像琵嘴鸭那样在水面上找食，这种斑头海番鸭更喜欢潜入水中搜寻甲壳类。相比前者，它们嘴巴的基部看起来更粗大。在繁殖季节，雄性斑头海番鸭喙上的颜色会变得更鲜艳。

界：动物界（Animalia）
门：脊索动物门（Chordata）
纲：鸟纲（Aves）
目：雁形目（Anseriformes）
科：鸭科（Anatidae）
属：海番鸭属（*Melanitta*）
习性：食肉／日行性
保护状况：无危（LC）

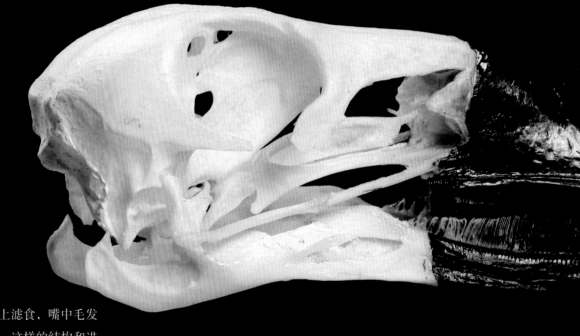

琵嘴鸭

Anas clypeata ▷

　　在觅食时，琵嘴鸭会用宽阔的嘴巴在水面上滤食，嘴中毛发状的组织会把水中的小型无脊椎动物筛选出来。这样的结构和进食方式与须鲸颇为类似，这又是趋同演化的一个绝佳案例。

界：动物界（Animalia）
门：脊索动物门（Chordata）
纲：鸟纲（Aves）
目：雁形目（Anseriformes）
科：鸭科（Anatidae）
属：鸭属（*Anas*）
习性：食肉／日行性
保护状况：无危（LC）

凤头䴙䴘

Podiceps cristatus ▷

这种鸟类尖锐的嘴巴适于捕鱼。在英国，为了获取它们脑袋上的毛来装饰淑女们头上的帽子，凤头䴙䴘被大量地捕杀，几近灭绝。在一群女性开始她们抵制羽毛帽的运动之后，这些美丽鸟儿的种群复苏了。

界：动物界（Animalia）
门：脊索动物门（Chordata）
纲：鸟纲（Aves）
目：鹳形目（Ciconiiformes）
科：䴙䴘科（Podicipedidae）
属：䴙䴘属（*Podiceps*）
习性：食鱼 / 日行性
保护状况：无危（LC）

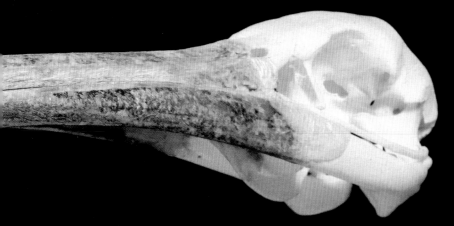

白鹈鹕

Pelecanus onocrotalus ◁

这个头骨上的鸟喙长达惊人的 30 厘米。白鹈鹕会把它们那巨大的喉囊当作网兜，在水中抓鱼吃。它们是群居性动物，有时会围成一个半圆圈将鱼群包围，以这种合作捕鱼的方式提高捕食效率。

界：动物界（Animalia）
门：脊索动物门（Chordata）
纲：鸟纲（Aves）
目：鹳形目（Ciconiiformes）
科：鹈鹕科（Pelecanidae）
属：鹈鹕属（*Pelecanus*）
习性：食鱼 / 日行性
保护状况：无危（LC）

科学与伪科学

自不必说，头骨这个实体早已彻底迷住了科学家——至少不晚于维多利亚时代的初期（18世纪30年代中期），刚被称作"Scientist（科学家）"的科学家们就已经对头骨产生了兴趣。说实在的，这些坚硬的物体怎么可能不吸引那些对知识无比渴望的男男女女呢？

头骨容纳了动物的感觉与意识的中心，在那里，骨骼保护着大脑——个体的指挥中心。它也容纳了主要的感觉器官，所有的感官都齐聚在此——于是我们有眼可看，有耳可听，有鼻可闻，有舌可尝，有肤可感——信号在此被接受，被处理，并得到反馈。为什么这些不可思议的头骨没有成为那些寻找自然本原的人探索生命无穷奥秘的源泉呢？要知道，它不仅能让动物有移动的能力，让动物拥有感官，还蕴藏着感情世界的不解之谜，让动物能够爱、思考、记忆和恐惧。头骨是研究动物的关键，它的魅力自不必说。

它还带来了一些别的东西。恰恰是因为头骨容纳了如此多的功能与意象，它是如此的重要，是高等生命的体现，它不仅仅吸引了科学，还吸引了科学的对立面——换句话说，头骨也让伪科学论者如痴如狂。

不管是人、类人动物，还是鱼、恐龙、山羊，其头骨都会受到大量非科学的关注：它们是仪祭或神话的中心，传奇故事或习俗的关键，偶像崇拜或宗教信仰的具象；它们被非理性的崇拜围绕，四周满是狂热，闪烁着神秘学的色彩。这实在是一种古怪的讽刺：我们身体的一部分发现自己受到了如此之多的冷静的严苛质询，在无数个世纪里成为非理性信仰的一部分。

科学方法的建立当然需要热忱，但它所依据的牢靠法则，应建立于多年的、普遍的观察之上。建立过程始于一个困境或一个问题。举一个简单的例子，为什么海象的长牙是向下长的，而其他大多数拥有獠牙的动物——例如大象或野猪——与它相反？

要科学地回答这个问题，首先需要假设：你需要一个或一系列合理的点子，来解释为什么海象的牙长成这样。你或许会认为，海象牙或许可以在海床上搜寻食物，或许可以散热，或许可以用它将自己拉上冰面，或许可以作为性炫示的道具。

为了验证这些假设，你需要观察。你可能得在不同的地方、不同的季节观察成百上千只海象，并做详细记录。看到雄海象炫耀长牙吸引雌性，看到海象用长牙勾住冰块的边缘将自己拉上岸，看到海象长牙上沾满泥和海藻，嘴里满是食物，你就都要记下来。在一个观察周期结束之后，你需要整理这些数据，并评估几个假设——在这个例子当中，你发现海象用长牙将自己牵引上岸的次数最多，这种行为更普遍。于是就可以下结论了，假设成了理论。

理论是需要检验的，这时实验就该上场了。这时，我们需要残忍地截掉海象的长牙，观察它们还能不能自己回到冰面上。如果这次实验的结果是否定的，多次重复实验的结果依旧是否定的，都证明没牙的海象没法爬上冰面，那这个理论几乎就能被看作事实，几乎能当作真知。现在你唯一需要做的，是将它传递给其他同领域内的科学家，看他们是否有研究或数据，能够证明或证伪你的结论。

在此之后，你就能说自己的结论得到了确证，能够解释海象的长牙为什么要向下长，能够排除其他的解释向下长的海象牙和向上长的象牙如此不同的假说。同理，你也能够依靠这个方法，来探寻象牙为什么要向上长或其他的一些问题。

通常来说，科学方法有严格而冗长的8步：（1）提出问题；（2）提出假说；（3）从观察对象身上收集经验数据，并对多个假说评估分级；（4）提出理论；（5）通过实验收集新的经验数据来证明/证伪理论；（6）为理论做出接近完成的证明；（7）将其提交给同行来评议；（8）最终发布你的证明——就是靠着这种方法，科学得到了进步，人类的愚昧与偏见才缓缓消去。

这8个步骤在研究头骨这迷人的实体时被重复了无数次。为什么巨嘴鸟的大嘴巴的颜色如此鲜艳？为什么剑齿虎的犬齿能长这么长？为什么兔子头骨上的听泡如此巨大？动物的食性与矢状嵴的尺寸有相关性吗？在这任何一个例子当中，都经历了提问——假设——观察——理论——实验——验证这样的重复，通过这样严格的过程，我们才能得到恰当的结论，或者因为某些地方出了问题依旧迷惑不解。为什么独角鲸的独角不长在右边？我们提了问题，做了假设，进行了观察和实验——但依旧毫无头绪。

与之正好相反，伪科学者很少说"我们不知道"。那些伪科学者，尤其是研究头骨的伪科学者，通常满脑子想法，并常常对那些想法无比坚定。

一个绝佳的例子就是"颅骨测量法"，拿它来讨论科学和伪科学实在是太适合了。一个伪科学观点一直伴随着颅骨测量法：人类应当分成许多等级，这些等级可以依靠一种描述头骨、被称作颅指数的数值来划分。

一群优生学家声称，依靠颅指数，人类可以被分为高等的"长头人"种族（换句话说，雅利安人）以及低等的"短头人"，前者的头骨相对来说比较狭长，后者的头骨相对粗短，他们"平庸而迟缓，其代表就是犹太人"。幸甚，这样的歪理邪说如今已被扫入了垃圾桶。但在20世纪初，这些"结论"被广为散播，它被诸如纳粹德国政府之类的独裁政府们当作种族灭绝、大屠杀的理论依据。

颅骨测量法依旧有科学的基础。没有人会怀疑系统测量头骨是有价值的事情（我们常靠这个方法给猫猫狗狗分类，诸如：波士顿狗是短头狗，灰狗是长头狗），或者否认不同的种族的头骨拥有一些差异。但就是在某些解释之上，科学变成了伪科学：突然的断言没有证据，没有去证明假说，也没有检验——断言不同的人种能够分成不同的等级，其中的一些要比其他的高等、聪明、有能耐、更高尚。

荒谬的断言总是能够制造麻烦：那些"发现者"总是会倔强地公布、广泛宣传他们的"发现"，尽管他们自己已经意识到这些"发现"又总会不可避免地被野蛮地歪曲。例如，雅利安人是"高等的"就是这样的一个完全不正确的假说，它造成了数百万人的死亡，在全世界范围内传播了痛苦。所有的这一切，

海象的长牙在海生哺乳动物中独一无二，它适应于完成许多不同的工作，这一点和象牙比较类似。

都始于对头骨的测量，始于堕落者的恶意对科学的扭曲。

许多类似的例子都始于缺失了科学的严谨性——尽管它们并不都会被政党劫持——它们都会被称作伪科学。尽管顺势疗法、灵气治疗、占星术、炼丹术、心灵感应、通灵术的信奉者常将其称作"科学"，但他们仅仅能够"科学地"说服轻信者，从不能给予真正的科学证明，他们所有的努力都被不可靠的推理、虚假的局部真理所污染。无论如何，我们想在此书中介绍头骨科学的那一面，但不幸的是，它身上还是有科学的对立面，扑扇着伪科学的翅膀静静地嘲笑着。但事情总在稳固地向好的一面发展。

皮尔当人

查尔斯·道森，一位维多利亚时代苏塞克斯郡的律师，看起来颇有绅士风度——在其正式肖像画中，道森站在会客室中的多利安式圆柱旁，穿着丝绒马裤、礼服大衣，手持三角帽，腰垂一把利剑。在别人眼中，他不仅仅是位绅士，还是位学者：道森是个业余的考古学学者、地质学方面的专家，他也总会在自己名字之后签上几个字母，表明自己的身份。

在绅士的外表下，他贪得无厌、野心勃勃，决心让自己扬名世界——他的确这么做了，但看起来做过了头，因为无数的证据表明，他就是科学世界内持续时间最长、最声名狼藉的一次欺骗的始作俑者。现在，查尔斯·道森被认为是"皮尔当人"的创造者。

那是在1908年，当时44岁的道森发现，嗯，是"声称自己发现"了一种显然很古老很不同寻常的人类头骨的碎片。4年后，当他在一个靠近苏塞克斯郡皮尔当村巴克姆庄园的采石场中查看更新世砾石时，无意中发现了更多的碎片——凿石工发现了一个完整的头骨，但在道森来之前将它给砸碎了，其中的原因只有那些当事人才知道。在道森半

专业的眼中，这些碎片非常奇怪——它看起来一半是人，一半是猴子。

道森兴奋地试图将那些碎片拼合起来，这个过程又让他更加兴奋。之后，他惊动了大英博物馆地质部门的主管亚瑟·史密斯·伍德沃，当时英国最棒的地质学家之一。伍德沃来到苏塞克斯，这两个搜寻者又陆续发现了更多的碎片——一块光滑的头盖骨碎片、半块下颌骨以及两个白齿。地质学家将其打包带回伦敦，开始一丝不苟地检查。

当时，英国科学界着迷于探索人类的起源和演化——达尔文的不朽著作《物种起源》已经发行了一个半世纪。达尔文的支持者认为，人是从猿演化来的，或者与猿猴在演化上有很亲密的关系。但这个观点需要证据——如果它被证实，那么将震惊科学界、宗教界和哲学界——需要确切的化石证据，需要用它来连接人类与所谓低等的动物。

1912年12月18日，道森和伍德沃一同向伦敦地质学会的成员宣布，他们有了不起的发现。伍德沃说，他们在皮尔当发现的头骨混合了人类和猿猴的特征。它的颅骨拥有所有原始人类的特性，除了和脊椎相连的下方看起来不一样：这块骨头比现代人的小，显示出这个头骨的脑容量只有我们的60%。但另一方面，它的颌骨和人颌骨差异很大，事实上，看起来与幼年黑猩猩的颌骨没太大的区别。接下来是一对白齿，与人类的白齿惊人地相似，显示出其主人在食性上早已超越了粗鲁的黑猩猩。

伍德沃宣布，这一切的一切都说明他们找到了科学家寻找已久的人类与猿猴之间缺失的一环。地质学家们当时就被震惊了，竖起耳朵全神贯注地聆听介绍，不愿放走一丝细节。伍德沃提议将这种看起来生活在

95万~75万年前的蹒跚行走的类人生物命名为 *Eoanthropus dawsonii*，意为道森黎明人，来纪念它的发现者，来显示它的地位：它就是人类的黎明！于是，皮尔当人这人类黎明的光荣地位被确立了下来，同时，它的发现者，那位苏塞克斯郡绅士也获得了荣耀，而他们的祖国大英帝国也因此平添了几分光彩。

在这之后漫长的40年中，把皮尔当人当作人与猿之间缺失的一环的学说占据了主流地位。当然，肯定有人产生了怀疑，但当时大多数英国地质学家看起来都发自肺腑地希望他们所尊崇的学说与自己的同胞有所联系，这种感情宛若淬火过的钢铁般坚硬，将他们相信的说法送入了演化生物学当中——但这一切，却对这门学科产生了巨大的伤害。

道森于1916年去世了，带着20世纪最伟大的化石发现者、古文物研究者的光环进了坟墓。一群当时英国最伟大的科学家，在他发现皮尔当人的地方树起了一座纪念碑。

然后，到了1953年，所有有关这件化石的怀疑完完全全地迸发了出来。

众所周知，埋藏在地下的骨头会积累氟元素。如果这件化石——包括颅骨、颌骨和牙齿三部分——真的在苏塞克斯的砾石中埋藏了75万年，那么其中的氟元素肯定非常多。事实却不是这样，它含有的氟元素实在太少了。说得直白一点，之前推算的年代不对。化学元素不会说谎，但人会。

皮尔当人的颅骨可能的确很古老——它大概已经有5万岁了。这样的颅骨在欧洲的诸多考古遗址中都能找到，因此绝不罕见。与之相比，皮尔当人的颌骨就太年轻了，并且，它并没有长在那位皮尔当人颅骨的下面，上面也没有着生那位皮尔当人的牙齿；它的主人是一只生活在沙捞越的大约10岁的红

毛猩猩。这个猩猩的颌骨被买了下来，漂洋过海来到地球另一边的苏塞克斯，被人用重铬酸钾与实验的混合物染上了古旧的颜色，与那个颅骨放在一起，埋到了地下。

类似的事也发生在那对臼齿上。它们被一把金属锉刀人为打磨过。这件古怪的工艺品没有哪一部分有那么古老，没有哪一部分来自于更新世，甚至这三部分来自于不同的三个时代。至关重要的是，你无法将它们和科学上任何重要的事情联系起来。

换句话说，皮尔当人是一个荒谬的骗局。这个并不高明的伪造物品愚弄了英国大多数科学家40年。在这40年间，科学家们带着巨大的紧迫感寻找着真正的人类演化之路。

谁是这个骗局的幕后黑手？各种正式的调查报告和非正式的短文指认了一系列的嫌疑犯，其中甚至包括福尔摩斯的创造者阿瑟·柯南道尔、证据确凿的北京人的发现者德日进神父以及许多知名的科学家。亚瑟·史密斯·伍德沃通常被认为在皮尔当人事件中是清白无辜的，这位不苟言笑、严守纪律的人在大英博物馆工作的42年间，只因手臂骨折请过一次仅仅半天的病假，他是个倒霉的受害者，是这个巨大的骗局最主要的受害者之一（另外一个主要受害者是英国科学界）。

查尔斯·道森是最应该接受历史公正审判的人。他的遗产被检查过，包括藏书室和收藏品都被检查过，人们发现道森是一个老练的抄袭者与伪造者，是地质世界中指鹿为马的赵高。他曾在1909年告诉他的朋友柯南道尔，自己要搞出"大发现"来赢得皇家学会的奖金甚至是骑士身份。在一箱他发现的"文物"中，至少有38件伪造品，包括一枚打磨过的古代哺乳动物牙齿，一套用现代铁具雕琢出的象骨工具，一件既不是来自

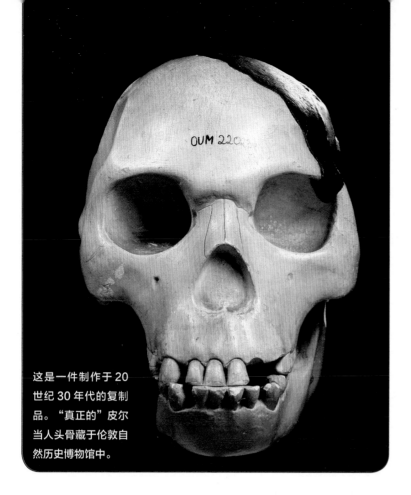
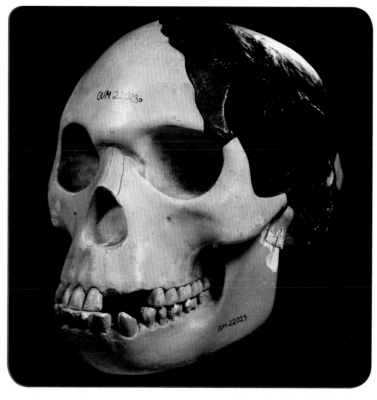

这是一件制作于20世纪30年代的复制品。"真正的"皮尔当人头骨藏于伦敦自然历史博物馆中。

中国、也不是用青铜做的"中国青铜器"……这38件假货都是道森1912年的"大发现"。

1916年道森死了，他的发现也终结了：英国没有再发现更多的那"缺失的一环"的化石。查尔斯·道森留下的那可悲的骨头依旧被称作皮尔当人，依旧被保存在博物馆中，不过不是作为科学的证据，而仅仅是一件古董。它是一个纪念碑，向我们展现着一个人能够多么狂妄自大，能够被野心误导到什么地步，它让我们感到痛苦，劝诫我们要警惕不要轻信，因为在轻信面前，即使是科学界也会犯错。

演化和人类头骨

公正地说，在生物学的历史上，从未有过任何一个问题，能够像人类演化问题这样聚集了如此之多的学说与讨论（或者说是想象），可供研究的对象却如此之少。全世界的研究者手上，都没有多少颗古人类的头骨。

现有的理论（或是假说）都需要把人类祖先这个由无数个体构成的整体与单个颅骨甚至是颅骨的碎片连接起来。整个古人类学术界似乎都建立在从非洲的荒原里挖掘出的不太多的几堆骨骼碎片之上。只要一块小小的颌骨出了问题，整个学术大厦可能就会崩塌。曾几何时，几个学术家族——例如著名的李奇家族——把持了这个圈子，他们所依仗的也只是不多的一些骨头。

这样的状况部分源自两个相当简单的事实。首先，许多已经灭绝了的古人类同现代人当然有很大的不同，但即使是积累了数万年乃至数百万年的差异，反映到头骨之上也极其细微；其次，能够显示出这种差异的骨骼碎片实在是极为罕见。这些细微的变化——正因为变化的细微，我们才需要珍视每一小块已发现的古人类化石碎片——其背后，还隐藏着另外一个简单的事实：在现代人的所有骨骼当中，头骨发生了最显著的演化学上的差异，但从生物学的角度看，这些改变发生在眨眼的一瞬间。

我们的故事从第一个细胞生命开始。距今10亿年前，最早的脊索动物在水中扭动着身躯；距今2亿年前，最早的哺乳类看到了初升的太阳；距今2800万年前，最早的类人猿开始在森林里啼叫，又过了1300万年，人科动物（译者注：现生动物当中，人类、黑猩猩、大猩猩、猩猩都属于人科）才出现；

然而，直到300万年前，一些大猿（译者注：指人科动物中除人类以外的所有物种）才开始蹒跚地直立行走，穿越了埃塞俄比亚的山谷——为了搞清楚这些生物看起来像不像人类、行为像不像人类、是否会演化成人类，我们必须观察它们的头骨上是否有人类的特征。几乎就在这短短的300万年内，一小部分大猿演化成人类的故事在我们的地球上上演了。

如果可以，演化学家们很想穿越时间的迷雾，回到人类演化的起点，让所有有关的生物都坐上特殊的传送带，展现它们的特征，直到人类出现为止。在这条传送带上，有许多物种灭绝了，也有一些活了下来。4000万年前，早期灵长类分成了两个基本的类群——原猴亚目（或者叫"湿鼻类"）和简鼻亚目（或者叫"干鼻类"）。在这本书中，你能看到许多分属这两个类群的物种的头骨，湿鼻类的代表是狐猴和懒猴，干鼻类的代表是眼镜猴、猕猴以及人类和人类的近亲大猿。

猴类和猿猴头骨上的差异很容易就能看出来。但自从2800万年前猴总科和人猿总科分了家之后，这些小机灵鬼们带着歧视看着奇怪的类人猿世界，看着小猿和大猿的分化，看着长臂猿、猩猩、大猩猩、黑猩猩、倭黑猩猩的诞生。

头骨上晚近的结构差异就没那么好评价了，这一阶段的里程碑是人类与黑猩猩的分道扬镳。人类与大猿最后的共同祖先（简称LCA），被认为生活在700万~500万年前，在这个时期发生了一件演化史上的大事件：人类祖先的脊髓从类似于黑猩猩那样的侧位进入头骨变成从头骨正下方进入。

这就是站起来了的标志。一群灵长类直立起它们的上身，从树上来到了地面上，用双腿直立行走。这些先进的物种成了两足行走的动物，它们——或者说"他们"——就是最早的原始人类，现代人最早的祖先。

这条演化路线上的生物前进的步伐迈得异常之快，其头骨的形状与外貌发生了不小的变化。只花了整个生命史的千分之一的时间，更新纪灵长类中的佼佼者——我们的最早的祖先——就演化成了如今的人类，个体数量以十亿计的智人（Homo sapiens）。这其中出现了科学家爱因斯坦、印第安酋长"坐牛"、圣雄甘地，这样杰出的人物在人类短暂的历史上还有很多。

对于这样巨大的改变，300万年的确很短——这种巨变最容易看到的主因，一开始显露于演化让人类头骨产生的相对较小的改

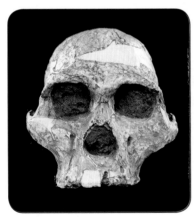

非洲南方古猿 *Australopithecus africanus*

这是罗伯特·布鲁姆于1947年发现的非洲南方古猿头骨化石的复制品，这个个体被命名为"普莱斯夫人"。它是最古老的人类头骨化石之一。枕骨大孔的位置显示，非洲南方古猿的脊椎是竖直地接入头骨的。这是两足行走动物能够拥有较大大脑的前提之一，为脑容量的急速增加打开了一扇大门。

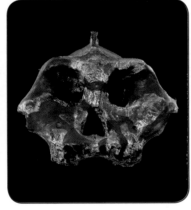

埃塞俄比亚傍人 *Paranthropus aethiopicus*

这是早期人类最好的标本、著名的"黑头骨"的复制品，它发现于肯尼亚西部，已有250万年的历史。在迄今发现的所有原始人类当中，傍人的脑容量最小，但拥有庞大的矢状嵴和颧弓。这些原始的形状显示它的咬力很强劲。这个头骨和现生的大猩猩颇有几分相似。

能人 *Homo habilis*

20世纪50年代，能人的化石在坦桑尼亚、肯尼亚的边界周围被发现。它有200万年的历史，它们的大脑容量处于逐渐增加当中，是演化史上最早的会使用石制工具的动物。最近的证据表明，能人（其学名的字面意思是"巧手的人"）和直立人是同一时代的。最重要的是，有证据显示能人大脑当中主管语言信息处理、话语产生的布罗卡区有所扩大。

匠人 *Homo ergaster*

250万~170万年前，匠人冲出了非洲，扩散到了世界各地。这个复制品的原件发现于非洲。这个物种介于现代人与埃塞俄比亚傍人这样的原始人类之间。它们脑壳的大小已经很接近现代人了，但形状有些不一样，宽度比较窄，而且缺少头骨下后方的半球形突起和凸起的额头。这表明，它们大脑中处理高级认知的部分（例如颞叶）发育得没有我们的好。

变中。

如果我们仔细查看，会发现古人类和现代人的头骨有很多不同，下巴的折角不太一样，脑壳的尺寸有所不同，前额与眉弓的突起程度也有差异。但是，一颗300万年前的古人类的头骨与现代人的头骨放在一起，你仍旧可以找到许多非常明显的相似之处。

毫无疑问，人类头骨之中的大脑在这段时间内发生了根本性的变化——那些只能嘟囔着交流、砸石块制作工具的原始人类的大脑变大了，他们演化成了能够谱写安魂弥撒、制作原子反应堆、探索基因的奥秘、思考自身起源的生物。但话说回来，从表面上看鲸鱼和狗的大脑有明显的不同，更新纪古人类同现代智人之间的大脑差异就完全没有那么大。

最有名的更新纪古人类化石当属1974年在埃塞俄比亚发现的露西（因披头士的歌曲《露西在缀满钻石的天空》而得名），她是一个生活在320万年前的雌性阿法南方古猿（*Australopithecus afarensis*）。她保有了"最古老的人类"这个头衔将近20年，一时之间，几乎所有的关于更新纪古人类的讨论都围绕着她留下的不完整的碎片展开。研究者认为，这位最早的古人类拥有400立方厘米的脑容量，眉弓、上下颌都向外突出，不像现代人这般扁平，犬齿与臼齿比黑猩猩要小，但比现代人要大。

南方古猿很可能全身被毛，脚印化石显示，他们以两足行走，其双手双脚都能够抓住东西（现代人的双脚其实也可以，只要在孩童时代多加训练即可）；他们显然已经能够使用简单的工具。

阿法南方古猿的一支可能的后代——给那具骨骼起名为"露西"的动物也是他们可能的后代——成为可能的最后一种"前人属原始人类"，它们就是肯尼亚平脸人（*Kenyanthropus platyops*，这种生物是否真的能独立成种尚有争议）。1999年，研究者在肯尼亚的托卡那湖边发现了一个头骨，但它的品相非常之差，上面有无数的裂缝，其中填充着固化的黏土，这使得它很难准确地被描述。但有一点很清楚，相比露西，肯尼亚平脸人拥有更平坦的颜面部。他们的大脑很小，颧骨很高——但刨去鼻骨，其脸是平坦的而不是突出的，这使得这个物种看起来更像现代人。

之后，一切都变了。

250万年前，人属（*Homo*）出现了——正是在这个属当中，突然出现了不可逆的脑容量变大。能人（*H. habilis*），最早的人属生物之一，脑容量是露西和她的同类的2倍；匠人（*H. ergaster*）、直立人（*H. erectus*）和海德堡人（*H. heidelbergensis*），继承了祖先的机敏与创造才能，并将其发挥到了新的高度——这都是脑容量加速增加的结果。或许，正是脑力的增加，让人属当中仅存的现代人与别的物种如此不同，让我们智人超越了人类演化树上其他的枝丫。

随着时间的推进，这些头骨化石上原始的特征越来越少——至今我们已经发现了13个非智人人属物种，其中并非每一种都被学界承认拥有独立物种的地位，他们的共同点是都灭绝了。人属的大脑也越来越大，人类的脸也越来越平，外形越来越不像黑猩猩，向现代人的方向稳定地发展。

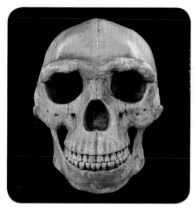

直立人 *Homo erectus*

如果忽略掉突出的眉弓，那么直立人和现代人非常相似。它们的化石出现在距今100多万年的地层当中，到距今10万年前才彻底消失。学界关于直立人是人类的直系祖先还是只是匠人的姐妹类群有过争论。我们唯一能够确认的是，这些人类的狩猎—采集型社会冲出了非洲，在很多地区留下了自己的痕迹。

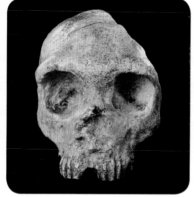

尼安德特人 *Homo neanderthalensis*

尼安德特人和现代人非常相似，他们曾被描绘成残忍的穴居人。他们的颅腔总容积可能比现代人还要大一点，但因结构有一些差异，大脑额叶等高等结构的大小可能受到了影响。

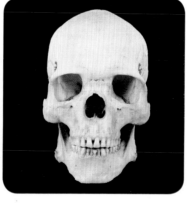

智人 *Homo sapiens*

我们现代人就是智人。从头骨上推测，我们远比曾经存在的所有原始人类都要聪明，也比他们拥有更丰富的情感。

总之，在过去的300万年当中，类人动物和原始人类的头骨一直在改变，变动的程度算不上大，但非常重要；头骨越来越适应扩大的大脑，面部一直在变长、变平，上下颌也在稳定地缩小，因为他们的食谱发生了变化；牙齿的数量和外形、眼睛的大小，乃至听觉器官都发生了改变，改变很微妙，但清晰可见——一切证据都显示，这些生物的感情变得更加丰富，更具有人性，不再是同类相见首先只想到对抗的野兽。可以说，现代人的脸上更常闪现出微笑，而不是咆哮。

如今，人类的头骨还在发生这样的改变吗？人类还在演化吗？

这个问题真是有诱惑力。我们期望我们的智齿能够消失不再长出来，这样上下颌就会再往后收缩一些；有迹象表明智齿的确在消失当中，演化似乎还在生效。

但科学家不这么想。智齿是在消失，但其原因不是演化上的。事实上，一些研究者认为，至少是对于现代人来说，演化已经被暂停了——这里说的"暂停"可不只是针对头骨。

演化暂停，文明是首要的原因。医疗和科技是我们文明的一部分，它们使我们人类渐渐地同达尔文的演化论当中所说的自然选择隔绝开来。坦率地讲，不让我们当中最弱的个体被自然带来的灾难或疾病淘汰，会中止人类对环境的适应，打断自然对我们这个物种的控制。现代的食品分配形式，社会对灾难的援助以及医疗系统，不但能保证个体的存活，还在不知不觉中止所有人（至少可以说是很大一部分人）能够活到生育下一代的年龄。

这些让人感到高兴的现实能够导出一个自然而然的结论，如果太多以前本来活不下去的个体活了下来并且繁育了后代，那么自然选择就失效了。即使不是作用于整个种族之上的自然选择完全失效，基因层面上的遗传漂变也将出现得不那么频繁。这就意味着如此之多不同的（甚至是以前不可能存在下去的）基因型，如此公开地暴露于自然的反复无常之下，暴露于地球上所有活着的生物一生当中大部分时间都要面对的环境当中。

人类是平等的，这种平等让我们杜绝了自然强加给我们的那些坏的事物，这绝对是文明的结果。这个推论显示人类这个物种将在演化当中"冻结"。

不再继续演化，对于人类这个整体来说是好事吗？对于一些人（例如某些虔诚的宗教信徒）来说，答案是否定的。"人类在继续'演化'"这个观念让这些人觉得我们这个物种还在继续前进，就像他们自己所想象的那样，这让他们觉得舒服，表明他们还是上帝的孩子，还受神格化的达尔文的法则所支配。另一些人对这种停滞不置可否。那些赋予人类抵抗自然选择的力量，同样能让人类拥有消灭地球上所有宏观生命的能力。

这个话题还将继续争论下去——在头骨的凝视之下争论下去，虽然它有口不能言，有耳不能听，有眼不能看。

颅相学

19世纪初期，德国的两个内科医生——盖尔和斯普尔茨海姆——发明了颅相学。之后，一位爱丁堡啤酒商的两个儿子内科医生安德鲁·库姆和律师乔治·库姆通过煽动，让颅相学更广为人知。最终，这门"学科"获得了数以百万计的信徒，他们建立大量诊所与俱乐部（仅在伦敦就有5个），催生出收集人类头骨的热潮，甚至建立起专门的博物馆，他们中的一员甚至成了英国议员。"颅相学（Phrenology）"这个词，饱含其创造者斯普尔茨海姆的自命不凡，它的希腊语词根的意思是"理智"和"知识"。

但到了维多利亚时代中期，颅相学这门"学科"——它有时候也被冠以相面术、颅检查术、动物生理学这样没那么吸引人的名称——从内部开始了分裂。很快，它饱受辛辣的攻击与讽刺、挖苦，信徒们迅速消散了，整个"学科"面临凋亡的危险。

但这还没完。1911年，颅相学被收入了著名的（或者说是渐渐地变得声名狼藉的）《大英百科全书》第11版中，到了这个时候，这个"学科"依旧得到了认真的对待。

如今，颅相学遭到了普遍的嘲笑。它被认为是种伪科学，其遗产主要见于古董商店里，堆放在其他古老的怪异之物旁。如今依旧有许多狂热的颅相学收藏家，但他们几乎都对颅相学的观点不感兴趣，只是喜欢那些古董头骨，愿意将它们放置在收藏室的重要位置。那些头骨有的是真实的骨头，有的是现代的塑料仿制品。

尤其是那些用作颅相学"研究"的头骨原件更是让一些收藏家着迷。那些头骨上蚀刻着精美的线条，用来划分他们编造（或者说假定）出的区域，就好像划了线之后，这一块就主管了道德，那一块就保有了灵魂，而智力存在于这个位置。这些"颅相学头骨"

不让我们当中最弱的个体被自然带来的灾难或疾病淘汰，会中止人类对环境的适应，打断自然对我们这个物种的控制。

能够成为非常吸引人的小玩意儿，但不应该被认真对待，也没有那么有价值，最多仅够当作客厅或办公室里时髦的摆件。

颅相学的 5 条中心原理在一开始是合理的，但很快就失去了控制。

首先，颅相学认为大脑是掌管心智的器官。这没什么问题。

其次，人类的心智水平是可以通过一些可辨认的"能力（faculty）"来衡量的。从字面上看，这一条也没什么问题，只要衡量这些"能力"的指标是理性且符合逻辑的就没有问题。

最后，那些可供衡量的"能力"是先天的，都受大脑当中不同的区域所控制。这条至少是部分正确的，当然，也需要衡量这些"能力"的指标理性且符合逻辑。

再往后，事儿就奇怪了。

颅相学的第四条中心原理是，每个人大脑中控制某一个"能力"的区域的大小，决定了这个人该种"能力"的优劣。换句话说，如果你是个特别慷慨的人，那么你大脑里掌管慷慨这个"能力"的区域就比较大。真让人忍不住要说，这个说法就是胡扯。但请继续往下看，颅相学成了那个时代的时尚，当时的人可不管这个说法是否经过了可靠的论证。

这第五条中心原理才更是胡扯：大脑中那些传说中掌管各种"能力"的功能区的形状或大小之别，会反映到头骨表面之上。这一条是颅相学的"实践"基础。

有了这条原理，只要掌握了你头骨上的某些细节数据，那些掌握了足够技巧的颅相学家就能检验你的"能力"。如果他们发现你头骨上掌管慷慨"能力"的区域比较大，就能"证明"你是一个慷慨的绅士，而"证

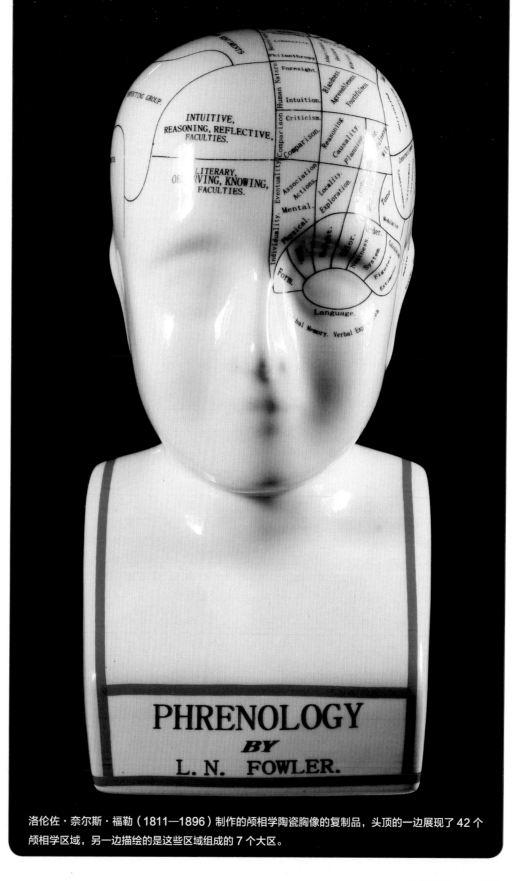

洛伦佐·奈尔斯·福勒（1811—1896）制作的颅相学陶瓷胸像的复制品，头顶的一边展现了 42 个颅相学区域，另一边描绘的是这些区域组成的 7 个大区。

明"过程可能仅仅就是摸摸你的脑袋！

就是这样的"学说"，引发了无数人的兴趣：你会允许一个合格的颅相学家用他那灵巧的手指徘徊在你的头上，之后他就能"详尽"地说出你各方面的品质，你的人品如何，你自己知道或不知道的癖好，之后那些颅相学家还会请你允许把你的案例写在他们的著作当中（完事儿之后别忘了谦卑地留下费用）。

易受潮流影响的维多利亚时代人成群地走进新建好的颅相学诊所中，认真地聆听"医师"的废话，从中获取安慰，很少能获得治疗但总得付钱——那些颅相学家会用上放血、穿孔、催眠等疗法，甚至会使用浸水椅这种刑具，但他们给的诊断与建议并不比任何一个行骗江湖的庸医高明。

颅相学系统当中的漏洞对于轻信者来说是不可见的，但明智的人肯定能察觉得到。其中最基本、最重要的一个就是颅相学的第五条中心原理：大脑某区域的扩大在头骨之上必然会有对应的显现。这完全是错误的。

这条未经证实的假设基于这样一个推论：头骨内部某一个区域的生长会导致头骨上对应区域的相应改变。但没有人想到一个问题，头骨是如何受到大脑特定区域生长的影响的？

头骨无论内外都非常坚硬。当大脑组织处于扩张状态时（例如患脑膜炎的时候），坚硬的头骨内壁会出现剧烈的疼痛。肿胀以及伴随着肿胀发生的压缩会伤害大脑。但无论是脑膜炎还是其他的脑组织疾病都不会对头骨本身带来伤害。头骨不会在内部的压力面前屈服，它不会弯曲，也不会在压力之下向外隆起或出现肿块。

2006 年，6 个人在北伦敦医院接受了药

易受潮流影响的维多利亚时代人成群地走进新建好的颅相学诊所中，认真地聆听"医师"的废话，从中获取安慰，很少能获得治疗但总得付钱。

物测试，他们的身体出现了严重的反应。这些人患上了高细胞介质症【或者叫"细胞素风暴（Cytokine storm）"】——一种可怕的药物过敏反应——其症状包括体组织肿胀，尤其是头部附近的组织肿胀。报告显示，有一个病人的脑袋看起来和象人差不多。有个小报的头版头条报道了这件事——"一个要爆炸了的豚鼠人"。

但报告也明确指出，这个不幸的男子的头骨没有任何改变：他的脸肿得很厉害，肩膀、脖子、眼睛、耳朵、鼻子都肿成了一团，看起来非常恐怖。但他的头骨还保持着原样——这就是问题所在，他剧烈的头痛就是因为头骨没有改变。

如果这时一个诚实的颅相学家恰好给这个不幸者的脑袋做了个检查的话，会发现这个人的头骨没有任何形状或尺寸上的改变。对于任何人的头骨来说，只要发育完全，就不会有任何形状上的改变。除非巨大的外力对头骨造成了损害。

另外一个摧毁了颅相学的现实就是颅相学本身对于大脑控制的"能力"的含糊不清、充满幻想的描述。1876 年，洛伦佐·奈尔斯·福勒教授出版了一本著名的小册子，在其中确定了 39 个"能力"，并在他拥有专利的头骨图谱上标记了控制这些"能力"的区域。"已经出版的、描述这些研究成果的演讲稿已达到 50 多万份。"福勒教授告诉我们。这位教授想开一间颅相学、生理学、医学资讯室，而他发行的自我诊断手册要价约 10 个先令。

大脑掌握了什么"能力"？掌握这些"能力"的区域又在哪？就在你的眼睛上方，福

勒说，这里控制了色觉、计算与做事的条理。头骨顶端的那片区域掌控着仁慈、尊敬与内心的坚定。耳朵后面那块控制了斗志、爱、欲与对生命的热爱程度。头骨后方常被帽子遮住的地方，能够决定夫妻之间的关系与父母对孩子的爱。

因此，让那些受过训练的手指抚摸你的脑袋吧，它们会带给你安慰或是惊慌。就让福勒教授们宣布你耳后有一块膨胀的地方，它会让你成为风流成性的唐璜。而你头顶的一个突起显示你是一个懂得尊重的绅士。眼睛上方没有鼓起来？你数学一定学得不怎么样（这也解释了为什么你会觉得付给颅相学家两枚金币当咨询费不算贵）。

这些"诊断"都是些夸夸其谈的废话。

古怪的颅相学，死法也很古怪。

创造出了如此之多不科学的新词汇，你能想象到颅相学对字典编纂界的刺激。嘲笑颅相学的许多人当中，有一个人特别重要，他就是编纂出了著名的罗杰特词库的彼得·马克·罗杰特。这位学者以词典为工具，嘲讽做刀锋，加速了颅相学的死亡。

罗杰特自己就是个内科医生，他特别讨厌颅相学。他在自己编纂的词库里给了颅相学凶狠的一击，将其和手相术、预言术和占卜归成了一类。换句话说，颅相学就该和那些看起来很有趣但毫无意义的东西归成一类，它们都是伪科学。

颅相学有害还是无害就看你怎么看了。它不只是种幻想，也不只是个智力游戏，颅相学还给我们留下了数以百万计的收藏品，这些漂亮的装饰品是它们仅有的遗产。

鱼　类

■ 棘鳍鱼

海马

Hippocampus sp.

　　我们没法给这具精巧纤弱的海马骨架定种，但它依旧能作为其亲属的代表。海马没有鳞片，常躲在海藻中过着隐秘的生活。它们拥有著名的雄性育儿的习性，雌性会将卵产在配偶的育儿袋中，下一代会得到父亲的保护，直到成为完整但小了好几号的初生海马。

界：动物界（Animalia）
门：脊索动物门（Chordata）
纲：辐鳍鱼纲（Actinopterygii）
目：海龙鱼目（Syngnathiformes）
科：海龙科（Syngnathidae）
属：海马属（*Hippocampus*）
习性：食肉 / 水生

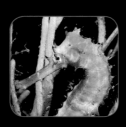

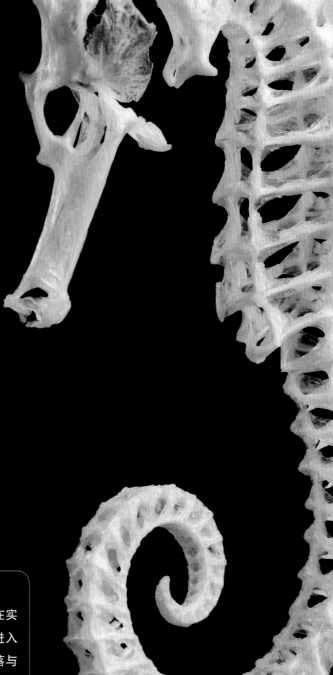

达德利的笔记

　　这具梦幻般的骨架是由一个住在美国的人处理的。他在实验室当中用驯养的甲虫来处理骨骼，甲虫刚破壳而出时能进入死海马体内吃肉，但长太大了就不行了，无法爬进一些角落与缝隙当中，所以只能选择小号的甲虫幼虫。他使用驯养甲虫的技巧真是高超啊！

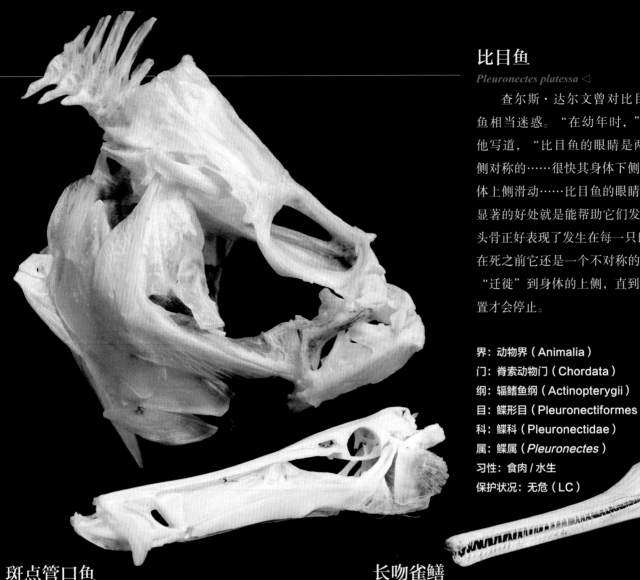

比目鱼

Pleuronectes platessa ◁

查尔斯·达尔文曾对比目鱼相当迷惑。"在幼年时，"他写道，"比目鱼的眼睛是两侧对称的……很快其身体下侧的那只眼睛会慢慢向身体上侧滑动……比目鱼的眼睛长在同一侧，看起来最显著的好处就是能帮助它们发现敌人或猎物。"这颗头骨正好表现了发生在每一只比目鱼身上的变态过程，在死之前它还是一个不对称的幼体。它的一只眼睛会"迁徙"到身体的上侧，直到抵达成鱼眼睛该在的位置才会停止。

界：动物界（Animalia）
门：脊索动物门（Chordata）
纲：辐鳍鱼纲（Actinopterygii）
目：鲽形目（Pleuronectiformes）
科：鲽科（Pleuronectidae）
属：鲽属（*Pleuronectes*）
习性：食肉 / 水生
保护状况：无危（LC）

斑点管口鱼

Aulostomus maculates △

这个小嘴狭长的头骨属于斑点管口鱼——它们会竖直着游泳，装作自己是一缕海草或一根珊瑚。如果粗心的猎物游到了它的嘴巴下面，这家伙就会像移液管一样吸上一小口水，食物就进口了。

界：动物界（Animalia）
门：脊索动物门（Chordata）
纲：辐鳍鱼纲（Actinopterygii）
目：海龙鱼目（Syngnathiformes）
科：管口鱼科（Aulostomidae）
属：管口鱼属（*Aulostomus*）
习性：食鱼 / 水生
保护状况：未评估（NE）

长吻雀鳝

Lepisosteus osseus △

长吻雀鳝的嘴巴非常漂亮。美国得克萨斯州的钓鱼者（传统上他们用鱼叉捕雀鳝）曾抓到过重达 23 千克的个体。它们是夜晚的猎手，在黑暗中靠自己的力量捕捉小鱼——它们的嘴就像美洲短吻鳄的嘴一般。

界：动物界（Animalia）
门：脊索动物门（Chordata）
纲：辐鳍鱼纲（Actinopterygii）
目：雀鳝目（Lepisosteiformes）
科：雀鳝科（Lepisosteidae）
属：雀鳝属（*Lepisosteus*）
习性：食鱼 / 水生
保护状况：未评估（NE）

梭鱼
Sphyraena sp.

梭鱼又叫海狼鱼。正如你所见，这个头骨的主人在活着的时候是大型掠食性鱼类，它满口利齿。梭鱼的眼眶很大——这在鱼类当中并不是很常见。它们拥有狭长的矛尖状脑袋和与众不同的反颌：其下颌比上颌要长。全世界一共有 27 种梭鱼。

界： 动物界（Animalia）

门： 脊索动物门（Chordata）

纲： 辐鳍鱼纲（Actinopterygii）

目： 鲈形目（Perciformes）

科： 魣科（Sphyraenidae）

属： 梭鱼属（*Sphyraena*）

习性： 食鱼 / 水生

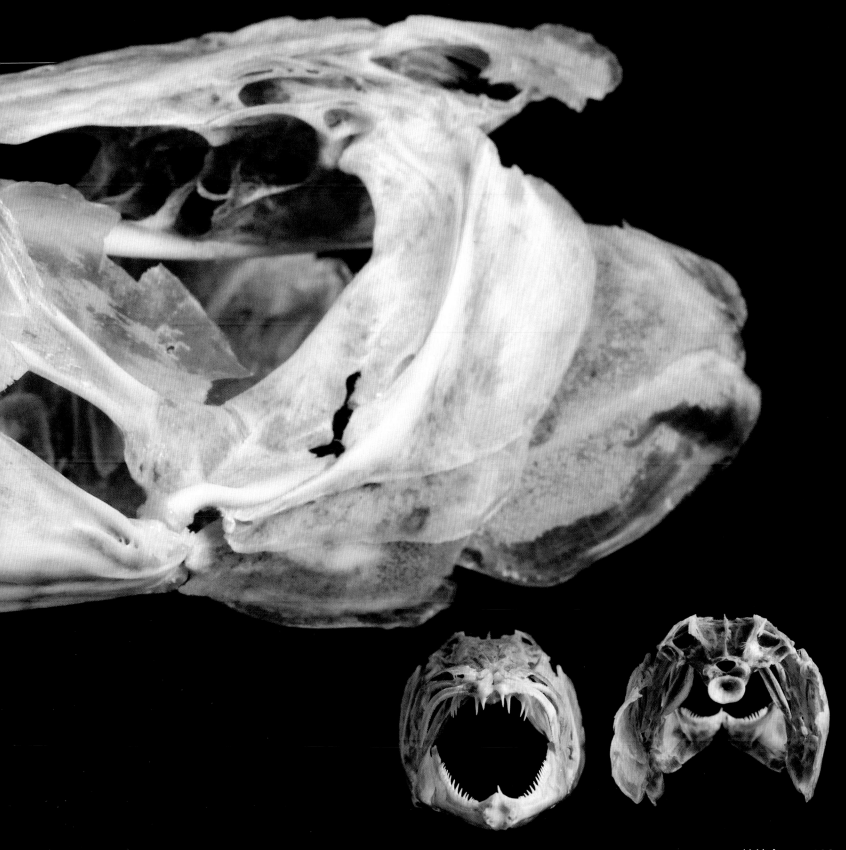

■ 棘鳍鱼

阔步鲹

Caranx lugubris. ▷

这个头骨上有一个让人印象深刻的鳍状物，让它看起来和恐龙有几分相似。它脸上的巩膜环看起来非常精巧。阔步鲹广泛地分布于热带海域中，是一种重要的经济鱼类。

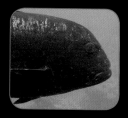

界：动物界（Animalia）

门：脊索动物门（Chordata）

纲：辐鳍鱼纲（Actinopterygii）

目：鲈形目（Perciformes）

科：鲹科（Carangidae）

属：鲹属（*Caranx*）

习性：食肉/水生

保护状况：未评估（NE）

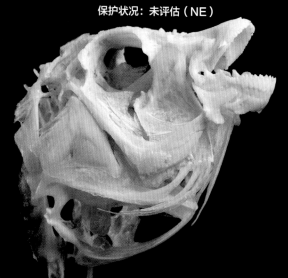

红尾鹦鲷

Sparisoma chrysopterum ◁

鹦鲷有个鹦鹉嘴，它们也因此得名。红尾鹦鲷会用排列紧密的牙齿挫食珊瑚或岩石表面的藻类（鹦鲷进食后吐出的沙子是暗礁周围的海沙的重要来源）。这种鱼的牙齿会不停地生长，否则就不能持续进食。

界：动物界（Animalia）

门：脊索动物门（Chordata）

纲：辐鳍鱼纲（Actinopterygii）

目：鲈形目（Perciformes）

科：鹦哥鱼科（Scaridae）

属：鹦鲷属（*Sparisoma*）

习性：食草/水生

保护状况：无危（LC）

鲯鳅

Coryphaena hippurus ▷

鲯鳅又名鬼头刀，其成年雄性拥有巨大的矢状嵴。这是一种能够快速游泳的大眼鱼类，弯曲的尖牙适于捕食其他的鱼类。它们很常见，味道很好，是晚餐中不错的选择。

界：动物界（Animalia）

门：脊索动物门（Chordata）

纲：辐鳍鱼纲（Actinopterygii）

目：鲈形目（Perciformes）

科：鲯科（Coryphaenidae）

属：鲯鳅属（*Coryphaena*）

习性：食鱼/水生

保护状况：无危（LC）

大西洋狼鱼

Anarhichas lupus

　　大西洋狼鱼吃硬壳的软体动物、螃蟹、海胆等需要出色的"装备"才能吃到的食物。它们的嘴巴里有用来压碎贝壳、甲壳的骨状结构，嘴边缘的利齿能够用来撕裂猎物。你还能在颌骨上看到用于附着强健肌肉的结构，这使它们的咬力惊人。在冰岛，狼鱼被称作"*steinbitur*"，字面意思是"石咬"。

界：动物界（Animalia）

门：脊索动物门（Chordata）

纲：辐鳍鱼纲（Actinopterygii）

目：鲈形目（Perciformes）

科：狼鳚科（Anarhichadidae）

属：狼鱼属（*Anarhichas*）

习性：食肉 / 水生

保护状况：未评估（NE）

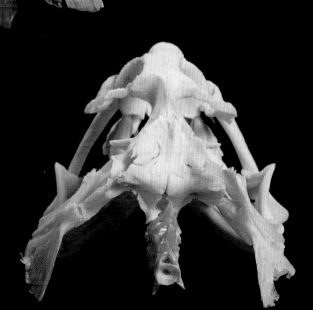

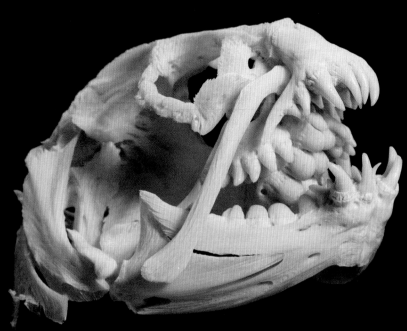

> **达德利的笔记**
>
> 　　我曾以为鮟鱇已经够丑了，但狼鱼更胜一筹。它们看起来似乎随意乱长的牙齿让人印象极其深刻，更何况嘴巴里还有磨盘一样的臼齿。

灰鳞鲀

Balistes capriscus ▷

　　灰鳞鲀的门牙很显眼。在受到威胁时，它们能够竖起两根背棘：只有当第二根较短的背棘收起来的时候，前一根较长的才能放平。因此它们也被称作"扳机鱼（triggerfish）"。

界：动物界（Animalia）
门：脊索动物门（Chordata）
纲：辐鳍鱼纲（Actinopterygii）
目：鲀形目（Tetraodontiformes）
科：鳞鲀科（Balistidae）
属：鳞鲀属（*Balistes*）
习性：食肉 / 水生
保护状况：未评估（NE）

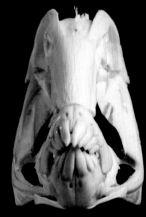

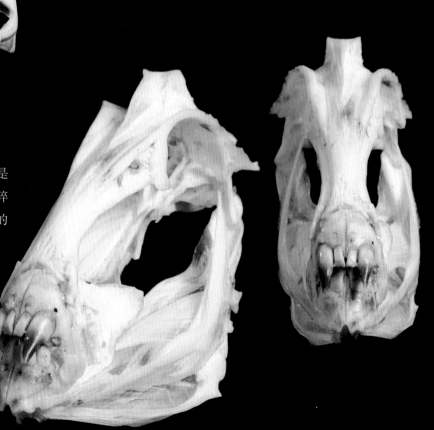

宽尾鳞鲀

Abalistes stellatus ▷

　　宽尾鳞鲀就是动画片《海底总动员》中多莉的原型。它们是颜色显眼的珊瑚礁居民，那两颗看起来邪恶的牙齿不是用来咬碎小动物的，而是用来自卫的，曾有潜水员被它们咬过。和它们的好莱坞形象相反，宽尾鳞鲀是珊瑚礁中比较聪明的鱼类之一。

界：动物界（Animalia）
门：脊索动物门（Chordata）
纲：辐鳍鱼纲（Actinopterygii）
目：鲀形目（Tetraodontiformes）
科：鳞鲀科（Balistidae）
属：宽尾鳞鲀属（*Abalistes*）
习性：食肉 / 水生
保护状况：未评估（NE）

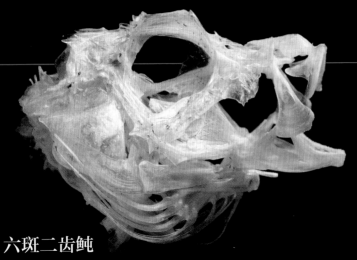

六斑二齿鲀

Diodon holocanthus ▷

　　这个头骨和它活着的时候看起来很像。六斑二齿鲀口中的牙齿看起来融合在一起了，这种牙适合于吃硬壳生物，例如有壳的软体动物以及甲壳类。它们能将身体膨胀起来让自己个头变大，并伸展身上的刺，让敌害无法下口。

界：动物界（Animalia）
门：脊索动物门（Chordata）
纲：辐鳍鱼纲（Actinopterygii）
目：鲀形目（Tetraodontiformes）
科：二齿鲀科（Diodontidae）
属：二齿鲀属（*Diodon*）
习性：食肉 / 水生
保护状况：未评估（NE）

触须蓑鲉

Pterois antennata ◁

　　这个头骨看起来就像是纸板做成的，宛如爱好者的作品；同时，它是标本制作者高超技艺的又一个体现。触须蓑鲉体表上有很多华丽的棘刺和触须，但在这些刺针中，隐藏着自卫用的毒液。

界：动物界（Animalia）
门：脊索动物门（Chordata）
纲：辐鳍鱼纲（Actinopterygii）
目：鲉形目（Scorpaeniformes）
科：鲉科（Scorpaenidae）
属：蓑鲉属（*Pterois*）
习性：食肉 / 水生
保护状况：未评估（NE）

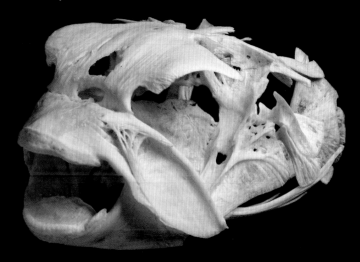

鱼类
■ 水虎鱼和鲶

红腹食人鱼

Pygocentrus nattereri ▷

　　即使是最业余的博物学家，也可以通过这口牙推测出这个头骨是什么生物。红腹食人鱼下颌上那极富特点的三角形牙齿的齿缝会嵌合进上颌上那些较小的三角齿，这种结构能使它们从落入亚马孙河支流当中的尸体（有时候是活物）的骨头上撕扯下肉块。

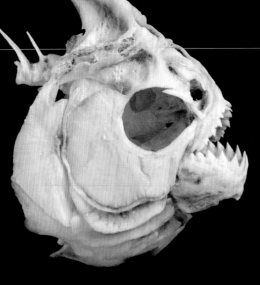

界：动物界（Animalia）
门：脊索动物门（Chordata）
纲：辐鳍鱼纲（Actinopterygii）
目：脂鲤目（Characiformes）
科：脂鲤科（Characidae）
属：臀点脂鲤属（*Pygocentrus*）
习性：食肉 / 水生
保护状况：未评估（NE）

■ 水虎鱼和鲶

美鲶

Callichthys sp.

　　具"装甲"的美鲶深受水族爱好者喜爱。这个标本保存得非常完整，但我们只能鉴定到科。它被处理得异常美丽，看起来宛若化石一般。鲶鱼是所谓的食底泥动物，它们嘴边的"胡须"能依靠触觉感知环境。

界：动物界（Animalia）
门：脊索动物门（Chordata）
纲：辐鳍鱼纲（Actinopterygii）
目：鲶形目（Siluriformes）
科：美鲶科（Callichthyidae）
习性：杂食 / 水生

鱼类

■ **鳗**

裸胸鳝

Gymnothorax sp. ▷

　　如果你把这个标本错认成蛇的头骨，我一点也不吃惊。这是一个海鳝的头骨，可能是裸胸鳝，但我们无法将其鉴定到种。裸胸鳝能长到 3 米长，曾有攻击水肺潜水者的记录。它们活着的时候喉咙的深处有咽腭，但这个标本上没有。

界：动物界（Animalia）
门：脊索动物门（Chordata）
纲：辐鳍鱼纲（Actinopterygii）
目：鳗鲡目（Anguilliformes）
科：鲟科（Muraenidae）
习性：食肉 / 水生

欧洲康吉鳗

Conger conger ▷

　　这个头骨产自英国水域，因此它最可能是欧洲康吉鳗。与海鳝不同，它的头骨又扁又平，上面有数行又细又利的牙齿。这两类鱼都生活在深水当中，潜水者常能在失事的沉船中看到它们的身影。这种鱼能够长很大，体重可达 100 千克。

界：动物界（Animalia）
门：脊索动物门（Chordata）
纲：辐鳍鱼纲（Actinopterygii）
目：鳗鲡目（Anguilliformes）
科：糯鳗科（Muraenidae）
属：康吉鳗属（*Conger*）
习性：食鱼 / 水生
保护状况：未评估（NE）

■ 伪鳕鱼和躄鱼

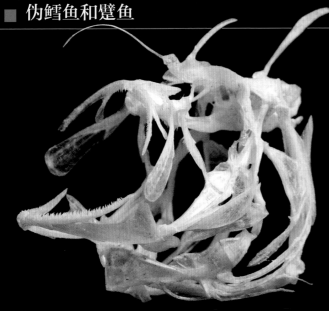

大斑躄鱼

Antennarius maculates ◁

这个头骨非常精美。活着的时候，躄鱼怪怪的外表是绝佳的伪装，它们看起来就像一团海藻或珊瑚的枝桠。它们和鮟鱇鱼关系较近，也是伏击的好手。

界：动物界（Animalia）	科：躄鱼科（Antennariidae）
门：脊索动物门（Chordata）	属：躄鱼属（*Antennarius*）
纲：辐鳍鱼纲（Actinopterygii）	习性：食鱼 / 水生
目：鮟鱇目（Lophiiformes）	保护状况：未评估（NE）

青鳕

Pollachius pollachius ▷

青鳕不是真正的鳕鱼（但依旧遭到了过度捕捞），它们看起来很相似，但青鳕的下颚要突出很多。

界：动物界（Animalia）

门：脊索动物门（Chordata）

纲：辐鳍鱼纲（Actinopterygii）

目：鳕形目（Gadiformes）

科：鳕科（Gadidae）

属：青鳕属（*Pollachius*）

习性：食鱼 / 水生

保护状况：未评估（NE）

鮻鳕

Molva molva ◁

这种鱼和青鳕一样，常被商贩当作鳕鱼来卖。鮻鳕是大型深海鱼类，拥有宽阔扁平的头颅，长有一口适于捕食底栖鱼类和甲壳类的利齿。

界：动物界（Animalia）

门：脊索动物门（Chordata）

纲：辐鳍鱼纲（Actinopterygii）

目：鳕形目（Gadiformes）

科：江鳕科（Lotidae）

属：鮻鳕属（*Molva*）

习性：食肉 / 水生

保护状况：未评估（NE）

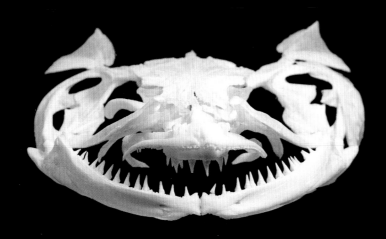

■ 伪鳕鱼和鹱鱼

钓鮟鱇

Lophius piscatorius ▽

　　钓鮟鱇的脑袋中央有三根细长的丝，这个标本将其很好地保存了下来。这三根丝是由最前方的背鳍上的棘刺发育来的。最长的那根会来回晃动，吸引猎物。当猎物离钓鮟鱇够近时，这位猎手会突然张大嘴巴，将食物一口吞下。

界：动物界（Animalia）

门：脊索动物门（Chordata）

纲：辐鳍鱼纲（Actinopterygii）

目：鮟鱇目（Lophiiformes）

科：鮟鱇科（Lophiidae）

属：鮟鱇属（*Lophius*）

习性：食肉 / 水生

保护状况：未评估（NE）

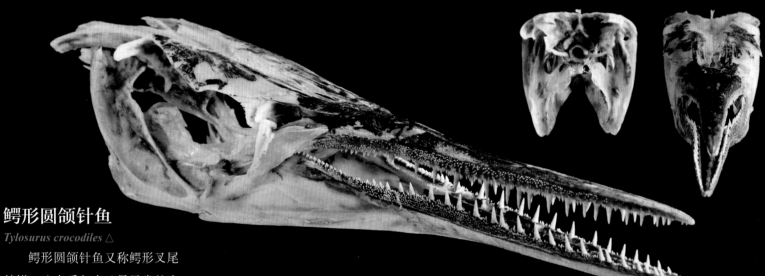

鳄形圆颌针鱼

Tylosurus crocodiles △

　　鳄形圆颌针鱼又称鳄形叉尾鹤鱵。这个看起来凶暴异常的头骨常被误认为是长了牙的鹤。圆颌针鱼可以长到很大，渔民很看重这种鱼，因为它们的肉味道很好，也因为捕捉它们很考验技术。这种鱼以被鱼灯吸引后跃出水面的行为而闻名。

界：动物界（Animalia）

门：脊索动物门（Chordata）

纲：辐鳍鱼纲（Actinopterygii）

目：鹤鱵目（Beloniformes）

科：鹤鱵科（Belonidae）

属：圆颌针鱼属（*Tylosurus*）

习性：食肉 / 水生

保护状况：未评估（NE）

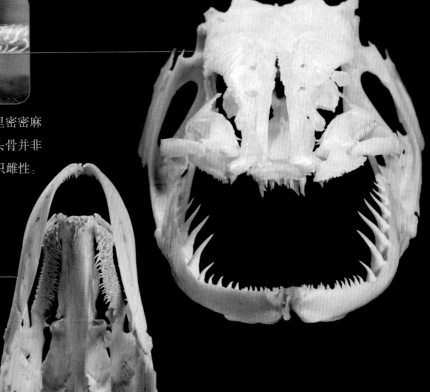

鱼类
■ 狗鱼

白斑狗鱼

Esox lucius ▷

　　通过这两张不同角度的照片，你能清楚地看到白斑狗鱼嘴巴里密密麻麻的向后弯曲的利齿。这些利齿暴露了它们掠食者的身份。这个头骨并非来自一个特别大的个体，但白斑狗鱼能长特别大，最大的样本是一只雌性。

界：动物界（Animalia）　　　科：狗鱼科（Esocidae）
门：脊索动物门（Chordata）　属：狗鱼属（*Esox*）
纲：辐鳍鱼纲（Actinopterygii）习性：食鱼 / 水生
目：狗鱼目（Esociformes）　保护状况：无危（LC）

> **达德利的笔记**
>
> 　　这是我处理过的第一条白斑狗鱼，它是个噩梦。我曾到当地的一个国家公园里，请求那儿的工作人员万一碰到了白斑狗鱼，就帮我抓一条。等我终于拿到这条鱼时，才发现因为工作人员忘了打电话，它已经死在水桶里一周多了。那时，它看起来就是一大块黏稠污浊的物体，臭不可闻。它甚至差点儿让我离了婚！最后，我终于制作出一个很棒的标本，只是差点儿没保住它的牙齿。

鱼类
■ 弓鳍鱼

弓鳍鱼

Amia calva ▷

　　在硬骨鱼的演化史上，弓鳍鱼位于靠近基干的位置。它们与雀鳝和鲟鱼关系比较近，并且拥有很类似的头骨，都是从恐龙时代就存在，然后一直残存至今的活化石。

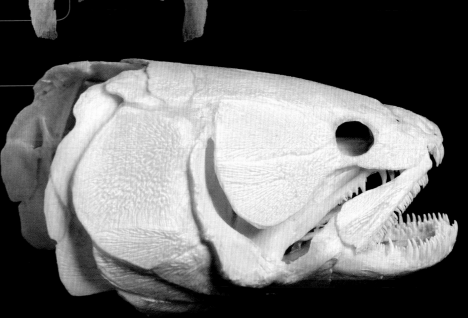

界：动物界（Animalia）
门：脊索动物门（Chordata）
纲：辐鳍鱼纲（Actinopterygii）
目：弓鳍鱼目（Amiiformes）
科：弓鳍鱼科（Amiidae）
属：弓鳍鱼属（*Amia*）
习性：食鱼 / 水生
保护状况：未评估（NE）

弓鳍鱼　119

头骨的意象

人身上有 206 块骨头，比马多一块，比小鼠或狗的骨骼数量平均值多了不到 100 块，而早已灭绝的剑龙的数量大约是这个值的一倍。脊椎动物有很多种骨头，大小不一，形状各异，功能也多种多样，但有一种骨头格外神秘，它极富象征性，似乎拥有魔力，深受艺术家的喜爱。从解剖学上来说，这个部分也主宰了人类的历史。

说的就是头骨。

头骨——或者说颅骨加上下颌——尤其是人类的头骨，尽管只是生物体的一部分，却代表着不可限量的权力与神秘。光是一颗头骨，就能让人感到敬畏、尊崇和恐惧。这"一块"骨头（当然啦，它实际上可以分成 22 个组成部分）已经成为人类社会当中最重要的符号与象征，是真实而又永恒存在的一种标志。

尽管答案可能是显而易见的，但我们依旧要问一个简单的问题：为什么？

为什么头骨能成为这样的标志？为什么不是盆骨？它可是新生儿诞生的门户。为什么不是股骨？它可是人类身上最大的骨头。为什么不是指骨？考虑到人类的拇指与其他四指为创造工具乃至创造整个文明做出了如此重要的贡献，它们为什么不能成为如此重要的标志？

我们会认为答案是显而易见的，是因为我们对头骨太熟悉了。孔洞的眼窝、坚硬的下颌、膨大的脑颅，牙齿露出咧开的嘴，带着永恒的微笑——头骨上有人类的脸面，是人类的象征，它的双眼凝视着一切你看得到或看不到的事物。仅仅是因为这些原因，头骨似乎就足以成为含义如此丰富的一个标志。

但实际上，事情要稍微复杂一些——显然，我们需要更多的证据与假说来解释。故事可能发生在许多年以前，那时候，人类还有同类相食的习性。

许多人推测（但并非所有人都同意），早期的人类要面临频繁的饥年与无数的困苦，因此不能浪费同类的尸体。食人行为的具体细节，不管是叙述者还是聆听者都会感到极度的不适，这里也不需要涉及——但有一个细节需要说说，人体的不同部分，古人类似乎会区别对待。大部分研究古人类的学者同意一个观点，食人者一般会因为口味的偏好，先吃大腿、臀部和手臂，并将不能吃的部分给扔掉；但当他们开始食用头部以及头部的内容物时，很可能会遵守一些不太一样的规矩，来区别对待头骨。换句话说，出于一种不寻常的尊敬，他们会为头骨举行一种仪式，其中常常涉及一些"魔法"。

这个假说是对古人类或原始人类遗址当中遗存着的大量人类头骨的最好解释。如果食人者对所有的骨头一视同仁，而各种骨头的腐烂速度是差不多的，那么，我们应该能找到和头骨数量相仿的脊柱，两倍数量的股骨、胫骨和肱骨，10 倍数量的指骨和趾骨，以此类推。

但这种事情没有发生。古人类的墓穴、坟地当中，有比统计学计算预计的更多的头骨。并且，很多头骨都被做过标记，上面有切割等操作的痕迹，许多头骨下方的枕骨大孔都被人为地扩大了。

大量的头骨与头骨上的标记，这一切的迹象都显示古人类似乎对头骨有不寻常的尊敬。他们常保留死人的头骨，并对它们做一些不会在腿骨、肋骨或指骨上做的事情。

对头骨后方的切割、标记与对枕骨大孔的处理，同现代的人类学家在一些偏远地区发现的仪式行为颇有几分相似。这种行为古已有之，在一些文化当中留存至今，这么做是为了获取死者的大脑——或者说，食人者食用头以外的部分是为了肉，但他们吃同类的头，是希望获取死者的智慧、知识、品行甚至是地位。

人类自古以来就对大脑无比之尊崇——这种尊敬甚至比人类知道大脑到底是什么还要早。古人类们或许会这样想：面部后方、头发下面的灰色器官扮演了什么我们不知道的角色，但它特别重要，就是它创造并维持了一个人的本质。这个灰色器官是神秘的，非常了不起。

总而言之，如果大脑是特殊且宝贵的，那容纳它、保护它的头骨应该也拥有相称的地位。于是头骨就这么被选中了，被神、命运、演化与适应给选中了，它不但是用来保护其中的精妙器官的，也不仅仅容纳了生命，常常还保有着智慧。

于是，人们认为头骨驾驭着自然的神奇，结合了人类与神秘的事物，并迅速将它尊为祭祀仪式的核心，也就不足为奇了。几千年来人类一直对头骨当中的凝胶状器官一无所知，于是用神秘的魔法来解释头骨所拥有的能量，赋予了它们让人费解的尊荣。

但古人类都知道，大脑所保存的力量是

暂时的，它最终会消失不见，或腐烂，或被饥饿的动物（包括人类）给吃掉，但头骨不会。它会留存下来，保持坚固与洁白，看起来宛若永恒。于是，头骨更容易地被保存了下来，被当成护身符、祭拜的对象或纪念品，于是，头骨成了不朽的符号。

大多数哺乳动物脸上都有肌肉，能够让它们摆出不同的表情，或愤怒，或惊奇，或快乐，或痛苦，或蔑视，或厌恶。大脑越是发达，能做出的表情也就越复杂多样。人类的大脑能够控制面部做出 1000 种表情，甚至更多。但人若是死了，血肉、脂肪、筋腱与神经终会腐朽，头骨会凝固成永恒的面无表情。它不再是一张脸，而是鬼魅般不能理解、不能言语的可怕事物，你还能认出那是一个人，但它没有生命。血肉易朽，大脑不再，但头骨永恒，这也是头骨成为这样一种标志的原因——它不但代表了人类的灵魂、人类的本质，还提醒着我们必将拥抱的死亡。它提醒，它暗示，它发出警告，它轻轻地推动我们的良心。

这样的事，发生在世界的每一个角落。那颗被我们称作头骨的骨头是人类的 206 块骨头之一，被塑造成最容易辨认的象征之一，是无生命的人类的对立面，同时凝固着迷人与恐怖。

作为死亡象征的头骨

我的书房里有一套书，这套书占的空间不小。它的封皮是黑色的，封面上写着作者的名讳和书名，烫金的哥特字体已有些掉色。

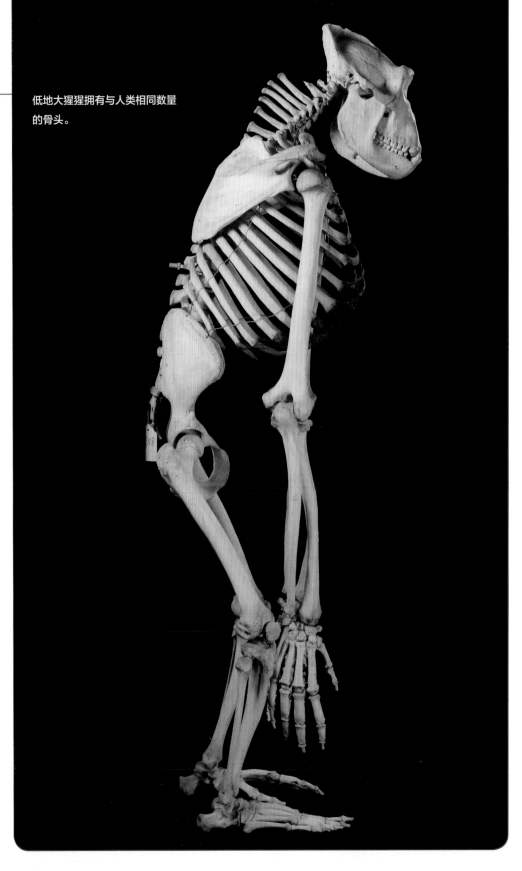

低地大猩猩拥有与人类相同数量的骨头。

但在书脊上，有一个小小的封号，让整套书散发出了死亡的气息：那是一颗人类的头骨，空洞的双眼睁得大大的，鼻孔又深又暗，它的牙齿完整无缺，露出可怕又永恒的笑容。

这套书的作者是埃德加·爱伦·坡，他所有的故事、随笔、诗歌，他笔下的那些奇异或可怕的事物、垂死或已死之人、杀手和死者都被囊括到这套全集当中。《厄舍古屋的倒塌》在其中，《莫尔格街凶杀案》在其中，《陷坑与钟摆》《长方形箱子》《红死魔的面具》都在其中。设计师从这些可怖的经典当中提炼出了整本书的视觉效果，让我们看到书的外表，就能联想到死亡与朽烂。看看那些皮书套，看看上面画的那露齿而笑、无毛、无皮、无血、无肉的头骨，你瞬间会感到书中的文字会让你感到不舒服、不愉快，会让你想到生命的终结，让你想到神秘、悲痛以及暴力。

但头骨并非总是会让你有这样的感觉。亚洲、埃及以及地中海地区的古典文化中，人类骸骨的任何一个部分（至少是头骨）都

和死亡有关。修普诺斯和塔纳托斯是希腊神话当中的睡神和死神，他们是一对双胞胎，曾出现在《伊利亚特》当中；那些生活在阴间的灵魂如苍白的幽灵，介乎存在与不存在之间，没有实体、没有形状、也没有任何可辨认的骨骼，它们常进入短暂的幻梦当中，借助梦境来纠缠物质的世界。

但是，到了长达两个世纪的希腊化时代，之前的那种死后的世界发生了改变。从公元前323年亚历山大大帝征服世界的行动开始，希腊文化冲出了欧洲与小亚细亚，直接或间接地影响了整个东方。就在此时，那被血肉包裹的骨骼也冲了出来，在文化上占据了重要的地位。鬼魂们拥有了实体和骨骼——尤其是头骨——这时的墓碑之上出现了外形有规律的鬼魂，这些造型就是时人眼中逝者将变成的样子。

20世纪初，人们在庞贝城北方3千米处的小山上的博斯克雷尔发掘出了许多壁画和珠宝，其中有一个银质的大口杯，上面装饰着骸骨的图画。罗斯柴尔德勋爵收购了这些

宝物，将它们送到了卢浮宫。这个大口杯见证了人类对骨骼的看法的快速转变，上面画着一具握着一颗头骨的骸骨，在它下方有一行字：这是个人。一个已死之人第一次被等同于一颗头骨，这是一个转折点。至少在西方，头骨就此稳步迈向死亡的象征和符号。

在大约3个世纪之后，希腊讽刺作家琉善写下了他那著名的《死者的对话》。在这本著名的书中有这样一段剧情：信使神赫尔墨斯陪同刚死的墨尼波斯在哈德斯的冥界中旅行，他们突然遇到了一堆骸骨，赫尔墨斯指着一颗头骨说："这是海伦。""什么？"墨尼波斯不相信，"这就是那个女人？那个招来了一千艘战舰的美貌容颜？""是的，"赫尔墨斯回答说，"当她正当盛开之时，这颗头骨也曾貌美如花……"

到了中世纪，那些稳步的称谓死亡象征的头骨出现的频率变少了，似乎那时的人相比希腊化时代的古人不那么喜欢看到头骨。直到13、14世纪，头骨回来了，开始"复仇"。

头骨为什么在中世纪缺席了？它们又为

△ 这是一幅发现于庞贝城中的罗马时代的马赛克画的局部，画中的头骨上方有一根垂线，这幅画暗示死亡的公正。

◁《墓地里的哈姆雷特和霍拉旭》，欧仁·德拉克罗瓦，1939年。

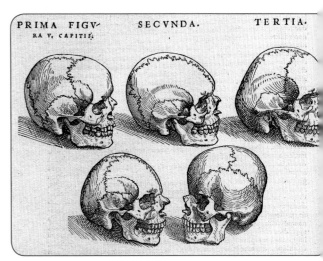

△《人体结构》中的头骨，安德烈·维萨里，1543年。

什么回来了？很多研究认为，黑死病等大规模流行性疾病是巩固头骨与死亡之间关系的关键：在1348年到1350年之间，从伦敦到杜布罗夫尼克，从墨西拿到斯塔万格，无论是城市还是乡村，人们都经历了太多的死亡，看到了太多的尸骸与森森白骨——这其中最显眼的当然是头骨。

无论如何，到了16世纪，头骨已经彻彻底底成了死亡的象征。例如，莎士比亚就在《哈姆雷特》当中描绘出那颗最有名的头骨。

毫无疑问，莎士比亚对布鲁塞尔出生的解剖学家安德烈·维萨里那本《人体结构》中的图画非常熟悉。维萨里是世界上首位用科学的方法精细地描绘人类身体的人，他通过解剖对循环系统、肌肉组织有非常深入的了解——当然，也包括骨骼。他的书中有一幅画描绘着一具骸骨借助镜子凝视自己的头骨，这幅画在16世纪的伦敦非常知名，莎士比亚这样受过教育的人肯定看过。这幅画是否就是哈姆雷特凝视着郁利克沉思这一著名段落的原型？或者莎士比亚曾受过琉善的影响？文学研究者们为此争论不休，但有一点是再清楚不过的，就是它和《哈姆雷特》当中的这一著名片段有关……

哎，可怜的郁利克！霍拉旭，我认识他；他是一个最会开玩笑、非常富于想象力的家伙。他曾经把我负在背上一千次；现在我一想起来，却忍不住胸口作恶。这儿本来有两片嘴唇，我不知吻过它们多少次。

在这里，人头骨戏剧性地提醒大家，死亡是生命必然的终点。这个细节显示，头骨作为死亡的象征，在莎士比亚的时代就已经深埋在公众的心中。

想象一下，貌美的年轻人抱着、爱抚着、凝视着头骨——粉红而又温暖的肉体和灰暗、阴冷的骨头联系在了一起，生与死获得了统一——这样的意象突然出现在艺术家各种类型的作品当中。生命在飞逝，头骨总在提醒人们必死的命运，提醒着我们总有一天将成为森森白骨。这样的意象从许多年前流传到了今天，也必将继续存在下去。

作为警告标志的头骨

有什么标志，让谁看了之后都知道它的意思是"警告！""危险！"，即使是在一万年之后，"人们"还能一眼看懂？

最近十年，美国能源部就考虑过这个难题。他们要把美国稳定增加的高危核废料储存在南内华达州偏远山区的一个深洞当中，这就衍生出了一个次生问题：如何才能防止不明真相或是蓄意的人类误入？

他们要储存的是成千上万桶铀和钚的放射性同位素，它们都来自美国的核能工业和核武器当中，在几十万年内依旧有杀死、毒害人类的能力。这就遇到了一个难题：如何才能说服未来的"人类"——时间的迷雾让我们很难推测他们的想法——这些深埋在内华达沙漠里的东西是绝对致命的，在任何情况下都不能刺、拨、钻这些圆桶，碰一碰就得死，永远都不可以！

对此，相关人员讨论得很热烈，提出了很多奇怪的点子：立起一大片混凝土尖钉、放置许多黑色的水泥砖、用盐做一个固体的台子，甚至是用遗传学方法将当地的丝兰变成碧蓝色的，来显示这片土地之下埋藏着的强大能量会带来巨变（但批评家指出，这么做的话，在难以想象的未来，人们倒是有可能把这里当成旅游景点，蜂拥而至）。

其中有3份建议书引发了特别的共鸣（现在这些建议都没有太大意义了，奥巴马总统2011年叫停了内华达州的储核废料设施，但大家都同意，这样的标志总有一天还是需要在某处立起来的）。

其中最可怕的一个建议是，应当允许（甚至鼓励）游客在设施附近游玩，于是他们就会受辐射影响而得病甚至是死亡，于是就会在这附近留下他们的森森白骨，警告其他人这里有危险。第二个建议说我们应当在设施附近放置一些巨大的石膏人头，要有复活节岛石像那么大，都要雕刻成爱德华·蒙克的《呐喊》那样。第三个建议看起来要务实得多：在附近的区域抛掷大量的指甲大小的硅芯片，上面要印上头骨和交叉的腿骨标志——越往设施中心走，抛掷的芯片的体积要越大。

也许，这三个建议中的一个会被选中，或者会有其他的艺术家提出别的什么或简朴或奢华的计划。但在这里，我们要好好说说上面的第三个计划——芯片上印着的大张着嘴巴的头骨加上交叉的腿骨，是一个普遍性的警告标志。

头骨非常容易识别——不管你生前长啥样，死了之后基本都是那个样子——它在许多符号或是标志当中扮演了中心角色，用来指示毒物、死亡或者危险，看到这样的符号，我们就知道是什么意思。头骨似乎成了不愉快之事的缩写，通常来说（但并非总是），我们看到头骨或类似于头骨的东西甚至是腐烂的事物之后，会本能地想要回避。头骨不能说话，但它的外表已经泄露了足够多的信息。

武则天，中国唯一一位女皇帝，在公元7世纪创造了她的王朝。她曾将22名反对者的头骨高悬于洛阳城门之上，来警示那些不愿意遵守她的法令的人。

头骨的这种功能在西方也不少见。在古代的斯德哥尔摩，异端人士会被带到老城区南门悬挂的一排罪犯的脑袋下面反思两次。法兰克福、伦敦的城墙上也有着挑着人头的铁杆，而在英国的沃平市，海盗们会被装进铁笼子里活活等死，乌鸦、海鸥会啄食他们腐烂的尸体，那些可怖的头骨传达着这样一个信息——不要。

至于海盗，谁都知道他们会打着骷髅旗劫掠，那些黑底画着白色人头与交叉的腿骨的旗帜，本身就是一种威胁，暗示对方不乖乖听任摆布就必死无疑——当然，肯定不是好死。后来，这种图案被化学家拿来当作有毒物质的警示图标，你能在装着氰化物、水银的容器上找到它们。

但当海盗扬起了海盗旗，骷髅标志在无形中还传达出了第二层含义。如果海盗们确实打算开始抢劫，那么他们的船就和有毒的化学药品一样危险，是需要警惕的。打着这幅旗帜的船只会满是恶意地在公海上巡航，随意地抢夺战利品。而你看到它，就得赶紧跑路（但逃跑也不一定是安全的）。

大概在 18 世纪晚期，海盗的交叉腿骨骷髅标志变成了危险的警告标志。海盗们最先采用了这个标志，之后药剂行业借用了它，后来，许多像摩托党这样的组织也有样学样。他们衣服上的骷髅徽章仿佛在炫耀：小心，我们很强壮，我们不惧生死，我们可不是那么好对付的；如果需要，我们会让你尝尝死亡的滋味。

> 任何爱好和平的船只上的水手和旅客，只要看到海盗旗上微笑的骷髅，一阵凉意就会顺着脊椎往下蔓延，久久不会散去。

查尔斯·约翰逊《海盗通史》上的插图，印刷于 1725 年。上面的人物是斯蒂德·邦尼特，图上有经典的海盗旗帜。

作为力量符号的头骨

海盗，几乎和航海行业一起诞生，他们开着船巡游在公海之上，四处劫掠，带来灾难。在民间传说以及流行文化当中，海盗的形象已经固化了：他们面容丑陋，戴着眼罩，肩膀上架着鹦鹉，有时下身装着木腿，或手臂上是一截铁钩，他们行事残酷，会用逼人走跳板掉入海中的方式惩罚俘虏。然而，所有的海盗符号都要归于同一个通用的标志之下：一面黑色旗帜，上面画着两根交叉的白色腿骨，拱卫着一颗白色的人头骨。

400 年前，大西洋贸易刚刚开始的时候，大西洋海盗行业就开始兴旺发达了。任何爱好和平的船只上的水手和旅客，只要看到海盗旗上微笑的骷髅，一阵凉意就会顺着脊椎

往下蔓延，久久不会散去。

这种旗帜宣示着恐怖的权力。如果没有它，海盗们不过是一群蜷缩在加勒比酒吧中喝朗姆酒醉死的无赖。海盗旗在英语中被称作 Jolly Roger，这"快乐（jolly）"来自于骷髅永不凋零的微笑，而"罗杰（Roger）"不过是一个普通的男子名。海盗的行为非常残忍。他们常会虐杀俘虏，所以，不要对那些海盗有什么浪漫的幻想。

被海盗船袭击是件可怕的事情，其中的情节大多比较固定。在风向稳定的西风带上，越洋船只带着大量的金钱或商品，因此吃水很深，缓慢而又平稳地穿越蓝色的洋面，船上的人们期待着贸易带来的收益。突然，一些船帆出现在海平面上。一艘帆船快速地闯入船员的视野。

在离得尚远的时候，海盗们会挂着友善国家的旗帜，一旦靠近，他们就会挂上那让人闻风丧胆的海盗旗。之后，海盗船会和猎物并排航行，鸣炮警告，炮弹划着弧线撕裂对方的船帆，之后抢风航行（逆着风 Z 字形移动），鼓胀的船帆猎猎作响。他们的猎物因为失去了一面船帆而速度变慢，最终可悲地停滞在大海当中。这时，海盗们会把爪钩抛过来，把两艘船系在一起。满眼凶光的海盗瞬间就杀了过来。

海盗们挥舞着弯刀、佩剑与斧头，攻击任何一个胆敢反抗的人。有些海盗会把俘虏驱赶到一起，审问、殴打、屠杀，常常会有人被开膛破肚。还有些人会在船上四处翻找战利品，他们不会放过任何贵重物品。海盗自然不会放过黄金和武器，而那些身有一技之长的船员会被说服或强迫加入海盗的行列。之后，海盗们或许会杀个回马枪，干掉一些俘虏。最后，这些匪徒会利用绳索或木

板迅速回到自己的船上，驶向地平线的远方。那些还没有死去的受害者会嗟叹生命的不公，努力修复船只，想方设法继续活下去。

这就是骷髅旗展现出的让人生畏的力量。

后来，有些人把这个标志用在了合法的事情之上。1759年，英国第17轻龙骑兵团组建于苏格兰，他们的徽章上有一颗头骨、一对交叉的腿骨和一句"OR GLORY（或者荣耀）"。在19世纪，他们改名为第17枪骑兵团，参与了那场著名的悲剧性"轻骑兵的冲锋"。1922年，这支部队又改名为第17/21枪骑兵团，成了著名的现代英军骑兵部队的一部分，他们通常被部署在战场上战事最吃紧的地方。但不管是在哪个时代，加入这个兵团的士兵（他们被称为The Death or Glory Boys）都会在帽子上别一枚雕刻着头骨的帽徽——事实上他们管它叫"座右铭"，从不称它为"帽徽"。同样是头骨和交叉的腿骨，这个"座右铭"与海盗旗完全不一样：海盗旗上的头骨看起来仿佛在笑，但谁都不会认为士兵帽子上的头骨带一丝一毫的不严肃，它们的眼窝当中闪烁着复仇与恶意的火焰。戴着这枚"座右铭"的士兵，打起仗来从来都是来真的。

别处的军队也学着用上了头骨标志。在德国，头骨标志属于著名的"骷髅（Totenkopf）"装甲师，属于普鲁士骑兵，属于自由兵团，当然也属于纳粹的一些部队——希特勒的个人保镖身上别着头骨徽章，可怕的党卫军身上也别着头骨徽章。德意志帝国领导人认定，怪物一般的头骨会让敌人感到害怕。于是，那些作为恐惧符号的骷髅标志被做得越来越大。

当然，头骨标志也不只出现在德国。从意大利的战时黑旅到瑞典的轻骑兵，从葡萄

著名的"或者荣耀"帽徽。

纳粹党卫军军服上的徽章（1934年至1945年）。

牙宪兵队到韩国第三步兵团，从爱沙尼亚、白俄罗斯、智利的游击队到英国皇家空军第100战斗中队，到澳大利亚的野战排，再到美国海军陆战队侦察团，头骨和交叉的股骨已经成为力量的象征——它是一个警告，不是警告他人"有毒"或"有辐射"，而是毫无掩饰地威胁："别惹我们。"

当然，头骨标志还属于"地狱天使"摩托俱乐部，他们的口号是"尊重少数人，不惧任何人"，其标志上有一颗戴着羽翼摩托帽的头骨或更简单的头骨和交叉的股骨。不过，不论戴着哪种标志，"天使"们都极具侵略性，常干一些被称作"1%"的违法的事儿（1%来自于这样一个典故：曾有人断言"99%的摩托党都是守法的好人"）。

不论是"地狱天使"的头骨，还是海盗或英军的头骨，这些头骨都在用同样的方式发出警告，告诉他人戴着这个标志的人群具有可怕的力量，可能随时爆发——任何不认同这一点的人都将蒙受大难。

艺术当中的头骨

大大的眼睛、灿烂的笑容和光滑又白皙的表面，让人类头骨看起来常常比人脸更年轻更健康——死亡仿佛带来了恐怖版的幼态特征，让人类获得了总在渴求的永恒青春。所以，从表面上看，头骨是死亡的象征，暗示了人类必经的一种经历，但那神秘又无辜的外貌也使它们成为年轻与重生的标志——这就是艺术家们长期以来对头骨无比着迷的理由之一，这种着迷，可能自从一万年前人类在洞穴上画壁画时就开始了。

但这样一种微妙的着迷出现得还真不算太早。在艺术史的早期，坟墓上、纪念碑上、雕塑上的头骨，总是一副阴沉的模样，其背后是恐怖在主导。例如在中世纪，包括头骨在内的骨骼就散发着恐怖、受诅咒、不可救药的意味。如果一颗头骨对我们微笑，那必然带着恶魔的威胁；如果那空洞的眼窝凝视着我们，就好像是弗拉·安杰利科笔下的受难耶稣身下的骷髅的那个样子，那它一定是准备降下严厉的责备。早期的头骨艺术形象完全不会让人感到舒服，它们只会让你恐惧，让你敬畏，让你抑郁。

但到了 16 世纪，情况发生了变化。出现了安布罗修斯·荷尔拜因和阿尔布雷希特·杜勒这样的画家，在他们的笔下，头骨这个实体展现出了不曾展现过的美，成为被精心雕琢的对象，被描绘成坟墓当中的幸存者，跨越生死的记忆。在本章当中，你能近距离看到安布罗修斯·荷尔拜因的弟弟小汉斯在半开玩笑的状态下创作出的名画《大使们》；还有杜勒以头骨为描绘对象的铅笔画，杜勒自 16 世纪 20 年代开始创作一系列头骨画时，

似乎已经拥有现代艺术家超越客体本身象征的眼光，注意到头骨有缺陷的美，精心刻画出了复杂的面骨上交织的光影。在他之前，很少有人会注意到这些细节，但如今，头骨已经不再是彻彻底底的恐怖，而成为艺术领域一个新分支的中心。

在接下来的几个世纪里，这个小革命继续了下去，以至于至少在西方艺术当中，头骨成了老生常谈之物。在许多画作当中，学者都会端坐着用手轻触一颗远祖的头骨，好似在提醒我们他们希望我们铭记的那件事——时光荏苒，岁月飞逝，生命只不过是个暂时的特权，少年郎，切莫虚度啊。

尽管在其他文化当中，头骨依旧是恐怖之物，但欧美的艺术家开始改变头骨的形象，

让它们摆脱灰暗与悲伤的情绪，展现出智慧与讽刺的形象，尽管这么做有点儿游离在猎奇的边缘。

有些人笔下的头骨更难以被遗忘。例如，凡·高那幅油画当中叼着烟的头骨、达利的那张照片里由年轻女子赤裸的胴体构成的头骨、C. 阿伦·基尔伯特用视错觉构建出的由女子与梳妆台组成的头骨……

安迪·沃霍尔的那些以黑白头骨为主体、底色不同的印刷艺术品，会引发我们温和的一笑。格鲁吉亚·奥基夫的作品会引发我们的狂热追捧（不信看销量），他诗意地在画布上涂绘出美国新墨西哥州沙漠当中风干的动物头骨和娇嫩的鲜花，生与死残酷而又微妙的对比仿佛在头骨精妙如花般的鼻骨上获

> 艺术家超越客体本身象征的眼光，注意到头骨有缺陷的美，精心刻画出了复杂的面骨上交织的光影。

▽ 达·芬奇于 1489 年画的头骨。这是他早期的解剖学画作，在作画之前，他进行了详细的观察，以保证齿列、比例、内部结构不出错。这幅画的原件收藏在温莎城堡的皇家藏书馆中。

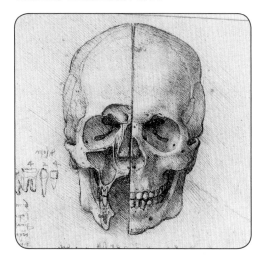

▽《头骨盾徽》，阿尔布雷希特·杜勒，1507 年，版画。

得了统一。喜欢开玩笑的艺术家史蒂文·格雷戈里、达明安·赫斯特手下那些以钻石、孔雀石、珍珠装点的头骨会让我们感到抵触，感觉像吃了死苍蝇一般。

最后，没有几个人会被格雷森·佩里的作品逗笑。这位英国当代艺术家用他自己的方式，以当代艺术的手法彻底剥去了头骨上神秘的神话色彩。尽管头骨在过去是恐怖之物，会让人心惊肉跳，但如今，在艺术当中这种古老的形象早已随风飘逝了。

头骨曾完全是死亡的标志，完全没有今日所蕴藏的微妙意向。如今，在艺术中它不再代表死亡。再也不是了。

荷尔拜因——《大使们》

乍一看，这颗身处艺术品之上的头骨根

▷《含着香烟的骸骨》，凡·高，1885年或1886年年初，帆布油画。
▽《窗龛上的两个头骨》，小汉斯·荷尔拜因，1520年，椴木油画。

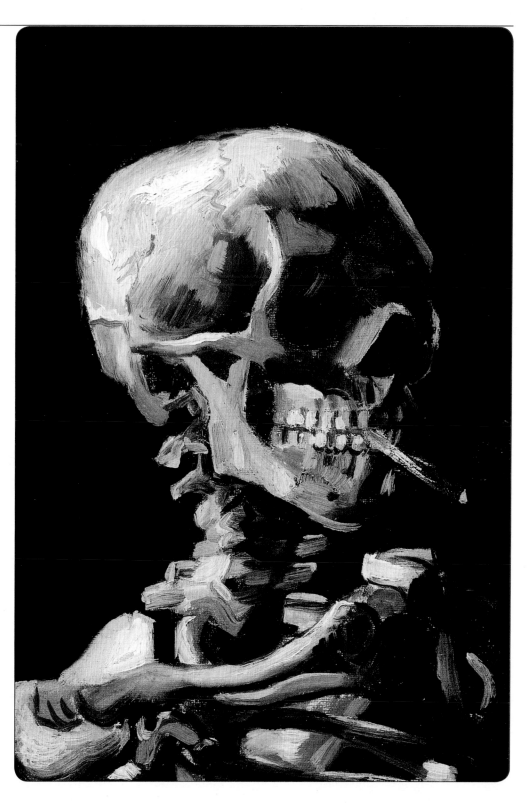

本就不像头骨。它更像是一个污点、一个错误、一个无法说明也不适宜的闯入者。换句话说，把它从这幅画当中取出来，那这幅画就完整地记录了两位杰出的 16 世纪绅士，两位大使。

小汉斯·荷尔拜因的这幅画作拥有非常复杂的意味，它能让人极度震惊——这幅面积有 0.7 平方米的画作自从 1890 年被收入伦敦国家美术馆之后，就一直占据显要的位置。

首先，画面当中有两位有钱有权的大使。图左这位身穿貂皮，留着福斯塔夫式的胡子，看起来异常早熟，但其实只有 29 岁，他就是法国驻伦敦大使丁特维尔（Jean de Dinteville），他也是委托荷尔拜因画这幅画的人。右手边穿着主教长袍的这位是大使的朋友，比他还小 4 岁的乔治塞尔维，这位行事持重的年轻人曾代表法王出使过威尼斯、奥地利、梵蒂冈、德国、西班牙（在 18 岁的时候，这位年轻人就被指派成为朗格多克省的主教）。

这两个男人之间放着一系列让人困惑的复杂的科学设备，后世的评论家为它们所代表的象征意义提出了许多看法。图中有座地球仪，上面描绘了当时已知的世界，而罗马无疑是这座地球仪的绝对中心。荷尔拜因在画面正中画出了一条看不见的垂线，将两位大使占据的画面分成了两半。接近画面底部的地方有一把上了油漆的橡木鲁特琴，它毫无疑问是件杰作，琴弦却不和谐地断掉了，这断了的弦勾勒出了另外一条美妙的线条。鲁特琴旁是一本诗集，现代的研究显示，摊开的书本上的那些文字，是由马丁·路德所译的。

有个圆柱形的日晷位于图片正中心附近，上面标注着一个时间——1533 年 4 月

11 日，星期五。这一天，可能是荷尔拜因开工的时间。所有的线索，在这里得到了解读。就在几周前，已婚的英王亨利八世又同安娜·波莲结了婚，结果惹怒了教皇克雷芒七世，以至于英王被开除了教籍，英国与罗马的关系也彻底破裂。荷尔拜因在这幅画中填入许多的意象，可能就是在暗示当时英国、英国国教、欧洲之间的混乱关系与局势。

但为什么画面当中会出现一颗神秘的头骨？它被从左向右拉伸、扭曲了，置于画面的下方，几乎不可辨认，但显然是颗头骨。仿佛有人从左下方或右上方给一张头骨的平面图片拍了张照片，再把头骨的扭曲画面嵌入了这幅油画当中。

这颗头骨是个艺术的妄想，也是个骗人的把戏，还是个基于透视的小游戏，一种偶然流行于美术世界的形态。达·芬奇和阿尔布雷希特·杜勒都在他们的实验性作品当中有过这样的尝试。如今，很少有艺术家在严肃的作品里玩这个技巧，只是拿它来制作错觉画。在电视转播体育节目的时候常出现这种失真，因为运动场内常有另外一个用来打广告的大屏幕。当正面观看荷尔拜因的《大使们》时，这个透视失真的头骨看起来像是迷糊不清的胡言乱语；但如果你从画作的下方找一个正确的角度，感觉就不太一样了。

通过一些数学方法选取合适的角度和高度，就能够从荷尔拜因的这幅画上看到一颗正常的头骨（有很多人坚称，他们在旁边的楼梯顶端往下看这幅画时，看到了正常的头骨）。这颗头骨的左边比较亮，右眼眶要比左边的大一些，牙齿不太全。角度正常的它看起来并不英俊，不会像达明安·赫斯特的头骨那样惹人喜欢，甚至不会有什么好一些的博物馆愿意收藏。这颗头骨身上闪烁的奇

异风格远比它的外表要吸引人。

艺术家这么做，用隐喻将它伪装起来，是为了藏进自己的一些意图：提醒人们别忘记人生必将终结于死亡。的确，16 世纪的艺术品都喜欢提醒人们别忘了死亡。如果你特别仔细地看这幅画，会发现左边那个人裘皮帽之上还有一个小小的扭曲的骷髅头，这大概又是另一个藏得更深的暗示。

不过，是谁决定要在这幅画里藏进这些意象的？丁特维尔的家族箴言——牢记我们将死——或许是解答这个问题的突破口。它不由地让人猜测，在画作中加入死亡的奇异象征不是荷尔拜因狂妄的心血来潮，而是那位大使谦卑而又现实的授意，来隐晦地宣告他意识到自己在尘世当中的存在总有一天将会消失。

还有什么会比在这幅现实主义的画作里放入扭曲的头骨更好、更有象征意义呢？能有什么，会比一个用隐喻编码、但又刚好可辨认的人类头骨，更能代表必死的命运呢？近 500 年来，仔细琢磨这幅画的人都会感到艺术家天才的抚摸，都会因好奇感得到满足而浑身畅快。这是一个壮举，是达明安·赫斯特和他的《为了上帝的爱》所不能做到的。

《大使们》，小汉斯·荷尔拜因，
1544 年，橡木油画。

墨西哥的头骨

除了墨西哥，头骨在世界各地哪个地方都不会如此紧密地融入当地文化中。墨西哥人乐天地接受了死亡和死亡的各种符号，尤其是"卡拉维拉（calavera）（译者注：西班牙语中的头骨）"。在欧洲文化当中，死亡以及死亡的符号非常常见，但欧洲人绝不可能像墨西哥人那样面对不可避免的死亡时带着舒适的亲昵。即使是其他国家的拉丁美洲人也不似墨西哥人这样，对人类离开世界的过程如此感兴趣，如此着迷。

墨西哥人的这种爱好也不是近代才有的。人们很容易就会想当然地认为，每年于10月底11月初，墨西哥人为死亡举办的全国性庆典，是6个世纪前来到这片土地上的西班牙人带来的基督教节日被奇怪的墨西哥人同化后的产物，尤其是亡灵节（Día de los Muertos），更是和万圣节颇有几分相似之处。

但这个想法是错误的，尽管墨西哥在近代引入了很多欧洲的死亡符号（例如黑色死亡之舞、塔罗牌等），尽管墨西哥人的死亡庆典拥有西班牙语名字。可能早在欧洲人抵达墨西哥的1000年前，头骨等死亡的象征符号就已经在墨西哥艺术当中出现了。那些活泼的骨骼形象已经融入所有深受墨西哥文化影响的部落成员的心中。

研究者曾在尤卡坦半岛和恰帕斯的玛雅艺术当中发现过人头。头盖骨的图案出现在瓦哈卡的古萨波特克人和古米斯泰克部族圣典的核心部分。墨西哥中部穴居的托尔特克人和米却肯人也用头骨进行重要的祭祀仪式。头骨——不只是人类的头骨，还包括绿松石、黑曜石，甚至还有棉花糖、油酥点心做成的头骨玩具——早已成为居住在特诺奇提兰（或称墨西哥城）的那些称自己为阿兹特克人的原住民生活的一部分（如今，这座巨大的城市依旧是墨西哥头骨崇拜文化的中心）。

为什么墨西哥人如此不同？这个问题可能永不会有让人满意的答案。无论是玛雅神话还是阿兹特克传说中都有数不清的死神。玛雅人的神话尤其复杂，其中充斥着无数打猎的神、散播特殊疾病的神、把自己打扮成美洲虎的神。如今，墨西哥还有超过一百万人说玛雅方言，这些人依旧居住在森林地区，死神们会定期为他们送来"蛇吻"、兽击或塌方。也许，这就是为什么死亡如此深刻地融入玛雅文化当中的原因——这些人在死神的阴影下生活了好多个世纪，并且成功地繁

在墨西哥民间文化当中，这具美丽的枯骨叫卡塔琳娜，生前她是一位生活在上流社会的女人。卡塔琳娜是亡灵节庆典当中最受欢迎的人物。

衍至今。

阿兹特克人同死亡的关系可能要稍微简单一点，其理解难度或许和现代的宗教仪式相当——好歹墨西哥城是建立在曾经的玛雅首都的遗迹之上。阿兹特克首席死神名叫米克特兰堤库特里（Mictlantecuhtli），他是地下世界的主宰，拥有无数信徒为他制作的雕像、绘画与符号（甚至还有一套叫《米克特兰堤库特里·阿兹特克僵尸》的系列漫画）。这个神祇是极度可怕的，他那满头血污的头上戴着猫头鹰羽毛和彩纸做成的王冠，脖子上挂着眼球项链，耳朵上穿着骨头耳环，白骨森森的脚上诡异地穿着凉鞋。他坐在宝座上，总是咧嘴大笑，但口中无牙，他一直嘲笑着羽蛇神创造的世界当中的怪异事物，嘲笑着他和他的兄弟们将要统治的万千灵魂，他统治着地下世界。

因此，这两件世界上最漂亮的古代头骨工艺品是由对死亡如此着迷的古墨西哥人做出来的，就没那么让人惊奇了——呃，至少人们一度认为它们都是古墨西哥人做的。这两件馆藏于大英博物馆的工艺品都美丽非凡，但其中只有一件是由天才的阿兹特克艺术家做出来的。

第一件是真货。它异常复杂：本体是一颗真正的人头骨，内衬鹿皮；上下颌由鹿皮制成的袋子连在一起，能够自由地开合；它的表面覆盖着交替出现的双色马赛克粗横条，一部分横条由闪亮的蓝色绿松石拼成，另一部分镶嵌着泛着黑光的黑色煤玉，这样的横条一共有5道；它的眼睛是由黄铁矿雕琢成的光滑球体，嵌在闪亮的白色海螺壳圆

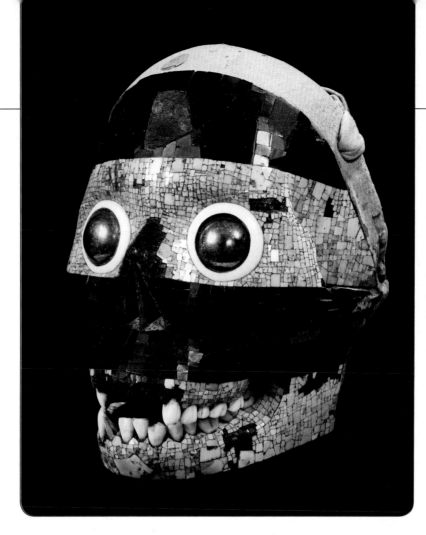

这颗藏于大英博物馆的马赛克头骨是特斯卡特利波卡神的代表，这位神祇又被称作"烟雾之镜"，是阿兹特克神话当中四位创造者之一，位列最重要的神明之列。它制作于公元15～16世纪，目前正在大英博物馆中展出。

环上。如果只是这样还不够衬托拥有它的祭司的高贵身份（阿兹特克文档显示，祭司们会把这样的装饰性的头骨用鹿皮绳系在衣服上），那就再看看它的鼻子吧，上面镶嵌着红色的海菊蛤壳制成的装饰物。这些贝壳、海螺还有煤玉都不是产于阿兹特克人的国土，它们来自于千里之外。

另外一个头骨艺术品更是美得惊人。它借助于好莱坞和印第安纳·琼斯系列电影之手，获得了无数人的尊崇和质疑。这颗实物大小的透明头骨由整块水晶雕琢而成。将它握在手中从不同的角度观看，你会感到无比的惊奇：它的内部有天然水晶不可避免的小裂缝，但依旧光彩熠熠；它那玻璃一般的表

面，打磨得如此光滑；它那强健的下巴，雕琢得如此准确；它的眼窝和牙齿展现出的不同雕琢技术是如此高超——将这些细节叠加起来，这件艺术品真是美得难以置信。

1897年，大英博物馆从知名的蒂凡尼公司手中买下了这颗水晶头骨，并假定它是真正的阿兹特克艺术品，认为它和墨西哥城的阿兹特克神庙中的玄武岩、石灰岩头骨一样，是祭祀用品——这要是真的，这颗水晶头骨肯定是高等祭祀用的。

但他们失望了。现代的检验显示，这颗头骨所用的水晶来自巴西，那地方离阿兹特克人的贸易路线太远了，而且遗留在头骨上的痕迹显示，制作者用上了砂轮和硬磨

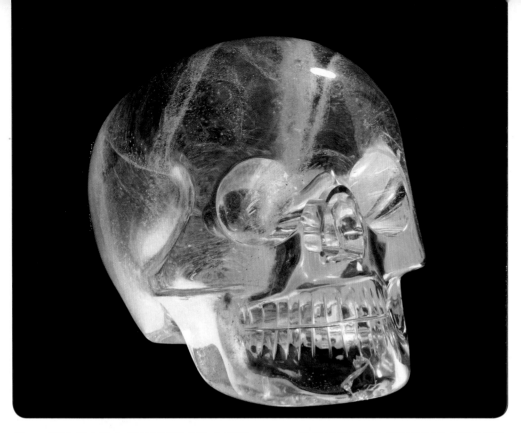

人们常认为这并不古老的水晶头骨有神秘力量。这一颗收藏于大英博物馆，它的真相早已大白。一项对它表面的详尽分析显示，这件艺术品由 19 世纪欧洲珠宝行业常见的砂轮切割、打磨而成，哥伦布时代之前，这种技术在美洲可见不到。

料——阿兹特克的艺术家们可没有这么高档而先进的工具。这颗头骨是个聪明的假货，显然不是阿兹特克时代的古董，甚至它可能都并非产自墨西哥。

1992 年，有人将一颗漂亮的中空水晶头骨送到了华盛顿的史密斯学会，据此人说，这颗头骨是 1960 年他在墨西哥城买的。经过检测，在这件艺术品上发现了合成研磨剂，在水晶头骨牙齿的裂缝中有金刚砂的存在，这显然又是个现代工艺品。

这些类似的伪造品——巴黎的博物馆里还有 3 颗——都是由一个法国古董商欧仁·博班搞出来的。他曾是墨西哥的皇帝马西米连诺一世的首席考古学家。这位派头十足的考古学家曾在 1867 年的巴黎博览会上摆过货摊，之后又在曼哈顿开了一家代理商店，卖一些据称是在墨西哥丛林里找到的古代失物——现在看来，他卖东西靠的是忽悠。

为什么阿兹特克人和玛雅人如此迷恋死

亡？我们只能假定这是因为两种文明长期生存于火山与地震的威胁之下，他们的经济很不发达，政治又很野蛮，一系列的因素造就了这样的结果。的确，时至今日，毒品战争依旧撕裂着墨西哥北方的国土，时常晃动的大地和从火山口喷出的火焰烟云让墨西哥人坠入了宿命论当中。但同样的爱好为什么没有出现在类似的动荡区域？为什么克什米尔地区、苏丹、刚果没有出现对死亡的痴迷？无人能解答。

但不管怎样，从人类学上说，死亡崇拜留下了一个让人喜欢的遗产，那就是墨西哥人在每年 10 月末开始庆祝、在天主教圣徒纪念日、万灵节（11 月 1 ~ 2 日）时达到高潮的亡灵节。他们会用任何可能的方式来缅怀那些逝去的灵魂，尤其是那些受暴力而死、幼年夭折、年老而终、未受洗礼、已被遗忘的灵魂。他们聚会、跳舞、宴请亲朋、焚香祭祀，他们疯狂，他们享受其中。

几十年间，伟大的墨西哥版画艺术家何塞·瓜达卢佩·波萨达（José Guadalupe Posada，逝世于 1913 年）折桂于亡灵节庆典。在他的作品当中，头骨占据了最显著的位置。在他的笔下，那些跳舞的、抽烟的、唱歌的、大笑的、弹吉他的、骑马的、持枪的、豪饮龙舌兰酒的、布道的、战斗的、做爱的以及所有的形象，都仿佛来自亡灵节的庆典仪式当中，只不过，这些人的脖子上顶着的头没有血肉，只是头骨，他们来自一个异样的世界。

庆典上还有一种头骨，一种更容易见到的头骨，通常由棉花糖制作，用来当作供奉给亡者的祭品——它们也是一抹回忆，连接了生之甜蜜与死之冰冷的事实。这些糖头骨总是被做成光彩照人的样子，被人们用金属箔和万寿菊花瓣装饰着，它们都带着颜色艳丽的微笑，嘴巴咧得大大的，比墨西哥大街上的人群笑得更开心。在节日当中，这些糖果随处可见，数量极多，这些糖头骨是欢乐与不可逃避之事的象征——在此处，这些头骨绝不会带来别处寻常可见的冷酷联想。

当你身处于万灵节时的墨西哥，你要跳舞，要喝下一两杯龙舌兰酒或多瑟瑰啤酒，要使劲咬碎、吃下一颗甜蜜的糖头骨。之后，你就会纵情于那人生不可避免之事当中，望见未来无穷无尽的欢乐，感谢时间的流逝。就像一些书里所写的，墨西哥人会说没有什么比手上的一颗彩虹色糖头骨更好。他们喊道："万岁，玛雅！万岁，阿兹特克！万岁，那远古的众死神！"

哺乳动物

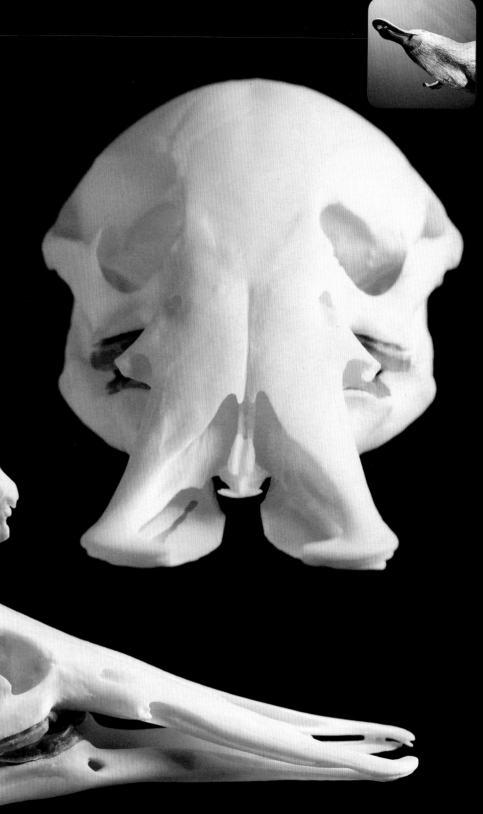

鸭嘴兽
Ornithorhynchus anatinus

　　这是只鸟？还是只爬行动物？或者是个哺乳动物？事实上，产卵的鸭嘴兽还真是哺乳动物。和兽类类似，它们也拥有锤骨、砧骨和镫骨，但这三块骨头都和头骨有直接连接，而不像兽类那样"飘"在中耳当中，只传导鼓膜的波动。另外一个原始特征是，鸭嘴兽耳道口开在颌骨的基部（大部分兽类的耳道开口在颌骨上方）。幼年鸭嘴兽嘴上面有3个尖的乳齿，在成长过程中会脱落，靠变硬的"喙"来进食。

界：动物界（Animalia）

门：脊索动物门（Chordata）

纲：哺乳纲（Mammalia）

目：单孔目（Monotremata）

科：鸭嘴兽科（Ornithorhynchidae）

属：鸭嘴兽属（*Ornithorhynchus*）

习性：食虫 / 夜行性

保护状况：无危（LC）

斑袋貂

Spilocuscus maculatus

从后方看，斑袋貂的颧弓拥有优美的线条。这种有袋动物基本只生活在新几内亚岛上。它们有猫那般大，身后有一条能够卷曲的尾巴。

界：动物界（Animalia）

门：脊索动物门（Chordata）

纲：哺乳纲（Mammalia）

目：双门齿目（Diprotodontia）

科：袋貂科（Phalangeridae）

属：斑袋貂属（*Spilocuscus*）

习性：食草 / 夜行性

保护状况：无危（LC）

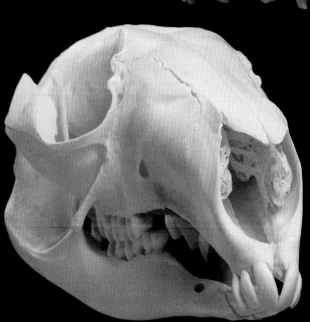

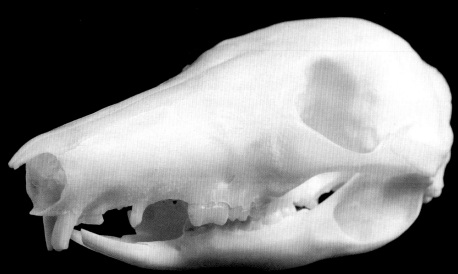

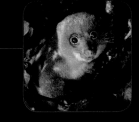

红大袋鼠

Macropus rufus

广泛分布于澳大利亚的红大袋鼠是个头最大的现生有袋类。它们的下颌与头骨连接的地方很靠后，这与大部分有胎盘哺乳动物不太一样，却是袋鼠的典型特点。大袋鼠跳跃能力非常强，一步能跳 9 米远。

界：动物界（Animalia）

门：脊索动物门（Chordata）

纲：哺乳纲（Mammalia）

目：双门齿目（Diprotodontia）

科：袋鼠科（Macropodidae）

属：大袋鼠属（*Macropus*）

习性：食草 / 夜行性

保护状况：无危（LC）

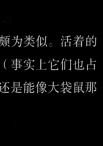

长鼻袋鼠

Potorous tridactylus

长鼻袋鼠的头骨和长鼻袋狸的颇为类似。活着的时候，它们看起来很像老鼠或鼩鼱（事实上它们也占据了类似的生态位）。不过，它们还是能像大袋鼠那样跳跃。

界：动物界（Animalia）

门：脊索动物门（Chordata）

纲：哺乳纲（Mammalia）

目：双门齿目（Diprotodontia）

科：鼠袋鼠科（Potoroidae）

属：长鼻袋鼠属（*Potorous*）

习性：食草 / 夜行性

保护状况：无危（LC）

澳洲毛鼻袋熊

Lasiorhinus krefftii

这种有袋类的澳洲毛鼻袋熊头骨和其他大陆上的一些啮齿动物的很像。袋熊的上下颌上都有一对深深嵌入骨头当中的粗大门齿（和海狸很像）。它们没有犬齿，门齿和臼齿之间有很宽的牙间隙。毛鼻袋熊是3种袋熊之一，个头比普通袋熊稍大。作为有袋动物，它们当然有一个育儿袋，不过袋熊的袋子开口在身后，这能防止掘土时刨进去土。

界：动物界（Animalia）
门：脊索动物门（Chordata）
纲：哺乳纲（Mammalia）
目：双门齿目（Diprotodontia）
科：袋熊科（Vombatidae）
属：毛鼻袋熊属（*Lasiorhinus*）
习性：食草／夜行性
保护状况：极危（CR）

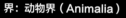

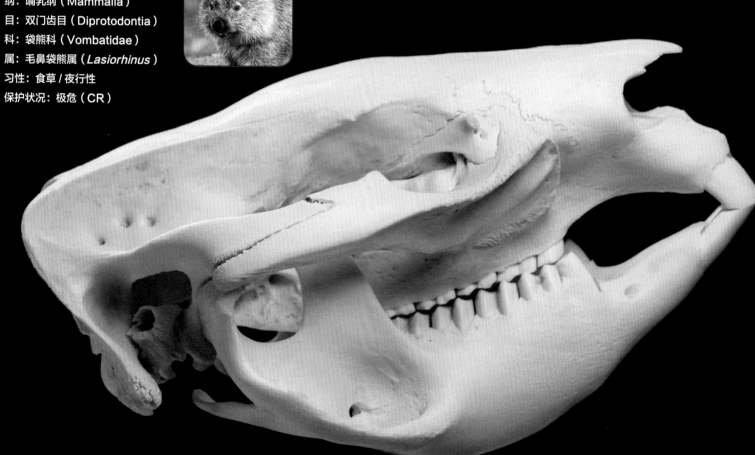

长鼻袋狸

Perameles nasuta △

长鼻袋狸的名字中有个"袋"字，它的确是有袋动物。从头骨上看，这家伙的吻部很长，鼻尖看起来像个有趣的喇叭口。袋狸是食虫动物，它们以灵敏的鼻子和优秀的嗅觉来捕食。

界：动物界（Animalia）
门：脊索动物门（Chordata）
纲：哺乳纲（Mammalia）
目：袋狸目（Peramelemorphia）

科：袋狸科（Peramelidae）
属：长鼻袋狸属（*Perameles*）
习性：杂食 / 夜行性
保护状况：无危（LC）

短鼻袋狸

Isoodon obesulus ▷

它名字里的"短鼻"看起来有些不恰当，但和长鼻袋狸相比，它鼻子就是很短。短鼻袋狸隶属于短鼻袋狸属。和许多澳大利亚有袋动物一样，短鼻袋狸深受外来入侵物种（例如红狐）的影响，但在一些地区其数量依旧未受影响。有时，你能在澳大利亚阿德莱德市的郊区看到它们。

界：动物界（Animalia）
门：脊索动物门（Chordata）
纲：哺乳纲（Mammalia）
目：袋狸目（Peramelemorphia）
科：袋狸科（Peramelidae）
属：短鼻袋狸属（*Isoodon*）
习性：杂食 / 夜行性
保护状况：无危（LC）

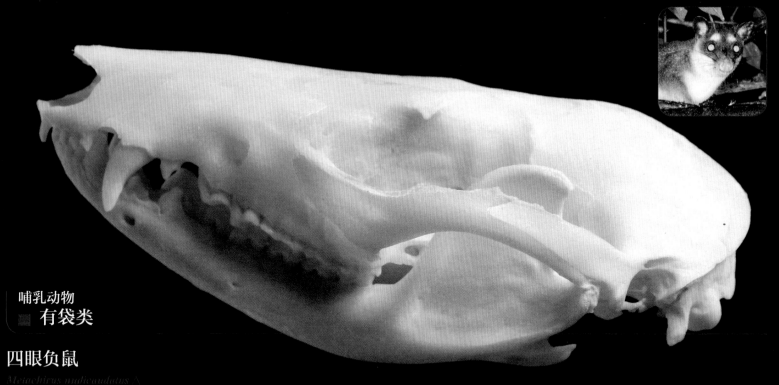

四眼负鼠

Metachirus nudicaudatus △

这颗头骨上有尖锐的牙齿和明显的矢状嵴。四眼负鼠是一种生活在南美洲的有袋动物。当然，它们没有 4 只眼睛，叫这个名字是因为它们的眼睛上方有两个看起来像眼睛的白斑。

界：动物界（Animalia）
门：脊索动物门（Chordata）
纲：哺乳纲（Mammalia）
目：负鼠目（Didelphimorphia）
科：负鼠科（Didelphidae）
属：四眼负鼠属（*Metachirus*）
习性：杂食 / 夜行性
保护状况：无危（LC）

北美负鼠

Didelphis virginiana △

北美负鼠是唯一一种自然分布在北美的有袋类，它们和袋鼠一样，有个用来哺育幼儿的袋子。在受到威胁时，它们会装死，这个动作实在是太有名了，因此美国人会用"装负鼠（play possum）"来形容装死。

界：动物界（Animalia）
门：脊索动物门（Chordata）
纲：哺乳纲（Mammalia）
目：负鼠目（Didelphimorphia）
科：负鼠科（Didelphidae）
属：负鼠属（*Didelphis*）
习性：杂食 / 日行性
保护状况：无危（LC）

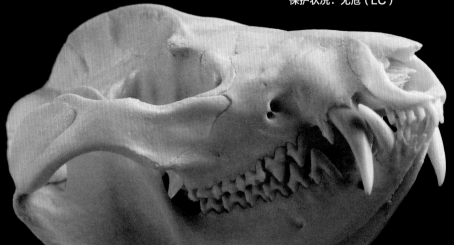

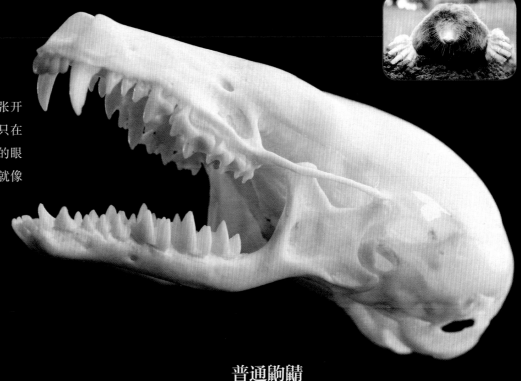

欧洲鼹鼠

Talpa europaea ▷

　　如果你是一只蠕虫或昆虫，那欧洲鼹鼠张开的大嘴就像地狱的大门一样可怕。它们基本只在地下生活，因此不怎么需要视力，于是它们的眼眶小得看不到。鼹鼠拥有大号的前足，形状就像个雪铲。

界：动物界（Animalia）
门：脊索动物门（Chordata）
纲：哺乳纲（Mammalia）
目：鼩形目（Soricomorpha）
科：鼹科（Talpidae）
属：鼹属（*Talpa*）
习性：食肉 / 地下生活
保护状况：无危（LC）

普通鼩鼱

Sorex araneus ◁

　　如果有哪种现生的哺乳动物可以看成哺乳动物的原型，那一定就是鼩鼱了。尽管看起来像，但它们不是啮齿动物。它们拥有锐利的、尖刺一般的牙齿。鼩鼱几乎分布于全世界，有些种类还有毒。典型的鼩鼱牙齿的尖端是红色的。这些动物拥有极高的代谢率。

界：动物界（Animalia）
门：脊索动物门（Chordata）
纲：哺乳纲（Mammalia）
目：鼩形目（Soricomorpha）
科：鼩鼱科（Soricidae）
属：鼩鼱属（*Sorex*）
习性：食虫 / 夜行性
保护状况：无危（LC）

西欧刺猬

Erinaceus europaeus ▷

　　西欧刺猬的头骨很好认，它们上颌的最前端有两颗突出但不那么锋利的牙齿，中间有不小的缝隙。刺猬那小小的头骨容纳着一个相对较小的大脑。它们食性比较杂，但最喜欢吃的食物还是汁液丰富的无脊椎动物。

界：动物界（Animalia）
门：脊索动物门（Chordata）
纲：哺乳纲（Mammalia）
目：猬形目（Erinaceomorpha）
科：猬科（Erinaceidae）
属：猬属（*Erinaceus*）
习性：食肉 / 夜行性
保护状况：无危（LC）

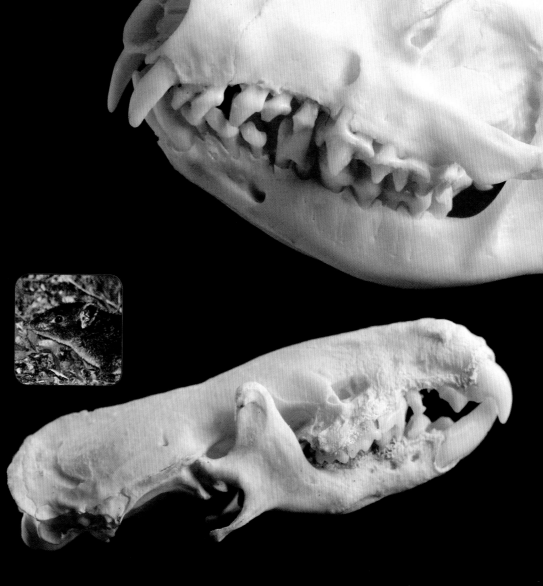

小毛猬

Hylomys suillus ▷

　　小毛猬看起来很像鼩鼱，但这种生活在东南亚的生物和刺猬关系更近。它们的吻部比刺猬要长一点，这就是它们拥有类似于鼩鼱的狭长嘴巴的原因。

界：动物界（Animalia）
门：脊索动物门（Chordata）
纲：哺乳纲（Mammalia）
目：猬形目（Erinaceomorpha）
科：猬科（Erinaceidae）
属：毛猬属（*Hylomys*）
习性：食肉 / 夜行性
保护状况：无危（LC）

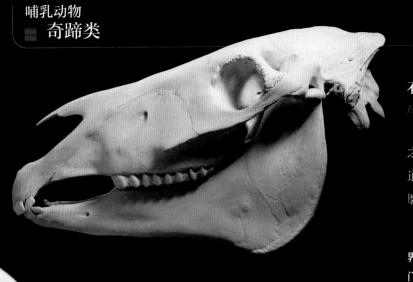

布氏斑马

Equus quagga burchellii ◁

　　布氏斑马也是马科的成员之一，它们的头骨与家马的有许多相似之处。为了抵御草这种粗糙食物对牙齿的磨损，马牙拥有高冠，要知道草中有许多二氧化硅构成的粗糙植硅体。通过观察马或斑马牙齿的磨损情况，一个受过训练的人能够搞清楚个体的年龄。这就是英文中"对礼物吹毛求疵（Look a gift horse in the mouth）"这个俗语的来源。

界：动物界（Animalia）	科：马科（Equidae）
门：脊索动物门（Chordata）	属：马属（*Equus*）
纲：哺乳纲（Mammalia）	习性：食草 / 日行性
目：奇蹄目（Perissodactyla）	保护状况：无危（LC）

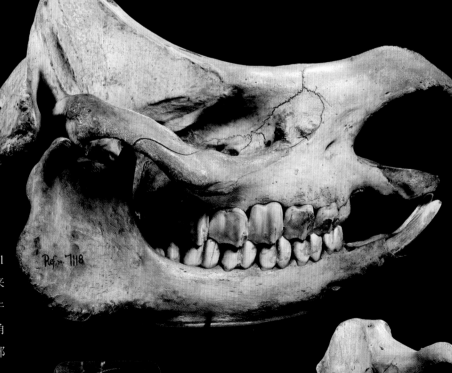

爪哇犀牛

Rhinoceros sondaicus ▷

　　爪哇犀牛是世界上最珍惜的哺乳动物之一。2011年10月，越南的爪哇犀牛灭绝了。图中的这颗头骨来自牛津大学自然历史博物馆，它就放在前面提到过的牛津渡渡鸟和皮尔当人头骨复制品的附近。头骨上那由角蛋白构成的角已经不在了，但你仍旧能看到它们口鼻部前方那平坦的骨头，角本来应该在那儿。

界：动物界（Animalia）	科：犀科（Rhinocerotidae）
门：脊索动物门（Chordata）	属：独角犀属（*Rhinoceros*）
纲：哺乳纲（Mammalia）	习性：食草 / 日行性
目：奇蹄目（Perissodactyla）	保护状况：极危（CR）

南美貘

Tapirus terrestris

南美貘的头骨很有特色，眼窝上方有骨脊，而且头盖骨的前方非常狭窄。这是一种大号的动物，体重可达 225 千克，长期被亚马孙流域的原住民捕猎。它们善于游泳，每天都会在水中待很长时间，那会动的长鼻子能够伸出水面透气。全世界一共有 4 种貘，3 种分布在南美洲，1 种分布在马来西亚、苏门答腊的森林中。

界：动物界（Animalia）
门：脊索动物门（Chordata）
纲：哺乳纲（Mammalia）
目：奇蹄目（Perissodactyla）
科：貘科（Tapiridae）
属：貘属（*Tapirus*）
习性：食草 / 昏行性
保护状况：易危（VU）

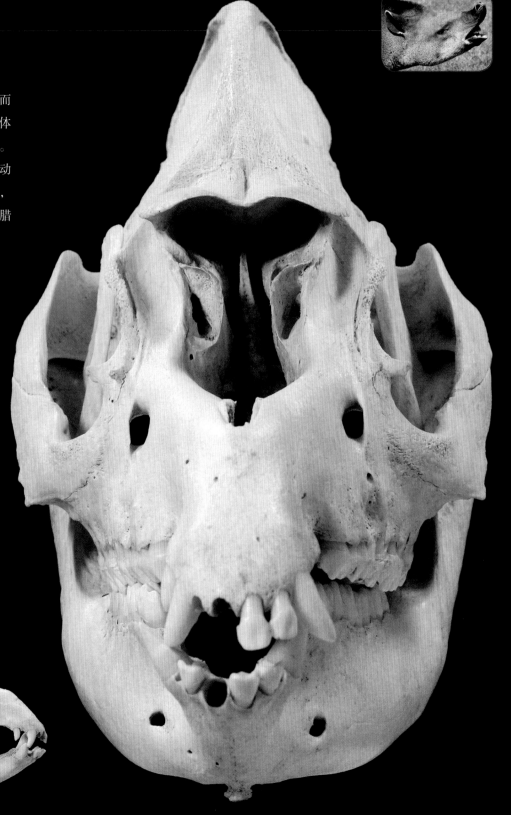

树穿山甲

Manis tricuspis

这个奇怪又光滑的头骨缺了下颌骨。穿山甲在受到威胁时，能够团成一个球。树穿山甲一般在夜间活动，是专性食虫者。它们没有牙齿，靠60厘米长的黏性舌头捕食。在它们袭击蚁巢的时候，坚硬的鳞甲能够帮它们抵御蚂蚁的攻击。

界：动物界（Animalia）
门：脊索动物门（Chordata）
纲：哺乳纲（Mammalia）
目：鳞甲目（Pholidota）
科：穿山甲科（Manidae）
属：穿山甲属（Manis）
习性：食虫 / 夜行性
保护状况：近危（NT）

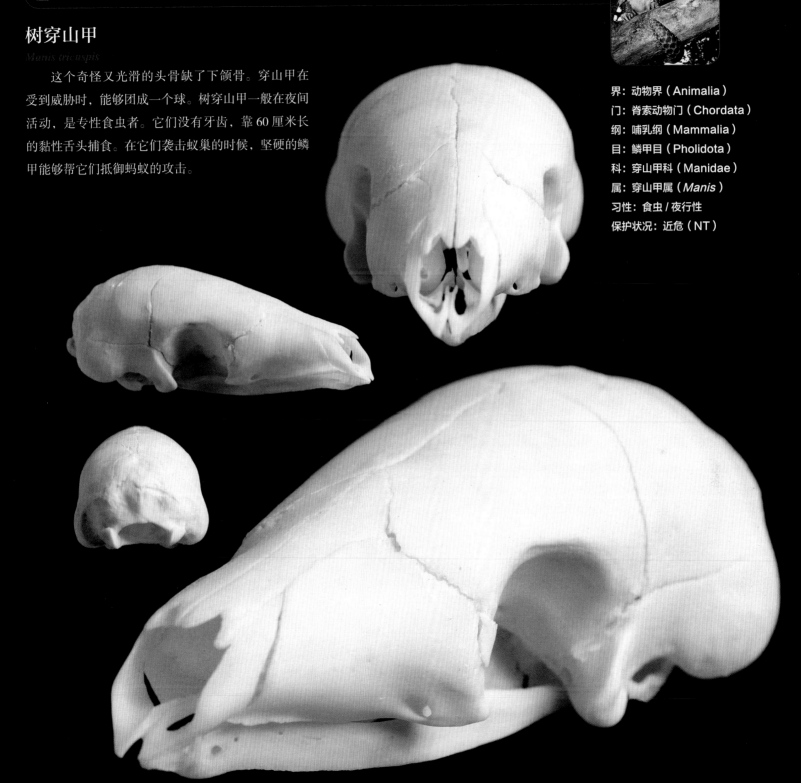

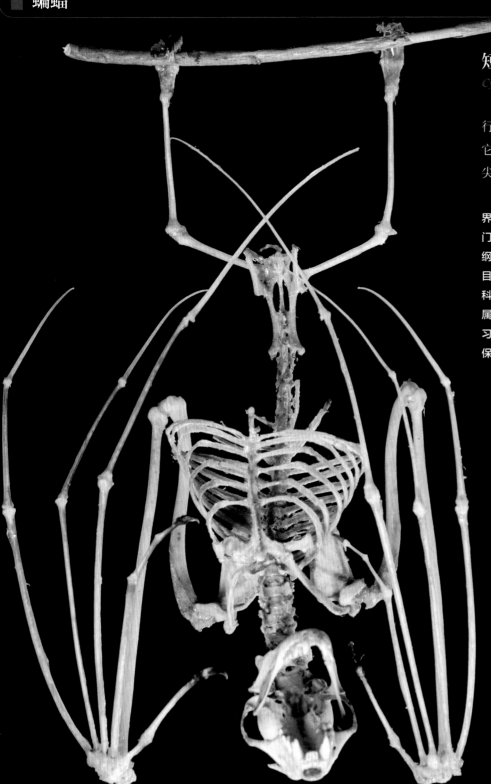

短耳犬蝠

Cynopterus brachyotis

　　大部分小型蝙蝠都依靠回声定位能力来指引飞行的方向，但这种东南亚蝙蝠大号的眼眶告诉我们它们会用视力来导航。它们是食果动物，却有一副尖利的牙齿。这里展示的是其全身骨架。

界：动物界（Animalia）
门：脊索动物门（Chordata）
纲：哺乳纲（Mammalia）
目：翼手目（Chiroptera）
科：狐蝠科（Pteropodidae）
属：犬蝠属（*Cynopterus*）
习性：食果／夜行性
保护状况：无危（LC）

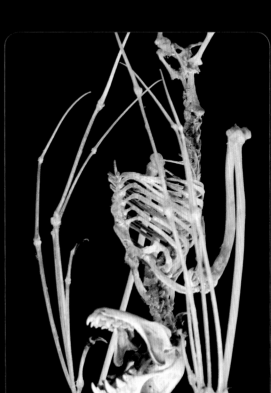

锤头果蝠

Hypsignathus monstrosus

这种大型果蝠的翼展达到 0.91 米，大脑袋中的牙齿看起来如鲨鱼一般。加长的吻部能够让锤头果蝠发出嘹亮的叫声，这种叫声能传播很远。

界：动物界（Animalia）
门：脊索动物门（Chordata）
纲：哺乳纲（Mammalia）
目：翼手目（Chiroptera）

科：狐蝠科（Pteropodidae）
属：锤头果蝠属（*Hypsignathus*）
习性：食果 / 夜行性
保护状况：无危（LC）

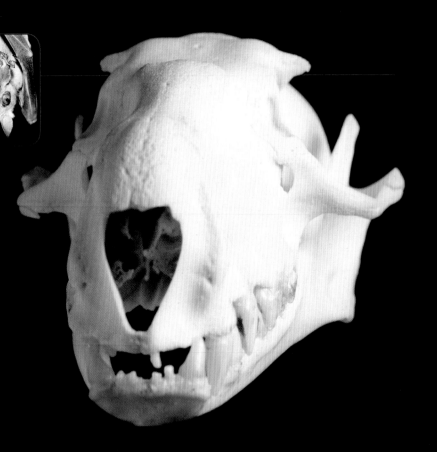

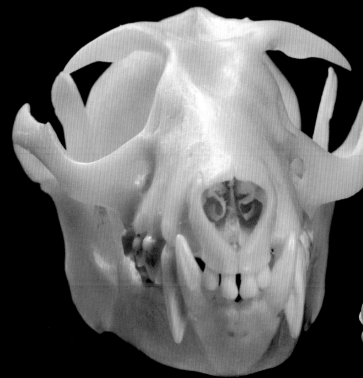

爪哇无尾果蝠

Megaerops kusnotoi

和其他食果者类似，爪哇无尾果蝠拥有大号的平顶牙齿，这和它们那些小号的食虫亲戚一点儿都不像。它大号的头骨看起来很像是狐狸或小狗——它的俗名就叫"飞狐"。它的头骨近乎是半透明的，所有的蝙蝠都有这个特点。

界：动物界（Animalia）
门：脊索动物门（Chordata）
纲：哺乳纲（Mammalia）
目：翼手目（Chiroptera）
科：狐蝠科（Pteropodidae）
属：无尾果蝠属（*Megaerops*）
习性：食果 / 夜行性
保护状况：易危（VU）

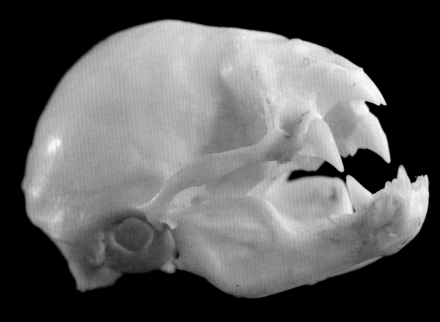

吸血蝠

Desmodus rotundus ◁

这具精细的头骨上长了两对大得不成比例的犬齿。吸血蝠的牙齿尖锐到能让你感觉不到它已刺穿你的皮肤，吸血蝠唾液中的抗凝血剂能够保证伤口流出的血液在它们饱食之前绝对不会凝固。吸血的蝙蝠一共有 3 种，但每种之间的差别都大到需要划进不同的属。

界：动物界（Animalia）
门：脊索动物门（Chordata）
纲：哺乳纲（Mammalia）
目：翼手目（Chiroptera）
科：叶口蝠科（Phyllostomidae）
属：吸血蝠属（*Desmodus*）
习性：食肉／夜行性
保护状况：无危（LC）

达德利的笔记：

太奇妙了！吸血蝠和我见过的其他蝙蝠都不一样，它们那两颗大犬齿看起来是如此的锋利，切开皮肤异常容易。

双色蹄蝠

Hipposideros bicolor ▷

双色蹄蝠广泛分布于东南亚和澳大利亚。它们扩大的鼻骨四周环绕着马蹄形的皮肤，这种结构能够增强它们回声定位的能力。双色蹄蝠有时会被其洞穴中的刺激性烟气漂白，变成亮橙色。

界：动物界（Animalia）
门：脊索动物门（Chordata）
纲：哺乳纲（Mammalia）
目：翼手目（Chiroptera）
科：菊头蝠科（Rhinolophidae）
属：蹄蝠属（*Hipposideros*）
习性：食虫／夜行性
保护状况：无危（LC）

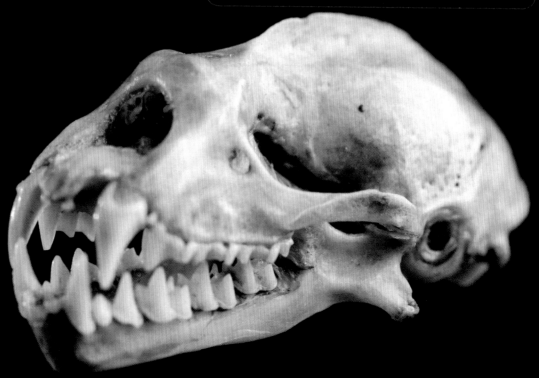

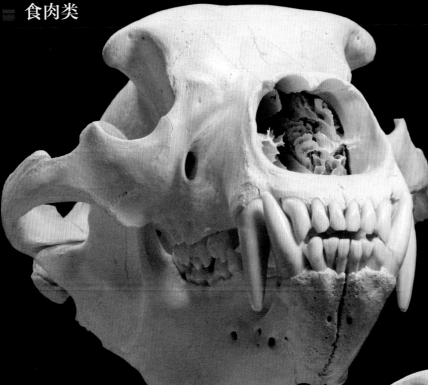

灰熊

Ursus arctos horribilis

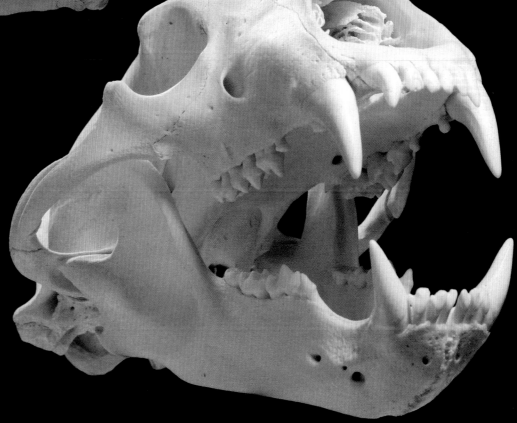

灰熊又名北美棕熊，它们那巨大的头骨拥有咬碎一切食物的蛮力。灰熊是杂食动物，会根据季节变换自己的食谱，以利用当季最棒的食物来源。例如，美国黄石国家公园的灰熊每年都会享用一次高热量的飞蛾盛宴。

界：动物界（Animalia）
门：脊索动物门（Chordata）
纲：哺乳纲（Mammalia）
目：食肉目（Carnivora）
科：熊科（Ursidae）
属：熊属（*Ursus*）
习性：杂食 / 夜行性
保护状况：无危（LC）

北极熊

Ursus maritimus ▷

北极熊巨大无比，和所有的熊一样，它们犬齿和裂齿之间的间距很宽。

界：动物界（Animalia）
门：脊索动物门（Chordata）
纲：哺乳纲（Mammalia）
目：食肉目（Carnivora）
科：熊科（Ursidae）
属：熊属（*Ursus*）
习性：食肉 / 日行性
保护状况：易危（VU）

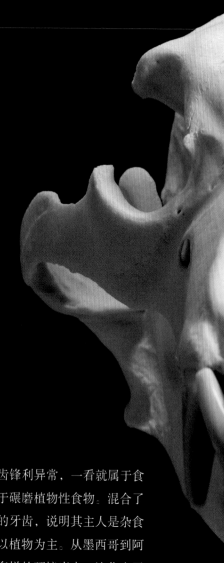

美洲黑熊

Ursus americanus

美洲黑熊的犬齿和门齿锋利异常，一看就属于食肉动物，但它们的臼齿适于碾磨植物性食物。混合了食肉动物与食草动物特征的牙齿，说明其主人是杂食动物，而黑熊的菜谱主要以植物为主。从墨西哥到阿拉斯加，美洲黑熊生活在多样的环境当中，演化出了多个亚种。这些亚种头骨的尺寸与形状都有些差异。但是，只要认准了齿型，就能鉴定是否是美洲黑熊。

界： 动物界（Animalia）

门： 脊索动物门（Chordata）

纲： 哺乳纲（Mammalia）

目： 食肉目（Carnivora）

科： 熊科（Ursidae）

属： 熊属（*Ursus*）

习性： 杂食／日行性

保护状况： 无危（LC）

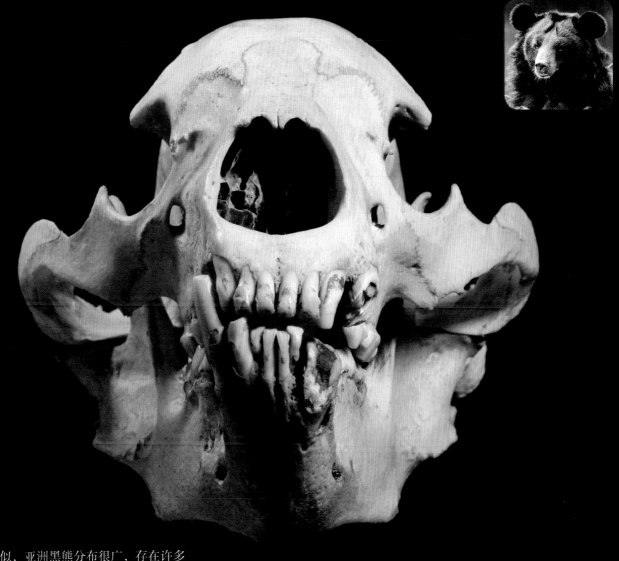

亚洲黑熊

Ursus thibetanus

　　和美洲黑熊类似，亚洲黑熊分布很广，存在许多亚种。它们的头骨与其他熊相比有几个可供鉴别的特征，例如更宽阔厚重的下颌骨、比较狭窄的颧弓以及熊属当中最小的矢状嵴。

界：动物界（Animalia）
门：脊索动物门（Chordata）
纲：哺乳纲（Mammalia）
目：食肉目（Carnivora）
科：熊科（Ursidae）
属：熊属（*Ursus*）
习性：杂食／日行性
保护状况：无危（LC）

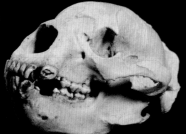

达德利的笔记

　　这个藏品与众不同，因为这只黑熊生前生活在人工圈养的环境当中。有迹象表明，它的牙齿接受过治疗，其犬齿似乎补过，在此之前我从未见过这样的头骨。

马来熊
Helarctos malayanus

这个头骨年岁已久，颜色泛黄，粗短的犬齿和门齿颇为显眼。东南亚的马来熊是熊科中最小的一种，但当受到惊吓或感到威胁时，它们的巨爪与大嘴就是致命的武器。如今，因为栖息地缺失，它们的生存受到了威胁。马来熊最后的阵地位于婆罗洲和缅甸北部的森林中。

界：动物界（Animalia）
门：脊索动物门（Chordata）
纲：哺乳纲（Mammalia）
目：食肉目（Carnivora）
科：熊科（Ursidae）
属：马来熊属（*Helarctos*）
习性：杂食／日行性
保护状况：易危（VU）

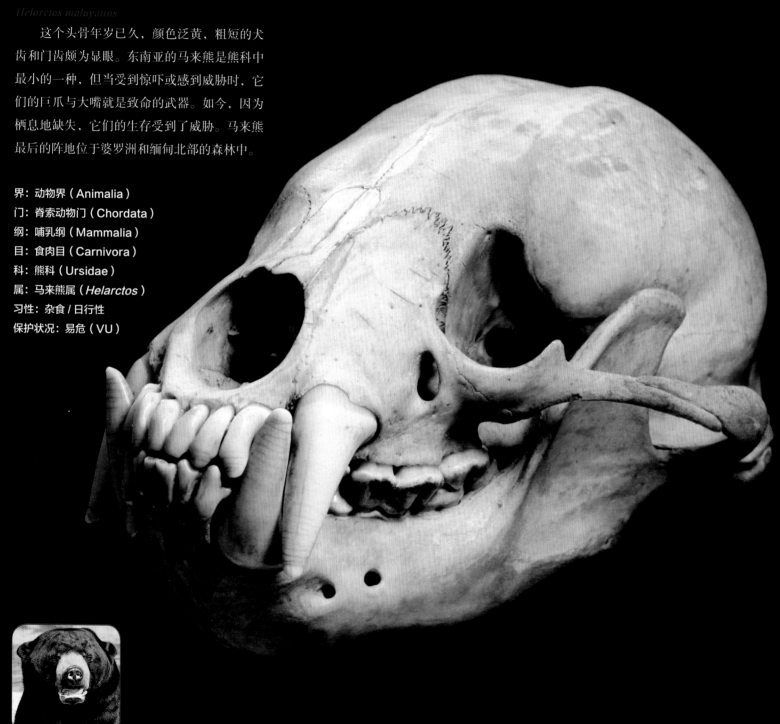

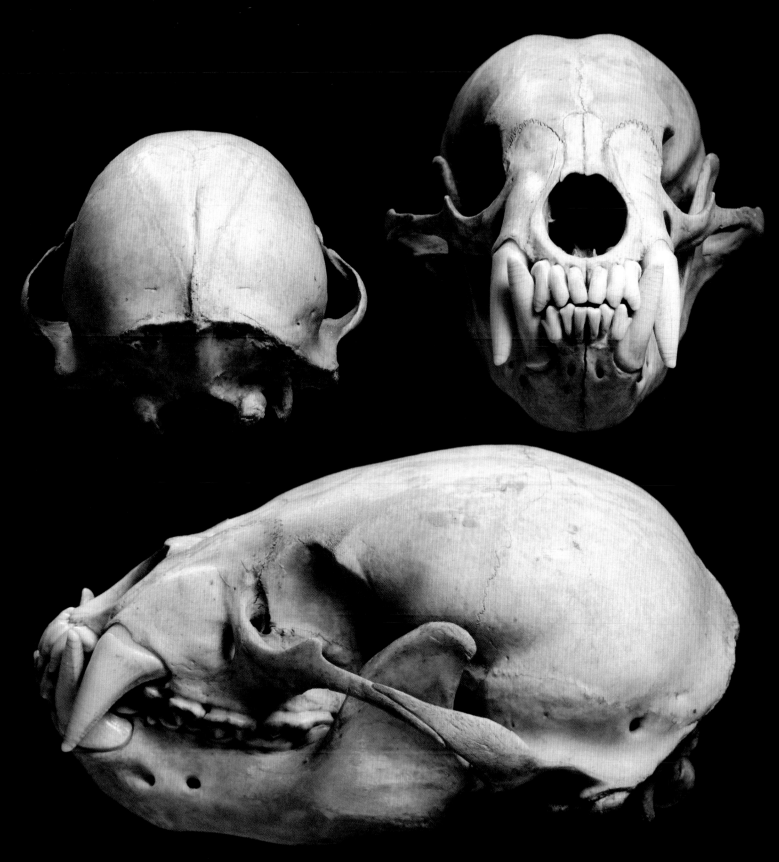

猫

Felis catus

如果你住在一栋特别老的房子里，说不定能在壁炉下面的土里找到一具猫骨。有人相信，这么做有可能会得到女巫的保护。这种习俗在英国保存到了 18 世纪，在北美，可能 19 世纪还有人这么做。猫骨虽然小，但普通的家猫依旧是典型的猫科动物，它们有尖锐的犬齿、剪刀似的裂齿以及大眼眶。

界：动物界（Animalia）
门：脊索动物门（Chordata）
纲：哺乳纲（Mammalia）
目：食肉目（Carnivora）
科：猫科（Felidae）
属：猫属（*Felis*）
习性：杂食 / 日行性
保护状况：未评估（NE）

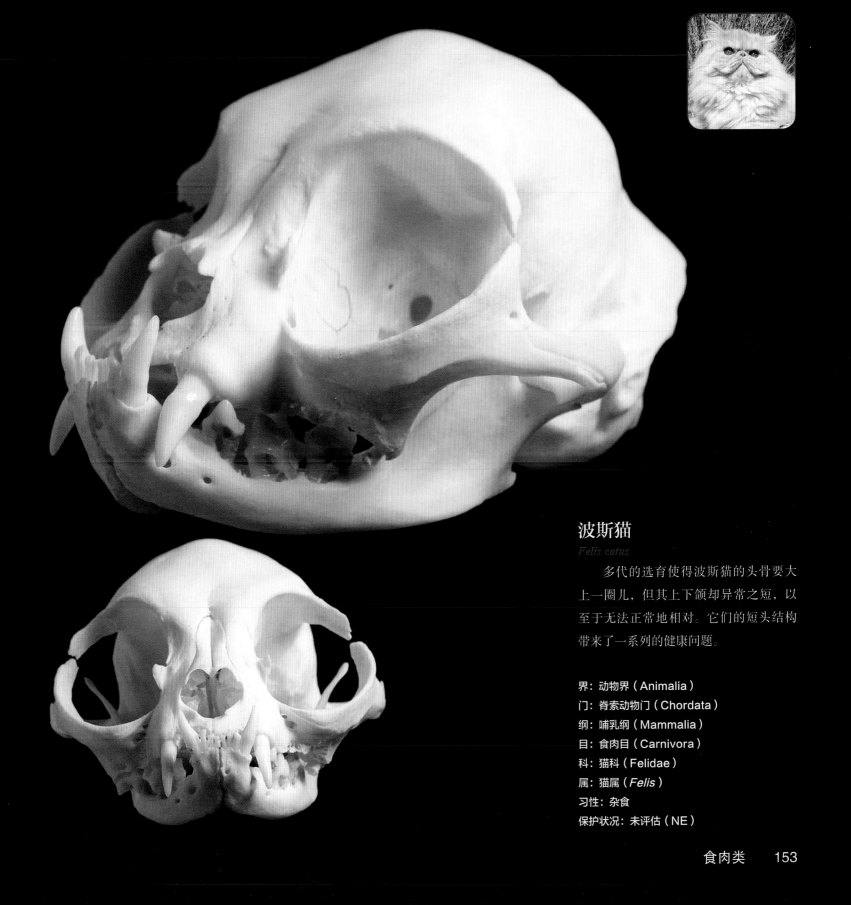

波斯猫

Felis catus

多代的选育使得波斯猫的头骨要大上一圈儿，但其上下颌却异常之短，以至于无法正常地相对。它们的短头结构带来了一系列的健康问题。

界：动物界（Animalia）

门：脊索动物门（Chordata）

纲：哺乳纲（Mammalia）

目：食肉目（Carnivora）

科：猫科（Felidae）

属：猫属（*Felis*）

习性：杂食

保护状况：未评估（NE）

云豹

Neofelis nebulosa ▷

　　体型不大的云豹却拥有猫科动物中比例最长、最让人印象深刻的犬齿——没错，相对来说，它们的犬齿比老虎的更长。对于一只"大猫"来说，云豹的头骨相当小。现在，云豹属下一共有两个种，一种是分布在苏门答腊和婆罗洲的巽他云豹（*N.diardi*），一种是分布在中国和印度的云豹。

界：动物界（Animalia）
门：脊索动物门（Chordata）
纲：哺乳纲（Mammalia）
目：食肉目（Carnivora）
科：猫科（Felidae）
属：云豹属（*Neofelis*）
习性：食肉／夜行性
保护状况：易危（VU）

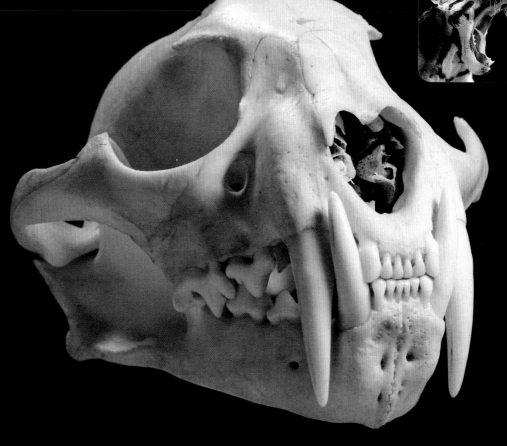

豹

Panthera pardus ◁

　　大眼睛、尖锐的牙齿、强有力的嘴巴——说它是个杀戮机器毫不过分。豹是机会主义猎手，捕食多种猎物。它们善于攀爬，经常把猎物拖到树上保存。

界：动物界（Animalia）
门：脊索动物门（Chordata）
纲：哺乳纲（Mammalia）
目：食肉目（Carnivora）
科：猫科（Felidae）
属：豹属（*Panthera*）
习性：食肉／日行性
保护状况：近危（NT）

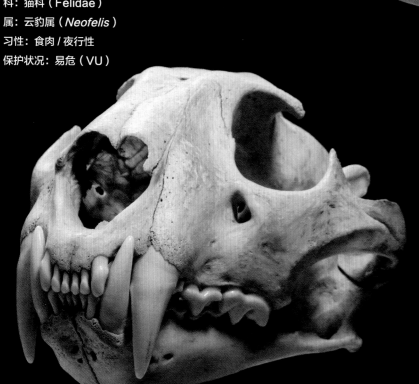

猎豹

Acinonyx jubatus

对于这种大小的食肉目动物来说，猎豹的脑袋实在是太小了。它们的头骨非常与众不同：上下颌比其他大型猫科动物纤细很多，牙齿也更少更小。猎豹很难像豹那样直接咬穿猎物的喉管，一般会将它们压在地上，咬住其气管使其慢慢憋死。它们也没有其他猫科动物都有的前臼齿与犬齿之间的缝隙。但这些牺牲换来了猎豹无与伦比的速度。

界：动物界（Animalia）
门：脊索动物门（Chordata）
纲：哺乳纲（Mammalia）
目：食肉目（Carnivora）
科：猫科（Felidae）
属：猎豹属（*Acinonyx*）
习性：食肉 / 日行性
保护状况：易危（VU）

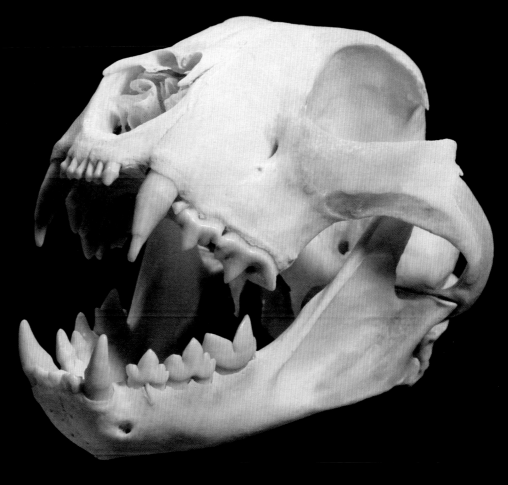

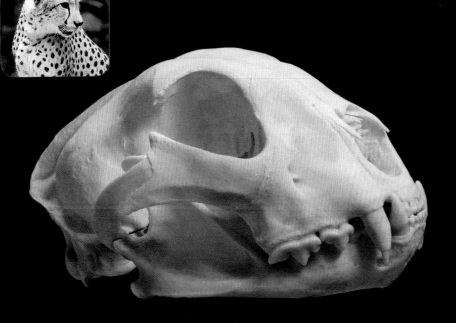

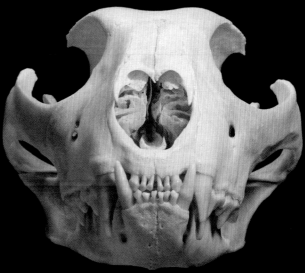

美洲狮

Puma concolor

美洲狮的头骨和其他猫科动物的一样，又短又宽。在头骨两侧，美洲狮的顶骨都伸出了一个指头状的长条，连接着颧骨，这个结构和其他大型猫科动物的都不太一样。相对于头骨的尺寸来说，美洲狮的眼眶非常大，这说明在生活中它们非常依仗视力。它们的听泡也不小，说明听力对美洲狮来说也很重要。

界：动物界（Animalia）
门：脊索动物门（Chordata）
纲：哺乳纲（Mammalia）
目：食肉目（Carnivora）
科：猫科（Felidae）
属：美洲金猫属（*Puma*）
习性：食肉 / 夜行性
保护状况：无危（LC）

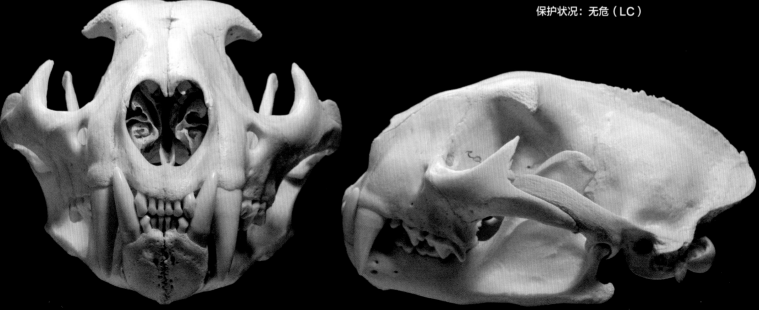

加州剑齿虎

Smilodon californicus

　　这是个从拉布雷亚沥青坑中挖掘出的剑齿虎化石头骨的复制品。剑齿虎拥有狭长的矢状嵴。照片里它的嘴巴已经张得够大了，但实际上还可以张得更大。在攻击猎物时，它们的下巴能够张到和上颌成约120度角的状态。剑齿虎的颧弓与现代的大型猫科动物（如下面的虎）相比非常之小。

界：动物界（Animalia）
门：脊索动物门（Chordata）
纲：哺乳纲（Mammalia）
目：食肉目（Carnivora）
科：猫科（Felidae）
属：刃齿虎属（*Smilodon*）
习性：食肉
保护状况：灭绝（EX）

虎

Panthera tigris

　　虎是现生猫科动物当中体型最大的。它们的头骨和狮子的很像，拥有长达10厘米的犬齿。虎一共有9个亚种，其中3个（爪哇虎、巴厘虎和里海虎）已经灭绝，剩下的都处于濒危状态。有人认为，今天美国笼养的虎比全球的野生虎加起来还要多。

界：动物界（Animalia）
门：脊索动物门（Chordata）
纲：哺乳纲（Mammalia）
目：食肉目（Carnivora）
科：猫科（Felidae）
属：豹属（*Panthera*）
习性：食肉 / 昏行性
保护状况：濒危（EN）

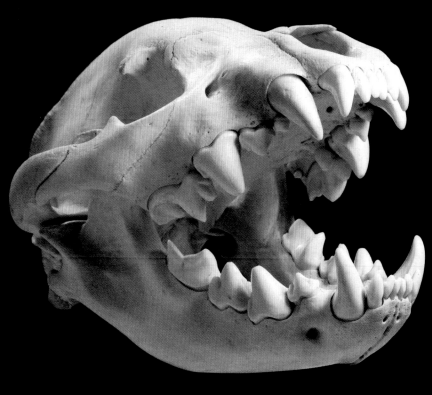

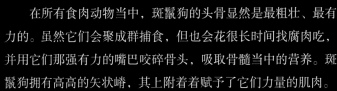

斑鬣狗

Crocuta crocuta

在所有食肉动物当中，斑鬣狗的头骨显然是最粗壮、最有力的。虽然它们会聚成群捕食，但也会花很长时间找腐肉吃，并用它们那强有力的嘴巴咬碎骨头，吸取骨髓当中的营养。斑鬣狗拥有高高的矢状嵴，其上附着着赋予了它们力量的肌肉。

界：动物界（Animalia）
门：脊索动物门（Chordata）
纲：哺乳纲（Mammalia）
目：食肉目（Carnivora）
科：鬣狗科（Hyaenidae）
属：斑鬣狗属（*Crocuta*）
习性：食肉 / 夜行性
保护状况：无危（LC）

> **达德利的笔记**
>
> 你肯定注意到斑鬣狗的嘴巴了，事实上，这是动物界中最强壮的嘴。为了获得这个头骨，我缠着一个标本剥制师两年。我坚信展示这个头骨的时候一定要让它张着嘴。

土狼

Proteles cristata >

土狼正如其外表"泄露"的真相，和鬣狗关系很近。但这种害羞的夜行动物的食谱和鬣狗大不一样：它们几乎只吃白蚁、昆虫幼虫，偶尔吃吃腐肉。年纪大的土狼常会失去一些牙齿，但这对它们的生活影响不大。

界：动物界（Animalia）
门：脊索动物门（Chordata）
纲：哺乳纲（Mammalia）
目：食肉目（Carnivora）
科：鬣狗科（Hyaenidae）
属：土狼属（*Proteles*）
习性：食肉 / 夜行性
保护状况：无危（LC）

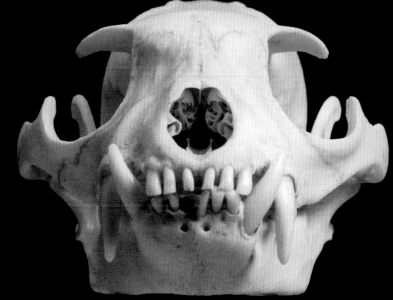

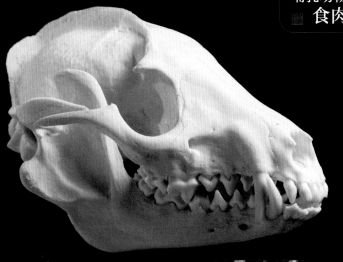

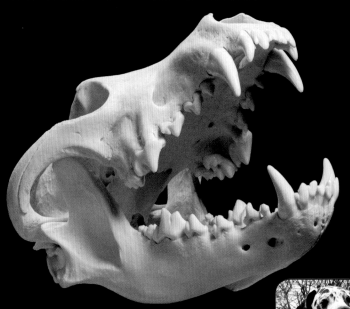

貂

Nyctereutes procyonoides ◁

貂的英文名叫"浣熊狗（*Raccoon dog*）"，它们的头骨比较厚重，稍显狭长，拥有较为狭窄的颧弓和比浣熊更高的头盖骨。它们的矢状嵴也很明显。貂的臼齿扁平，犬齿和裂齿小而孱弱，这说明它们是杂食动物。它们是比较原始的犬科动物，和真正的浣熊关系很远。

界：动物界（Animalia）　　科：犬科（Canidae）
门：脊索动物门（Chordata）　属：貂属（*Nyctereutes*）
纲：哺乳纲（Mammalia）　　习性：杂食 / 夜行性
目：食肉目（Carnivora）　　保护状况：无危（LC）

灰狼

Canis lupus ▷

好好看这颗狼的头骨嘴中可怕的牙齿。它拥有优雅的矢状嵴，其上附着的肌肉能够赋予它强健的下颌力量，可以咬碎富含骨髓的骨头。

界：动物界（Animalia）　　科：犬科（Canidae）
门：脊索动物门（Chordata）　属：犬属（*Canis*）
纲：哺乳纲（Mammalia）　　习性：食肉 / 夜行性
目：食肉目（Carnivora）　　保护状况：无危（LC）

大丹狗

Canis lupus familiaris ◁

这个狗头骨和狼很像。相比其他种类的狗，大丹狗有明显的矢状嵴、更长的口鼻部、更高的额头。

界：动物界（Animalia）　　科：犬科（Canidae）
门：脊索动物门（Chordata）　属：犬属（*Canis*）
纲：哺乳纲（Mammalia）　　习性：食肉 / 日行性
目：食肉目（Carnivora）　　保护状况：未评估（NE）

波士顿㹴

Canis lupus familiaris ▷

这个头骨可以当作人工选择改变生物的绝佳例子。波士顿㹴的嘴看起来完全缩进了头中，它的下颌包住了上颌。

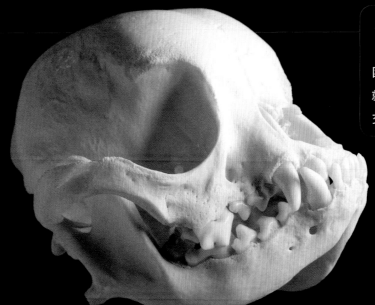

界：动物界（Animalia）

门：脊索动物门（Chordata）

纲：哺乳纲（Mammalia）

目：食肉目（Carnivora）

科：犬科（Canidae）

属：犬属（*Canis*）

习性：杂食 / 日行性

保护状况：未评估（NE）

拳师犬

Canis lupus familiaris ◁

和波士顿㹴类似，拳师犬的嘴也大大缩短了，它们的牙是"地包天"，因此其下颌上靠前的牙也不能碰到应该相对的那几颗牙。但幸运的是，拳师犬的裂齿还能用，否则就只能吃软质狗食了。

界：动物界（Animalia）

门：脊索动物门（Chordata）

纲：哺乳纲（Mammalia）

目：食肉目（Carnivora）

科：犬科（Canidae）

属：犬属（*Canis*）

习性：杂食 / 日行性

保护状况：未评估（NE）

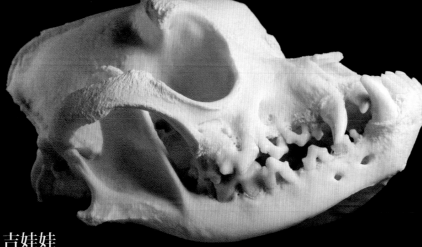

吉娃娃

Canis lupus familiaris ▷

在这几个狗头骨当中，吉娃娃的头骨最特别——不但小，而且很畸形。吉娃娃是犬中的侏儒，拥有很多能让它们看起来像幼犬的特征，例如那奇短又孱弱的口鼻部以及巨大的头盖骨。

界：动物界（Animalia）

门：脊索动物门（Chordata）

纲：哺乳纲（Mammalia）

目：食肉目（Carnivora）

科：犬科（Canidae）

属：犬属（*Canis*）

习性：杂食 / 日行性

保护状况：未评估（NE）

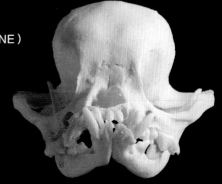

狮子狗

Canis lupus familiaris

　　狮子狗是最古老的玩具犬种之一。它们是中国人培育出来的，很像许多中国古建筑门口的狮子。它们的嘴很短，因此拥有典型的平脸。

界：动物界（Animalia）
门：脊索动物门（Chordata）
纲：哺乳纲（Mammalia）
目：食肉目（Carnivora）
科：犬科（Canidae）
属：犬属（*Canis*）
习性：杂食 / 日行性
保护状况：未评估（NE）

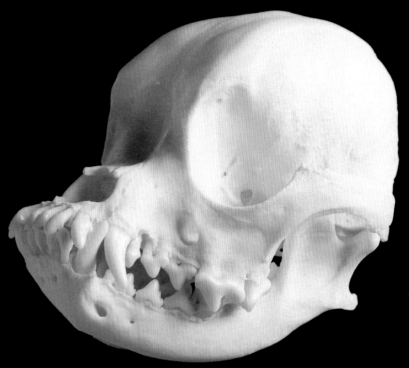

罗威拿犬

Canis lupus familiaris

　　罗威拿犬有标志性的高额头和显著的矢状嵴。它们是一种很古老的犬种，是被培育用来放羊、牛等牲畜的。

界：动物界（Animalia）
门：脊索动物门（Chordata）
纲：哺乳纲（Mammalia）
目：食肉目（Carnivora）
科：犬科（Canidae）
属：犬属（*Canis*）
习性：食肉 / 日行性
保护状况：未评估（NE）

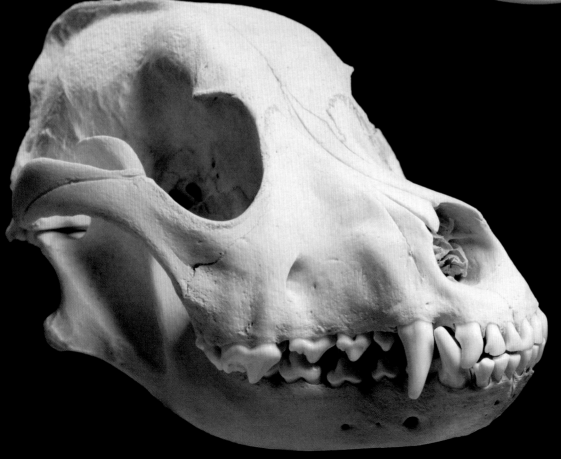

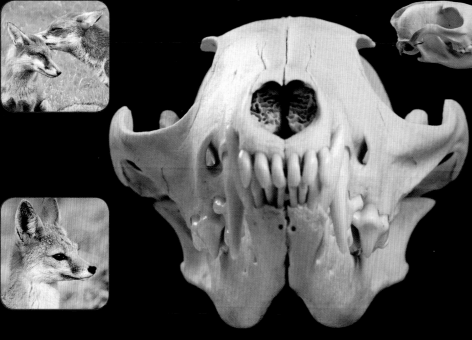

赤狐
Vulpes vulpes ◁

狐狸的头骨拥有犬科动物经典的门齿、犬齿、裂齿以及矢状嵴组合。赤狐广泛分布在北半球，还被引入澳大利亚。

界：动物界（Animalia）
门：脊索动物门（Chordata）
纲：哺乳纲（Mammalia）
目：食肉目（Carnivora）
科：犬科（Canidae）
属：狐属（*Vulpes*）
习性：食肉 / 夜行性
保护状况：无危（LC）

敏狐
Vulpes macrotis ▷

这种夜行性小型狐狸分布在美国西南部和墨西哥北部，它们的头骨很小巧，但依旧是典型的犬科头骨。敏狐仅比家猫大一点点。

界：动物界（Animalia）
门：脊索动物门（Chordata）
纲：哺乳纲（Mammalia）
目：食肉目（Carnivora）

科：犬科（Canidae）
属：狐属（*Vulpes*）
习性：食肉 / 夜行性
保护状况：无危（LC）

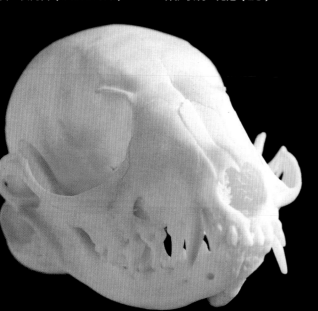

耳廓狐
Vulpes zerda ◁

一眼看过去，耳廓狐的头骨和赤狐非常像，但你若是仔细再看看，会发现它们的眼眶更大，因此拥有更好的夜间视觉，它们的头盖骨相对来说也更大一些。最显著的不同是耳廓狐拥有更大的听泡，这种动物拥有不同凡响的大耳朵。它们是犬科当中个头最小的一种。

界：动物界（Animalia）
门：脊索动物门（Chordata）
纲：哺乳纲（Mammalia）
目：食肉目（Carnivora）

科：犬科（Canidae）
属：狐属（*Vulpes*）
习性：食肉 / 夜行性
保护状况：无危（LC）

南海狮

Otaria flavescens

生活在南极地区的南海狮是海狮当中个头最大的。它们拥有明显的性二型：雄性的个头常能达到雌性的两倍。这个看起来和熊很像的头骨之前可能保存得不太好。

界：动物界（Animalia）
门：脊索动物门（Chordata）
纲：哺乳纲（Mammalia）
目：食肉目（Carnivora）

科：海狮科（Otariidae）
属：南海狮属（*Otaria*）
习性：食肉/水生
保护状况：无危（LC）

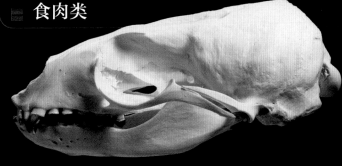

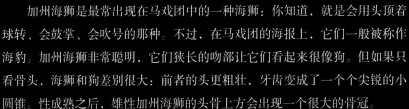

加州海狮
Zalophus californianus

　　加州海狮是最常出现在马戏团中的一种海狮：你知道，就是会用头顶着球转、会鼓掌、会吹号的那种。不过，在马戏团的海报上，它们一般被称作海豹。加州海狮非常聪明，它们狭长的吻部让它们看起来很像狗。但如果只看骨头，海狮和狗差别很大：前者的头更粗壮，牙齿变成了一个个尖锐的小圆锥。性成熟之后，雄性加州海狮的头骨上方会出现一个很大的骨冠。

界：动物界（Animalia）　　科：海狮科（Otariidae）
门：脊索动物门（Chordata）　属：加州海狮属（*Zalophus*）
纲：哺乳纲（Mammalia）　　习性：食鱼 / 水生
目：食肉目（Carnivora）　　保护状况：无危（LC）

非洲毛皮海狮
Arctocephalus pusillus

　　非洲毛皮海狮也叫南非海狗。它们的吻部很长，脸形和狗很像。非洲毛皮海狮和加州海狮很像，它们生活在从非洲南部到澳大利亚的广阔海域上，其最主要的天敌是大白鲨。在南非西海岸以及纳米比亚的沙漠边境上常能看到这种海狮的漂白头骨。

界：动物界（Animalia）　　　属：毛皮海狮属（*Arctocephalus*）
门：脊索动物门（Chordata）　习性：食鱼 / 水生
纲：哺乳纲（Mammalia）　　　保护状况：无危（LC）
目：食肉目（Carnivora）
科：海狮科（Otariidae）

南美毛皮海狮
Arctocephalus australis

　　毛皮海狮之间很不容易区分。南美毛皮海狮和它们的非洲亲戚非常像。全世界一共有 9 种毛皮海狮。南美毛皮海狮的强壮下巴显示，它们咬碎甲壳动物的铠甲就像吃鱼一样简单。

界：动物界（Animalia）　　属：毛皮海狮属（*Arctocephalus*）
门：脊索动物门（Chordata）　习性：食鱼 / 水生
纲：哺乳纲（Mammalia）　　保护状况：无危（LC）
目：食肉目（Carnivora）
科：海狮科（Otariidae）

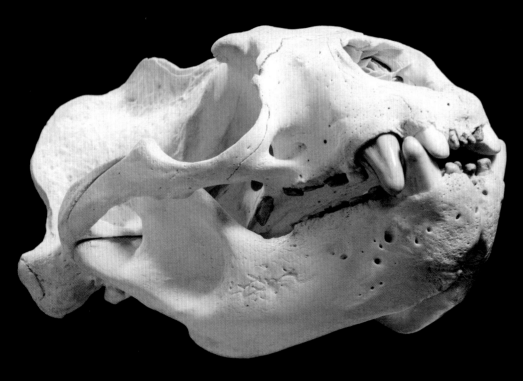

北海狮

Eumetopias jubatus ◁

第一眼看上去，这是个典型的海狮头骨，但仔细一瞧，北海狮的牙齿比一般的海狮少了很多。它们的犬齿依旧巨大而强健，但剩下的牙齿数量稀少，而且很平坦。显然，这些牙是用来压碎硬壳的。北海狮生活在阿拉斯加的海岸上，常被因纽特人捕猎。

界：动物界（Animalia）
门：脊索动物门（Chordata）
纲：哺乳纲（Mammalia）
目：食肉目（Carnivora）
科：海狮科（Otariidae）
属：北海狮属（*Eumetopias*）
习性：食鱼 / 水生
保护状况：濒危（EN）

幅北毛皮海狮

Arctocephalus tropicalis ◁

相比其他海狮，幅北毛皮海狮的头骨看起来比较圆润，它们头上的肌肉不算很发达，但是牙齿极其尖锐，主要用来捕捉小鱼或乌贼。

界：动物界（Animalia）
门：脊索动物门（Chordata）
纲：哺乳纲（Mammalia）
目：食肉目（Carnivora）
科：海狮科（Otariidae）
属：毛皮海狮属（*Arctocephalus*）
习性：食鱼 / 水生
保护状况：无危（LC）

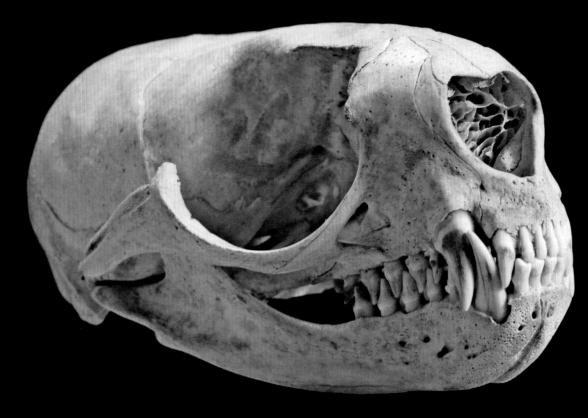

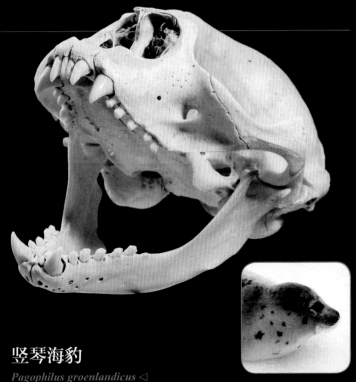

冠海豹

Cystophora cristata ▷

　　冠海豹最有特色的那个"冠"，不能很好地在头骨上展现。它们的雄性大约在 4 岁的时候，鼻子上方会膨胀起一个大肉冠，当作性炫示的工具。这种北极动物拥有哺乳动物中最短的哺育期：幼崽只会喝上大约 4 天奶，它们的妈妈就会离开。

界：动物界（Animalia）	科：海豹科（Phocidae）
门：脊索动物门（Chordata）	属：冠海豹属（*Cystophora*）
纲：哺乳纲（Mammalia）	习性：食鱼 / 水生
目：食肉目（Carnivora）	保护状况：易危（VU）

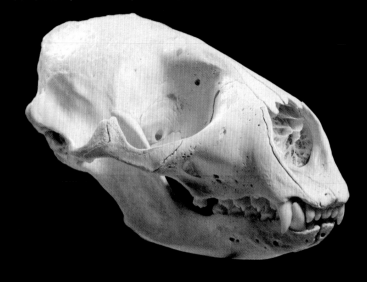

竖琴海豹

Pagophilus groenlandicus ◁

　　这颗头骨在达德利的海豹头骨收藏品中是最精美的一个。竖琴海豹喜欢冰冷的海洋，它们在北极的浮冰上哺育后代。它们也是坚强的迁徙动物，为了进食，能够迁徙上千千米。

界：动物界（Animalia）	科：海豹科（Phocidae）
门：脊索动物门（Chordata）	属：竖琴海豹属（*Pagophilus*）
纲：哺乳纲（Mammalia）	习性：食鱼 / 水生
目：食肉目（Carnivora）	保护状况：无危（LC）

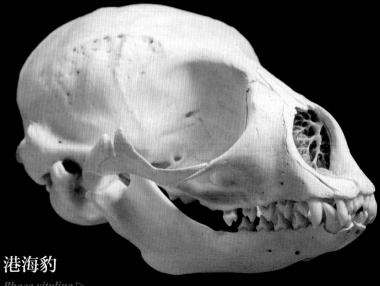

港海豹

Phoca vitulina ▷

　　港海豹的头骨细长而优雅，上面有几颗小小的犬齿和几行锐利的裂齿。它们是分布广泛的一种鳍足类，在北半球温带、极地的海岸线上都可能找到。

界：动物界（Animalia）	习性：食鱼 / 水生
门：脊索动物门（Chordata）	保护状况：无危（LC）
纲：哺乳纲（Mammalia）	
目：食肉目（Carnivora）	
科：海豹科（Phocidae）	
属：海豹属（*Phoca*）	

狐獴

Suricata suricatta ▷

狐獴的眼眶近似于方形，这使得它们的头骨很奇特。它们是一种高度社会性的穴居动物，生活在南非。它们主要以无脊椎动物为食，并且对蝎毒有很强的免疫力。狐獴以其直立的警戒动作闻名于世。

界：动物界（Animalia）
门：脊索动物门（Chordata）
纲：哺乳纲（Mammalia）
目：食肉目（Carnivora）
科：獴科（Herpestidae）
属：狐獴属（*Suricata*）
习性：食虫 / 日行性
保护状况：无危（LC）

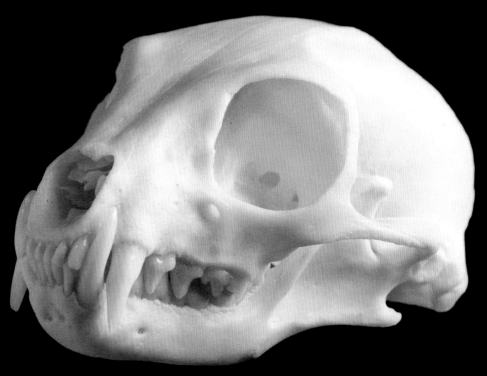

熊狸

Arctictis binturong ◁

这种树栖哺乳动物和灵猫、麝猫关系很近，生活在东南亚的稠密雨林当中。熊狸视力不好，嗅觉上佳，你从它们头骨的形态上就能确认这一点。它们的叫声像是在"咯咯"地笑，其尾部的嗅腺能分泌出类似于热爆米花味儿的物质。

界：动物界（Animalia）
门：脊索动物门（Chordata）
纲：哺乳纲（Mammalia）
目：食肉目（Carnivora）
科：灵猫科（Viverridae）
属：熊狸属（*Arctictis*）
习性：杂食 / 夜行性
保护状况：无危（LC）

哺乳动物
食肉类

海象

Odobenus rosmarus

海象的犬齿能与已灭绝的剑齿虎媲美，它们的整个头骨看起来就像是围绕这两枚长牙来设计的。你能发现长牙和头骨之间的连接非常结实，于是海象能用牙把自己沉重的躯体拖上冰面。这两根长牙当然还有别的作用，例如作为觅食的辅助工具、抵御天敌的武器（北极熊很喜欢捕食幼年海象）。

界：动物界（Animalia）
门：脊索动物门（Chordata）
纲：哺乳纲（Mammalia）
目：食肉目（Carnivora）
科：海象科（Odobenidae）
属：海象属（*Odobenus*）
习性：食肉 / 水生
保护状况：近危（NT）

这只海象是在加拿大捕获的，得到了有关部门的许可。海象的犬齿能长很长，这一对 33 ~ 38 厘米长。

浣熊

Procyon lotor ▷

浣熊头骨不算大，其头盖骨宽而圆并且很光滑，矢状嵴很不明显。它们的吻部长而突出，听泡鼓鼓的。浣熊头骨最重要的鉴别特征是长长的上颚，它远远越过了最后一颗臼齿（可惜在这张图里看不到）。巨大的眼眶朝向前方。臼齿宽而平，门齿锋利，犬齿尖锐，这泄露了它们杂食的习性。

界：动物界（Animalia）
门：脊索动物门（Chordata）
纲：哺乳纲（Mammalia）
目：食肉目（Carnivora）
科：浣熊科（Procyonidae）
属：浣熊属（*Procyon*）
习性：杂食 / 夜行性
保护状况：无危（LC）

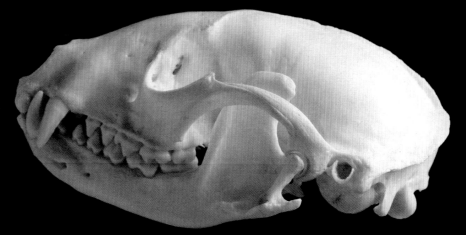

白鼻浣熊

Nasua narica ▷

白鼻浣熊拥有一个看起来像动画角色奥特曼头冠一样的巨大矢状嵴。它们隶属于浣熊科的南美浣熊属，这个属下有好多个种，仅分布在中、南美洲。其群居的习性很像非洲的狐獴。白鼻浣熊生活在中美洲。它们拥有食虫动物典型的头骨，拥有高度发达的嗅觉。

界：动物界（Animalia）
门：脊索动物门（Chordata）
纲：哺乳纲（Mammalia）
目：食肉目（Carnivora）
科：浣熊科（Procyonidae）
属：南美浣熊属（*Nasua*）
习性：杂食 / 日行性
保护状况：无危（LC）

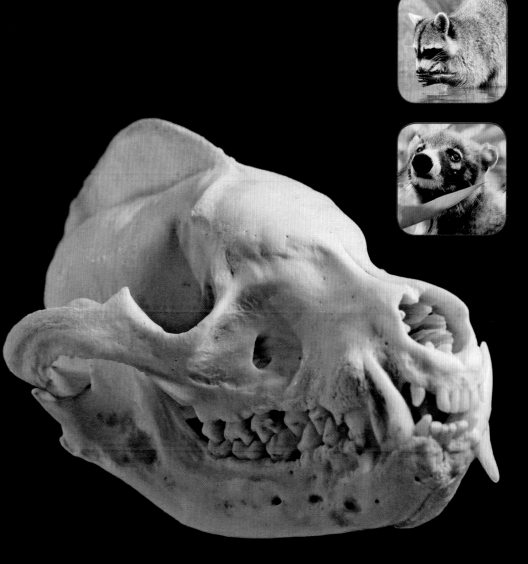

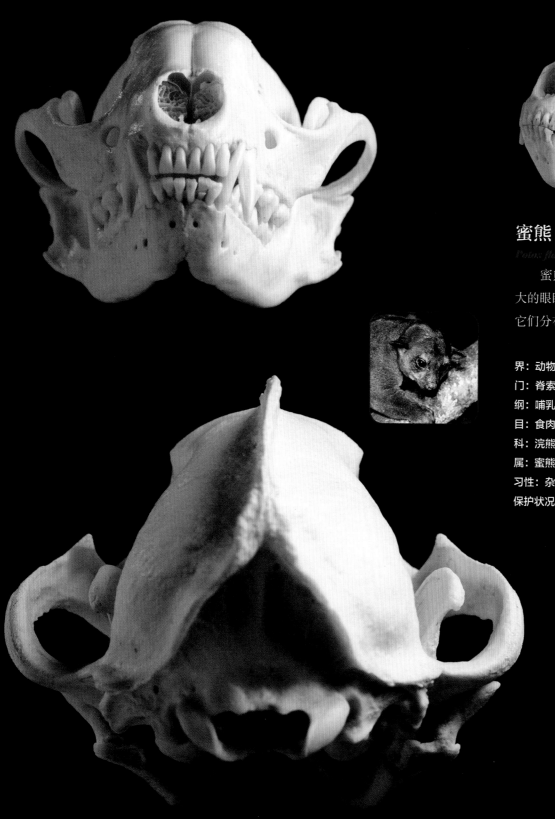

蜜熊

Potos flavus

蜜熊什么都能吃，但主要吃水果。巨大的眼眶显示它们是一种严格的夜行动物。它们分布在中南美洲，特别喜欢吃无花果。

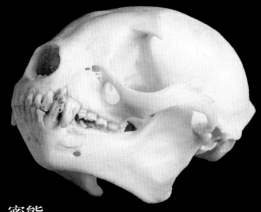

界：动物界（Animalia）
门：脊索动物门（Chordata）
纲：哺乳纲（Mammalia）
目：食肉目（Carnivora）
科：浣熊科（Procyonidae）
属：蜜熊属（*Potos*）
习性：杂食 / 夜行性
保护状况：无危（LC）

臭鼬

Mephitis mephitis

　　大名鼎鼎的臭鼬是一种杂食动物，它们吃各种各样的昆虫，也能抓住小型哺乳动物，水果或蜗牛它们都能嘎嘣脆地一口咬下去。它们的齿列也泄露了其食性。臭鼬分布在北美各地，有人将其当宠物养。

界：动物界（Animalia）
门：脊索动物门（Chordata）
纲：哺乳纲（Mammalia）
目：食肉目（Carnivora）
科：臭鼬科（Mephitidae）
属：臭鼬属（*Mephitis*）
习性：杂食 / 昏行性
保护状况：无危（LC）

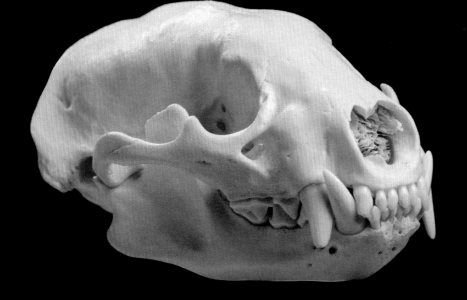

美洲獾

Taxidea taxus ◁

美洲獾的头骨和獾很像，但它们的牙齿更尖，颌骨更有力，这是因为它们的食谱当中肉类更多。

界：动物界（Animalia）
门：脊索动物门（Chordata）
纲：哺乳纲（Mammalia）
目：食肉目（Carnivora）
科：鼬科（Mustelidae）
属：美洲獾属（*Taxidea*）
习性：食肉 / 夜行性
保护状况：无危（LC）

獾

Meles meles ◁

獾的头骨拥有一切食肉动物的特征，它们拥有尖锐的门齿、裂齿和显著的矢状嵴。獾的眼眶相对来说比较小，鼻子较为狭长，这说明它们依赖嗅觉更甚于视觉。

界：动物界（Animalia）
门：脊索动物门（Chordata）
纲：哺乳纲（Mammalia）
目：食肉目（Carnivora）
科：鼬科（Mustelidae）
属：獾属（*Meles*）
习性：杂食 / 夜行性
保护状况：无危（LC）

亚洲小爪水獭

Amblonyx cinereus ▷

　　亚洲小爪水獭是最小的一种水獭。它们具有流线型的平滑脑袋，两眼朝前。水獭主要以小型甲壳动物为食，经常潜水捕食，主要靠触觉和嗅觉寻找食物。它们的牙齿宽且粗，适于咬碎硬壳。在东南亚，它们的栖息地被破坏得很严重，因此进入了 IUCN 的红色名录当中。

界：动物界（Animalia）
门：脊索动物门（Chordata）
纲：哺乳纲（Mammalia）
目：食肉目（Carnivora）
科：鼬科（Mustelidae）
属：小爪水獭属（*Amblonyx*）
习性：食肉 / 日行性
保护状况：易危（VU）

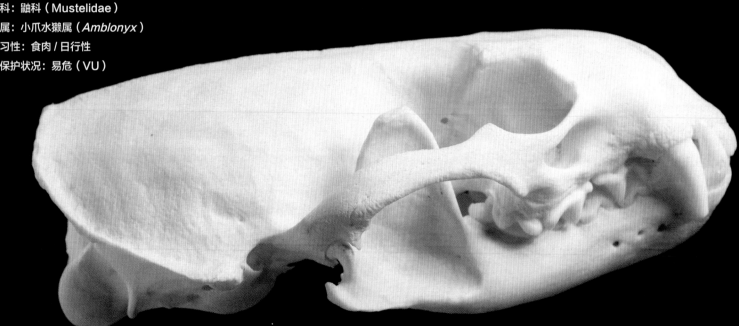

欧亚水獭

Lutra lutra △

　　水獭的头都比较小，并且平滑而狭长，呈流线型，适于在水中生活。欧亚水獭是大号的夜行动物，其眼眶比较小，嗅觉对它们来说更为重要。看看它的牙，你能确定这是个食肉动物。

界：动物界（Animalia）
门：脊索动物门（Chordata）
纲：哺乳纲（Mammalia）
目：食肉目（Carnivora）

科：鼬科（Mustelidae）
属：水獭属（*Lutra*）
习性：食肉 / 夜行性
保护状况：近危（NT）

渔貂

Martes pennanti

渔貂具有明显的性二型。它们的头骨具有典型的貂属特征，但雄性渔貂头骨上有鱼鳍状矢状嵴，看起来就是支在头骨后方的船帆。矢状嵴一般是用来附着肌肉增强力量的，但渔貂矢状嵴上的肉是用来当作性炫示的。

界：动物界（Animalia）
门：脊索动物门（Chordata）
纲：哺乳纲（Mammalia）
目：食肉目（Carnivora）
科：鼬科（Mustelidae）
属：貂属（*Martes*）
习性：食肉 / 夜行性
保护状况：无危（LC）

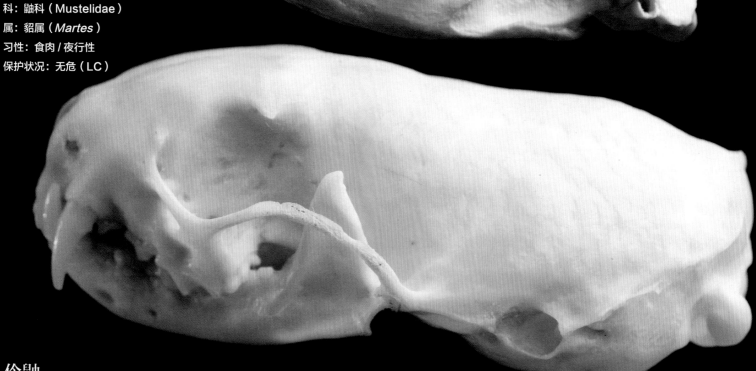

伶鼬

Mustela nivalis

伶鼬是最小的鼬，它们狭长的头骨看起来可以分成两部分：前一半安置着感觉器官，后一半装着大脑。注意看那微小而纤细的颧弓和短剑似的犬齿，它们是多么精致！

界：动物界（Animalia）
门：脊索动物门（Chordata）
纲：哺乳纲（Mammalia）
目：食肉目（Carnivora）

科：鼬科（Mustelidae）
属：鼬属（*Mustela*）
习性：食肉 / 昏行性
保护状况：无危（LC）

貂熊

Gulo gulo

貂熊是最大的陆生貂科动物，分布在整个北半球北方的森林当中。它们的头骨很粗壮，拥有宽阔的颧弓。众所周知，貂熊是残暴的掠食者，甚至能袭击成年的鹿。它们一般能长到中等体型的狗那么大。油光水滑的暗色毛皮，雪在上面都挂不住，这是貂熊抵御寒冷的一大利器。

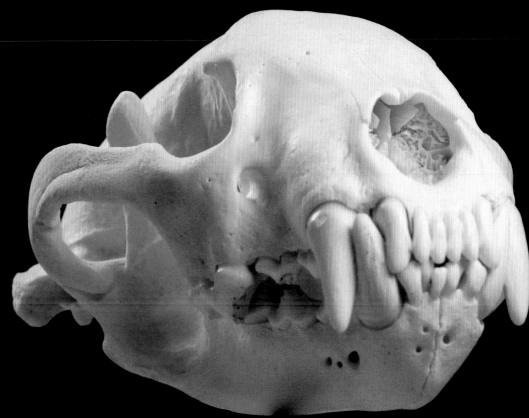

界：动物界（Animalia）
门：脊索动物门（Chordata）
纲：哺乳纲（Mammalia）
目：食肉目（Carnivora）
科：鼬科（Mustelidae）
属：貂熊属（*Gulo*）
习性：食肉 / 夜行性
保护状况：易危（VU）

叉角羚

Antilocapra Americana ▷

　　叉角羚拥有独一无二的分叉的双角，角上覆盖着角蛋白形成的角鞘，一年会脱落一次。它们眼眶很高，位于双角基部的下方。叉角羚跑得非常快，在陆生哺乳动物当中，只有猎豹跑得比它们快。

界：动物界（Animalia）
门：脊索动物门（Chordata）
纲：哺乳纲（Mammalia）
目：偶蹄目（Artiodactyla）
科：叉角羚科（Antilocapridae）
属：叉角羚属（*Antilocapra*）
习性：食草 / 昏行性
保护状况：无危（LC）

长颈鹿

Giraffa camelopardalis ∨

　　成年长颈鹿头上有一对覆盖着毛皮的角，雄性会用这对角打斗。随着雄性长颈鹿年龄越来越大，它们头骨正中央会沉积一些钙质，长出另外一只"角"。新生长颈鹿头上是不会有这个结构的。这种动物的门齿与后面几颗牙齿之间有很宽的牙间隙，它们那又长又灵活的舌头，可以从这里伸出嘴巴。

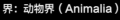

界：动物界（Animalia）
门：脊索动物门（Chordata）
纲：哺乳纲（Mammalia）
目：偶蹄目（Artiodactyla）
科：长颈鹿科（Giraffidae）
属：长颈鹿属（*Giraffa*）
习性：食草 / 日行性
保护状况：无危（LC）

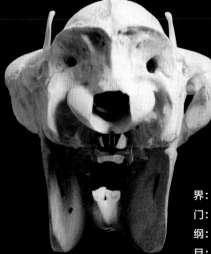

羊驼

Vicugna pacos ◁

从头骨上看，羊驼就是小一号的大羊驼。注意它们那突出于头部的颌骨，这些骨头延长得很厉害。羊驼原产于南美洲，并没有彻底被驯化，人类很喜欢它们那温暖而柔滑的长毛。

界：动物界（Animalia）　　科：骆驼科（Camelidae）
门：脊索动物门（Chordata）　属：小羊驼属（*Vicugna*）
纲：哺乳纲（Mammalia）　　习性：食草 / 日行性
目：偶蹄目（Artiodactyla）　保护状况：无危（LC）

双峰驼

Camelus bactrianus ▷

顾名思义，双峰驼有两个驼峰。人类饲养了至少 100 万只这种动物，但在野外，只在蒙古分布着 800 多头野生个体，这使它们位列 IUCN 红色名录当中的"极危"等级。双峰驼相比其单峰驼亲戚，口鼻部较短，头盖骨更长。

界：动物界（Animalia）
门：脊索动物门（Chordata）
纲：哺乳纲（Mammalia）
目：偶蹄目（Artiodactyla）
科：骆驼科（Camelidae）
属：骆驼属（*Camelus*）
习性：食草 / 日行性
保护状况：极危（CR）

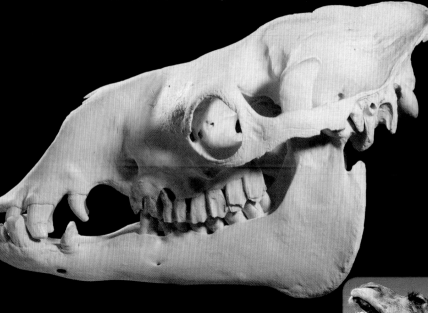

单峰驼

Camelus dromedaries ◁

单峰驼比双峰驼更为常见。这颗头骨拥有食草动物的典型特点。它们在中东地区被广泛驯养，但目前野生单峰驼只出现在澳大利亚，它们被人类带到了那里，成为一种数量越来越多的野生动物。

界：动物界（Animalia）　　科：骆驼科（Camelidae）
门：脊索动物门（Chordata）　属：骆驼属（*Camelus*）
纲：哺乳纲（Mammalia）　　习性：食草 / 日行性
目：偶蹄目（Artiodactyla）　保护状况：未评估（NE）

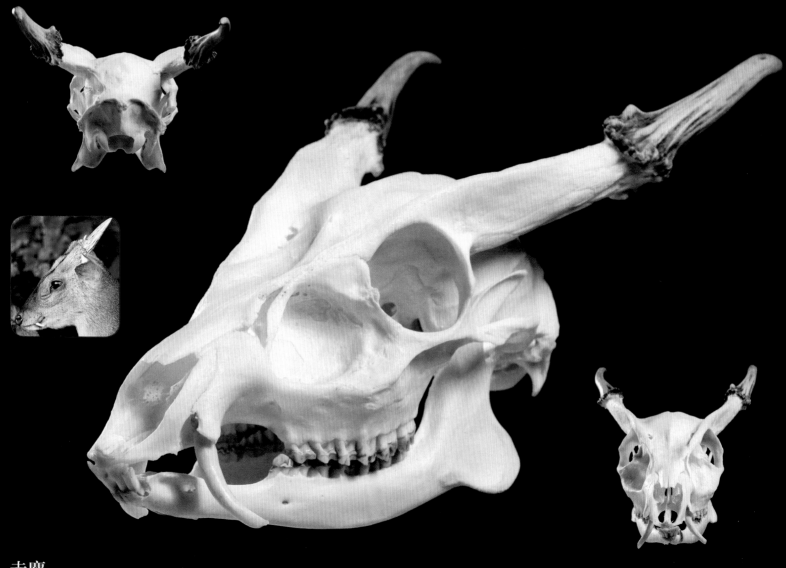

赤麂

Muntiacus muntjak ∧

和其他的鹿一样，赤麂的雄性也有角，不过它们的角又细又小，但这种鹿的雄性会把长长的犬齿当作武器来用。它们的角长在眼睛的上方，这里隆起的骨头让整个头骨的线条非常优美。

界：动物界（Animalia）　　科：鹿科（Cervidae）
门：脊索动物门（Chordata）　属：麂属（*Muntiacus*）
纲：哺乳纲（Mammalia）　　习性：杂食 / 昏行性
目：偶蹄目（Artiodactyla）　保护状况：无危（LC）

西方狍

Capreolus capreolus ∨

只有雄性的西方狍长角，它们的角要长好几年，能分出 3~4 个叉。这是个典型的食草动物头骨，高冠的臼齿和门齿之间有很宽的牙间隙。很多有蹄类都缺少上门齿，闭上嘴的时候，下门齿会直接压在骨质的上颚上。

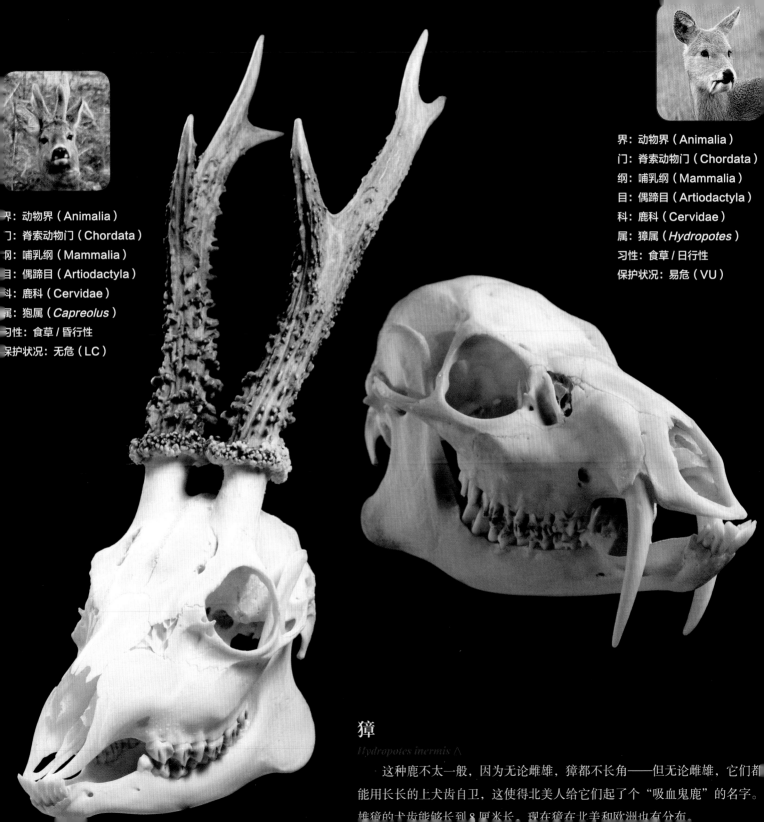

界：动物界（Animalia）
门：脊索动物门（Chordata）
纲：哺乳纲（Mammalia）
目：偶蹄目（Artiodactyla）
科：鹿科（Cervidae）
属：狍属（*Capreolus*）
习性：食草 / 昏行性
保护状况：无危（LC）

界：动物界（Animalia）
门：脊索动物门（Chordata）
纲：哺乳纲（Mammalia）
目：偶蹄目（Artiodactyla）
科：鹿科（Cervidae）
属：獐属（*Hydropotes*）
习性：食草 / 日行性
保护状况：易危（VU）

獐

Hydropotes inermis ∧

　这种鹿不太一般，因为无论雌雄，獐都不长角——但无论雌雄，它们都能用长长的上犬齿自卫，这使得北美人给它们起了个"吸血鬼鹿"的名字。雄獐的犬齿能够长到 8 厘米长。现在獐在北美和欧洲也有分布。

河马

Hippopotamus amphibious

在所有陆生哺乳动物当中，河马的头骨只比犀牛和大象的小。这是达德利的收藏品中最大的一颗头骨，它的大牙显示其生前是一只大号的雄性河马，其眼眶看起来是个围绕眼球的环状物，突出于头骨上方。这使得河马几乎不用把身体露出水面，就能观察周围的环境——这个习性和尼罗鳄很像。

界：动物界（Animalia）
门：脊索动物门（Chordata）
纲：哺乳纲（Mammalia）
目：偶蹄目（Artiodactyla）
科：河马科（Hippopotamidae）
属：河马属（*Hippopotamus*）
习性：食草 / 日行性
保护状况：易危（VU）

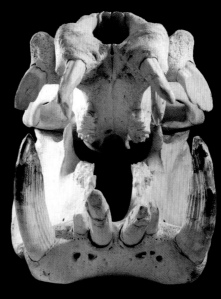

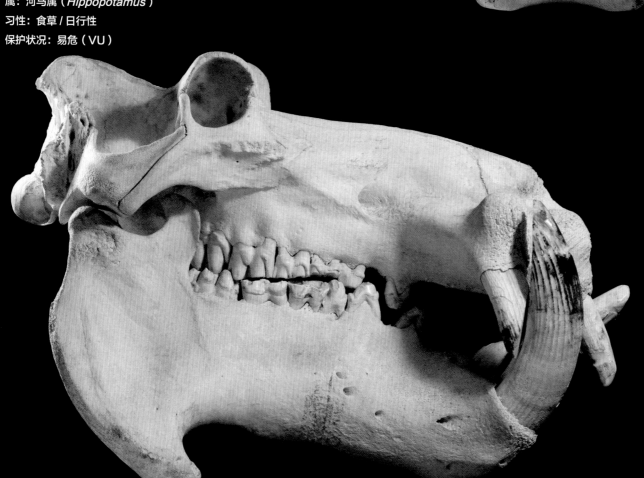
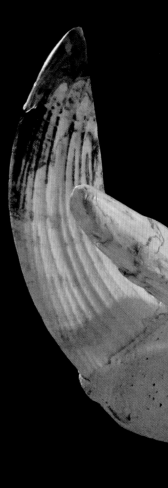

北苏拉威西鹿豚

Babyrousa celebensis

　　雄性鹿豚面部中央的两根獠牙是向上生长的上犬齿，看起来很像鹿角，这两根獠牙的形状取决于种类。在北苏拉威西鹿豚中，上犬齿会向上生长，穿过头骨，之后向后弯曲，长向两眼之间。而汤加鹿豚的獠牙弯曲程度就没这么强了。但不论哪种鹿豚，其下犬齿都会长得非常大，就像疣猪那样。

界：动物界（Animalia）

门：脊索动物门（Chordata）

纲：哺乳纲（Mammalia）

目：偶蹄目（Artiodactyla）

科：猪科（Suidae）

属：鹿豚属（*Babyrousa*）

习性：杂食 / 夜行性

保护状况：易危（VU）

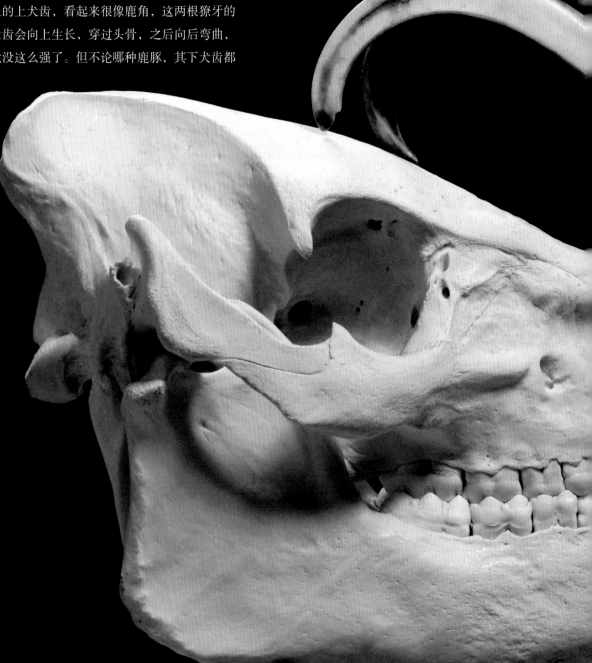

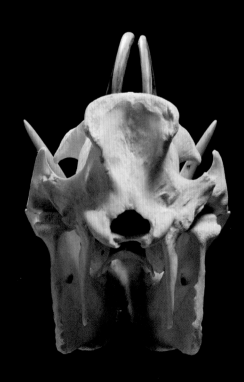

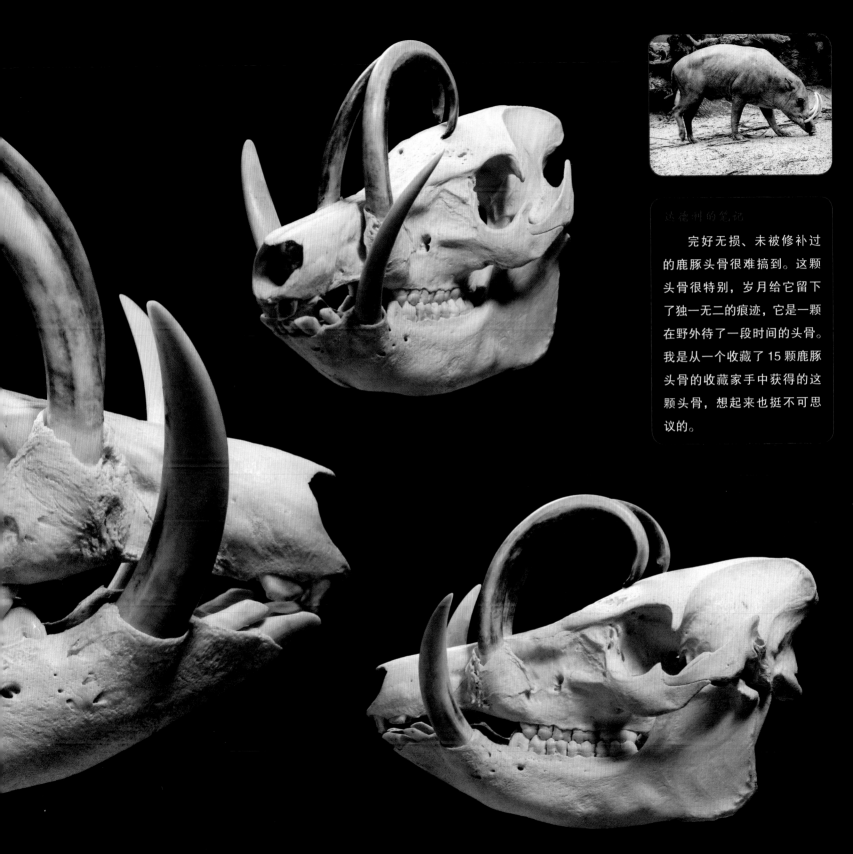

完好无损、未被修补过的鹿豚头骨很难搞到。这颗头骨很特别，岁月给它留下了独一无二的痕迹，它是一颗在野外待了一段时间的头骨。我是从一个收藏了 15 颗鹿豚头骨的收藏家手中获得的这颗头骨，想起来也挺不可思议的。

家猪
Sus domestica

家猪的獠牙可以长到让人害怕的程度。为了增强威力，家猪会摩擦上、下犬齿，让它们更加锋利。

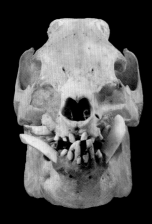

界：动物界（Animalia）
门：脊索动物门（Chordata）
纲：哺乳纲（Mammalia）
目：偶蹄目（Artiodactyla）
科：猪科（Suidae）
属：猪属（*Sus*）
习性：食草 / 日行性
保护状况：未评估（NE）

大肚猪
Sus domestica

几千年的人工选择缩短了大肚猪的鼻子和犬齿，抬高了它们的眉骨，使其头骨看起来很"陡峭"，呈现出一个向内弯曲的弧面。大肚猪比大多数家猪种类要小，它们可能驯化自越南、泰国的山区。

界：动物界（Animalia）
门：脊索动物门（Chordata）
纲：哺乳纲（Mammalia）
目：偶蹄目（Artiodactyla）
科：猪科（Suidae）
属：猪属（*Sus*）
习性：杂食 / 日行性
保护状况：未评估（NE）

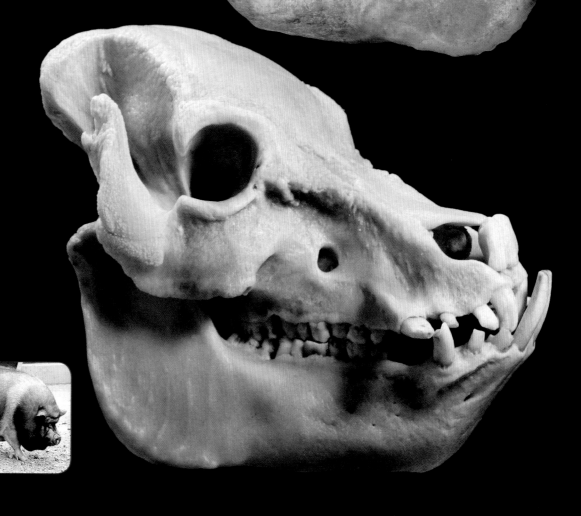

薮猪

Potamochoerus larvatus ▷

虽然薮猪的獠牙也很长，但不会像它们的近亲疣猪的獠牙那样弯曲。和其他猪一样，薮猪的感官中嗅觉最重要，这在它们的头骨上有所反映：眼眶很小，鼻骨却高度发育。

界：动物界（Animalia）
门：脊索动物门（Chordata）
纲：哺乳纲（Mammalia）
目：偶蹄目（Artiodactyla）
科：猪科（Suidae）
属：非洲野猪属（*Potamochoerus*）
习性：食草／日行性
保护状况：无危（LC）

疣猪

Phacochoerus africanus ◁

作为一种猪科动物，疣猪的头骨非常优雅。两对锐利的獠牙从嘴巴的两边伸出，能够给轻率的捕食者、猎人造成极大的伤害。

界：动物界（Animalia）
门：脊索动物门（Chordata）
纲：哺乳纲（Mammalia）
目：偶蹄目（Artiodactyla）
科：猪科（Suidae）
属：疣猪属（*Phacochoerus*）
习性：杂食／日行性
保护状况：无危（LC）

达德利的笔记

疣猪不是一种特别吸引人的动物，但它们的头骨有着惊人的外貌。它拥有这么漂亮的獠牙。这颗头骨上的獠牙已经够长了，但我还见过两边的獠牙形成一个完整圆环的疣猪的照片。

双头牛

Bos primigenius

　　这是颗双头动物的头骨——它们本是双胞胎，但是在发育过程中连在了一起。两颗头共享一个身体，它们只有一个枕骨大孔。这个解剖学上的奇迹显示出基因表达在胎儿发育时出错的一种可能后果。

界：动物界（Animalia）
门：脊索动物门（Chordata）
纲：哺乳纲（Mammalia）
目：偶蹄目（Artiodactyla）
科：牛科（Bovidae）
属：牛属（*Bos*）
习性：食草 / 日行性

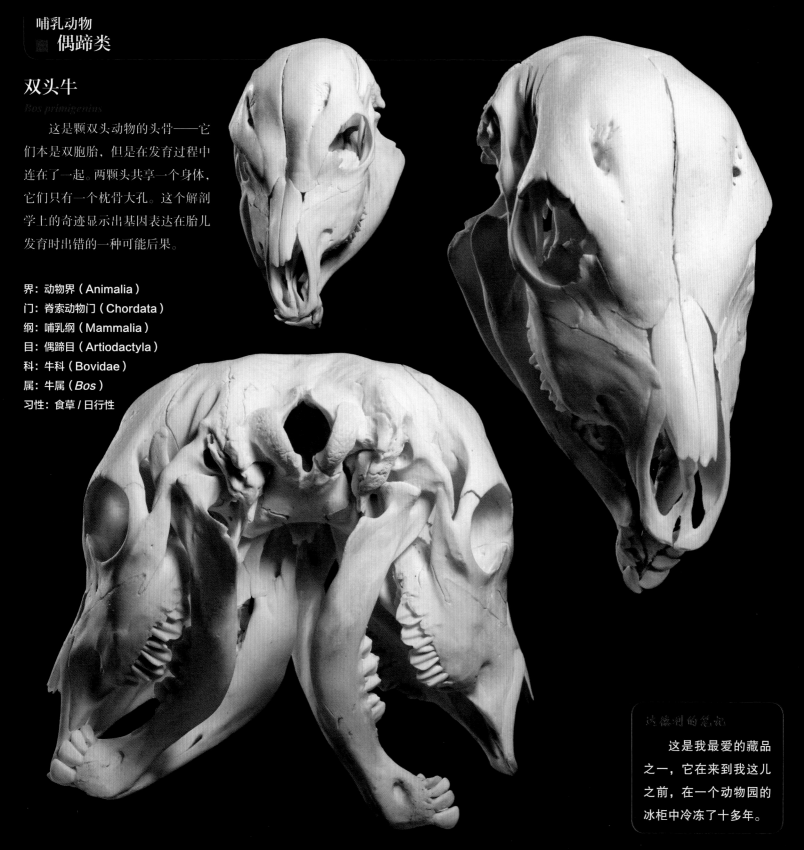

　　这是我最爱的藏品之一，它在来到我这儿之前，在一个动物园的冰柜中冷冻了十多年。

白尾角马

Connochaetes gnou

这颗白尾角马的头骨拥有让人印象深刻的双角，这里没有展示其下颌。角马的名称里有个"马"字，但实际上它们是羚羊的一种。它们的头骨上有食草动物典型的宽平上颚。这种角马分布在南非。

界：动物界（Animalia）

门：脊索动物门（Chordata）

纲：哺乳纲（Mammalia）

目：偶蹄目（Artiodactyla）

科：牛科（Bovidae）

属：角马属（*Connochaetes*）

习性：食草 / 日行性

保护状况：无危（LC）

印度黑羚

Antilope cervicapra

　　这是印度黑羚，它们也位列IUCN的红色名录中。这种羚羊雌雄之间的颜色差别很大，并且雌性没有角。它们是奔跑速度最快的羚羊之一，跑得快的原因可能是被它们最主要的天敌印度猎豹给逼的。现在，印度黑羚被引入了北美，它们头上螺旋形的角很受狩猎爱好者的觊觎。

界： 动物界（Animalia）

门： 脊索动物门（Chordata）

纲： 哺乳纲（Mammalia）

目： 偶蹄目（Artiodactyla）

科： 牛科（Bovidae）

属： 真羚属（*Antilope*）

习性： 食草 / 日行性

保护状况： 近危（NT）

美国黑肚绵羊

Ovis aries

美国黑肚绵羊很常见，它们的头骨能进入达德利的收藏当中，纯粹是因为那能够弯曲 360 度的大羊角。这种绵羊由欧洲盘羊与巴巴多斯黑肚绵羊杂交而来，因此才能有这么漂亮的大型羊角。

界：动物界（Animalia）
门：脊索动物门（Chordata）
纲：哺乳纲（Mammalia）
目：偶蹄目（Artiodactyla）
科：牛科（Bovidae）
属：羊属（*Ovis*）
习性：食草 / 日行性

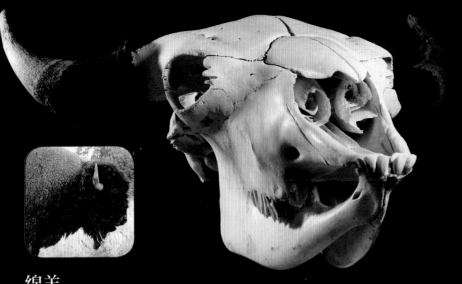

美洲野牛

Bison bison ↘

美洲野牛和欧洲野牛非常像，但区别在于前者的角较小、嘴较短，这可能是因为美洲野牛打斗时更喜欢冲撞，而不是缠在一起"角"斗。它们及其头骨在美国原住民心中曾是力量的象征。它们曾差点儿被欧洲人捕猎至灭绝，这事儿很有名。

界：动物界（Animalia）　　　科：牛科（Bovidae）
门：脊索动物门（Chordata）　属：美洲野牛属（*Bison*）
纲：哺乳纲（Mammalia）　　　习性：食草 / 日行性
目：偶蹄目（Artiodactyla）　保护状况：近危（NT）

绵羊

Ovis aries

长久以来，绵羊角一直被用作仪式的法器：《圣经》当中常出现羊角号，挪威人的神话里也有羊角喇叭。和羊角号类似，羊角喇叭也是一种古代乐器。在挪威传统习俗中，牧牛者会在夏季吹起这种乐器。绵羊的角可以长得很漂亮，这颗头骨上的则比较一般。

界：动物界（Animalia）
门：脊索动物门（Chordata）
纲：哺乳纲（Mammalia）
目：偶蹄目（Artiodactyla）
科：牛科（Bovidae）
属：羊属（*Ovis*）
习性：食草 / 日行性

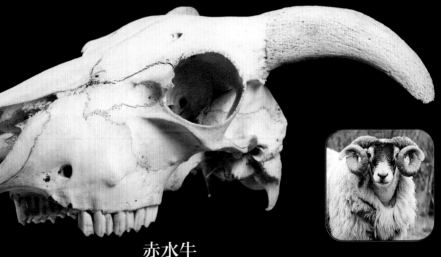

赤水牛

Syncerus caffer nanus ↘

赤水牛也叫非洲森林水牛，它们生活在西非、中非的森林当中，是非洲水牛中体型最小的一个亚种。这个标本少了下颌骨，这样的头骨有时会出现在一些美国大型轿车的前头或大农场入口的门上，用来显示主人的力量。

界：动物界（Animalia）　　　科：牛科（Bovidae）
门：脊索动物门（Chordata）　属：非洲水牛属（*Syncerus*）
纲：哺乳纲（Mammalia）　　　习性：食草 / 日行性
目：偶蹄目（Artiodactyla）　保护状况：无危（LC）

赤盘羊

Ovis orientalis

　　赤盘羊是绵羊可能的祖先之一。这个头骨上有一对漂亮的大角，雄性会把它们当作武器，互相撞击来确定地位。最近，赤盘羊被引入了美国南部的几个州，用来当作狩猎运动的捕获对象。

界：动物界（Animalia）

门：脊索动物门（Chordata）

纲：哺乳纲（Mammalia）

目：偶蹄目（Artiodactyla）

科：牛科（Bovidae）

属：羊属（*Ovis*）

习性：食草／日行性

保护状况：易危（VU）

瘤牛

Bos primigenius

　　瘤牛是一种由南亚人驯化出的家养牛，它的角和其他牛不太一样，背上有大号的驼峰，喉部有一个鼓起的大肉垂。因受印度文化的推崇，它们常晃悠悠地在印度的大街上逡巡。研究者认为瘤牛（这是一个统称，据估计瘤牛有大约70个品种）在人类驯养的牛当中是最原始的一类之一，可能和现在已经灭绝的欧洲野牛一样原始。

界：动物界（Animalia）
门：脊索动物门（Chordata）
纲：哺乳纲（Mammalia）
目：偶蹄目（Artiodactyla）
科：牛科（Bovidae）
属：牛属（*Bos*）
习性：食草 / 日行性

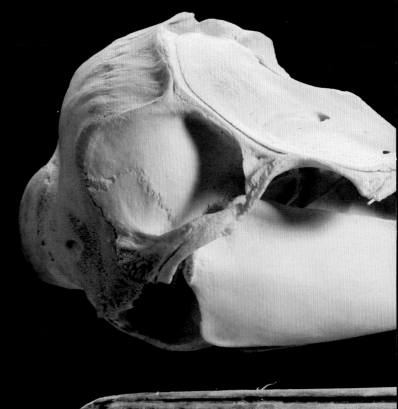

宽吻海豚

Tursiops truncatus

　　尽管海豚是哺乳动物，但它的嘴更像鸟喙。和大部分陆生哺乳动物不一样，海豚的满口牙完全没有分化，看起来和爬行类很像。宽吻海豚是最聪明的哺乳动物之一，实际上它们的脑容量比人类还要大一些。

界：动物界（Animalia）　　　科：海豚科（Delphinidae）
门：脊索动物门（Chordata）　属：宽吻海豚属（*Tursiops*）
纲：哺乳纲（Mammalia）　　习性：食鱼／水生
目：鲸目（Cetacea）　　　保护状况：无危（LC）

拉普拉塔河豚

Pontoporia blainvillei

　　在 2006 年中国的白鳍豚功能性灭绝之前，全世界一共有 6 种河豚。南美的拉普拉塔河豚的生存也饱受威胁。它们的吻部很长，上面的牙齿看起来都是一样的，没有分化。和爬行动物类似，河豚和海豚吃东西只能吞下去，不能咀嚼。它们个头很小，成年后体长相当于一个小个子人类的身高。

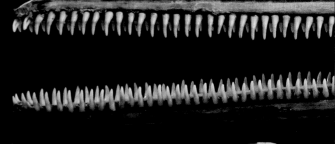

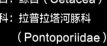

界：动物界（Animalia）　　　属：拉普拉塔河豚属
门：脊索动物门（Chordata）　　　（*Pontoporia*）
纲：哺乳纲（Mammalia）　　习性：食鱼／水生
目：鲸目（Cetacea）　　　保护状况：易危（VU）
科：拉普拉塔河豚科
　　（Pontoporiidae）

鼠海豚

Phocoena phocoena

　　虽说名字里有"海豚"两个字，但鼠海豚其实是一种小个子的鲸。活着的时候，鼠海豚的额头像中国传说中的寿星的额头那样向外鼓，但它们头骨的额头部位看起来确实是向里凹的。它们的额头中充满了油脂，能够放大声音信号，要知道这种动物是以回声来定位的。它们的眼眶在头骨上基本看不到，它们也不太需要眼睛，视力特别差。鼠海豚的牙齿也没有分化，它们的吻部相对于其他鲸豚来说相当短。

界：动物界（Animalia）　　　科：鼠海豚科（Phocoenidae）
门：脊索动物门（Chordata）　属：鼠海豚属（*Phocoena*）
纲：哺乳纲（Mammalia）　　习性：食鱼／水生
目：鲸目（Cetacea）　　　保护状况：无危（LC）

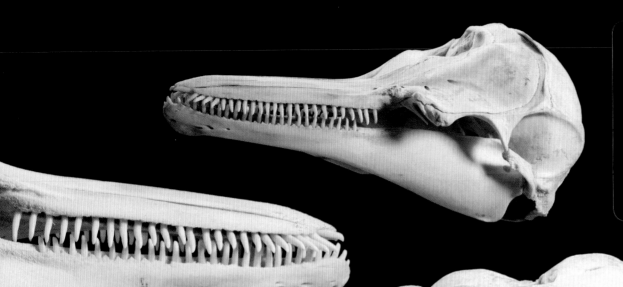

这只海豚是在海滩上被找到的。制作海豚头骨标本的一个难点是，它们的牙齿太容易掉了，装好了稍微碰一下就容易掉，但它仍旧是个好标本。我花了两天，才把全部的牙齿给粘上去。这满满的都是爱啊。

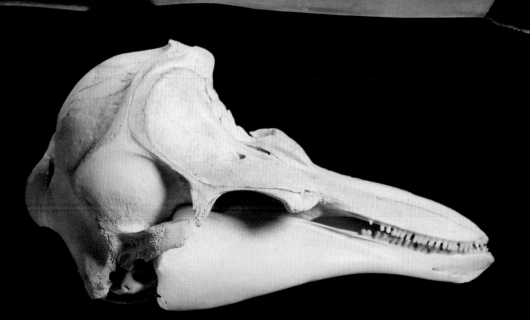

我的一个收藏家朋友在海滩上发现了这只鼠海豚。他的收藏品中已经有这种动物了，因此把它给了我。

鲸豚　197

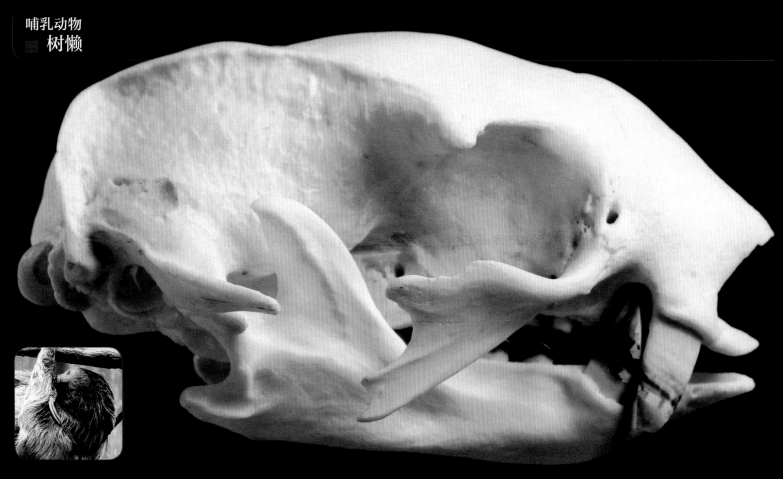

二趾树懒

Choloepus didactylus

这种奇怪的动物拥有奇怪的头骨。二趾树懒没有真正的鼓泡室，取而代之的是位于它们那看起来发育不完全的颧弓下面、被解剖学家称为外鼓骨室的结构。它们没有门齿，只靠平顶的白齿碾磨植物性食物。三趾树懒和二趾树懒都分布在南美洲。

界：动物界（Animalia）

门：脊索动物门（Chordata）

纲：哺乳纲（Mammalia）

目：贫齿目（Xenarthra）

科：二趾树懒科（Megalonychidae）

属：二趾树懒属（*Choloepus*）

习性：食草 / 夜行性

保护状况：无危（LC）

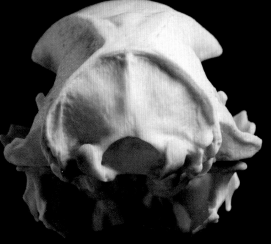

六带犰狳
Euphractus sexcinctus ▷

这里展示的六带犰狳保留了它头上的甲片。这些鳞甲是由角质皮肤发育而来的。它们原产于南美洲，以昆虫或植物为食。在受到威胁的时候，它们能团成一个球。

界：动物界（Animalia）　　科：犰狳科（Dasypodidae）
门：脊索动物门（Chordata）　属：六带犰狳属（*Euphractus*）
纲：哺乳纲（Mammalia）　　习性：杂食 / 日行性
目：异关节目（Xenarthra）　保护状况：无危（LC）

九带犰狳
Dasypus novemcinctus ◁

在北美洲的公路上，经常能看到被车撞死的九带犰狳——对于头骨收集者来说，这是个福音，但对于犰狳自己来说，这是不折不扣的悲剧。这个头骨上还保留着骨化的鳞甲。它们和三带犰狳一样，没法团成一个球。

界：动物界（Animalia）　　科：犰狳科（Dasypodidae）
门：脊索动物门（Chordata）　属：犰狳属（*Dasypus*）
纲：哺乳纲（Mammalia）　　习性：食虫 / 夜行性
目：异关节目（Xenarthra）　保护状况：无危（LC）

土豚
Orycteropus afer ◁

土豚具有狭长的吻部，吻部内有一根又长又黏的舌头，能够伸进蚂蚁或白蚁巢的裂隙当中。在野外，土豚用它们强壮的前肢和长爪挖出来的洞能够为许多其他的动物所用。这使得它们拥有很重要的生态地位。

界：动物界（Animalia）　　科：土豚科（Orycteropodidae）
门：脊索动物门（Chordata）　属：土豚属（*Orycteropus*）
纲：哺乳纲（Mammalia）　　习性：食虫 / 夜行性
目：管齿目（Tubulidentata）　保护状况：无危（LC）

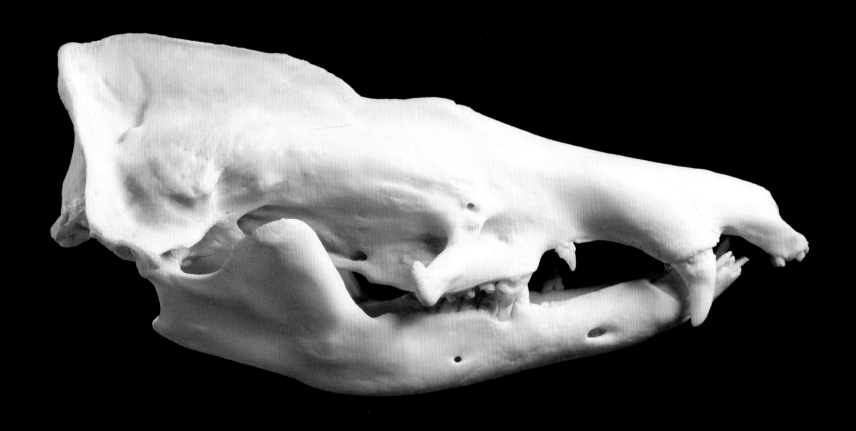

普通马岛猬

Tenrec ecaudatus

马岛猬科分布在马达加斯加，种类繁多，数量也不少。这颗头骨来自于一个博物馆，年岁已久。它究竟是马岛猬科下的哪个种，如今已经很难彻底查清楚了（附带的荷兰语标签上写着"普通马岛猬"）。尽管这颗头骨很小，但是它的矢状嵴依旧很明显，头骨后缘还显著地往上翘着。普通马岛猬是这个科中个体最大的一种，相对来说它们的牙齿很少。这种动物以青蛙、小型哺乳动物为食。

界：动物界（Animalia）
门：脊索动物门（Chordata）
纲：哺乳纲（Mammalia）
目：非洲猬目（Afrosoricida）

科：马岛猬科（Tenrecidae）
属：马岛猬属（*Tenrec*）
习性：食虫 / 夜行性
保护状况：无危（LC）

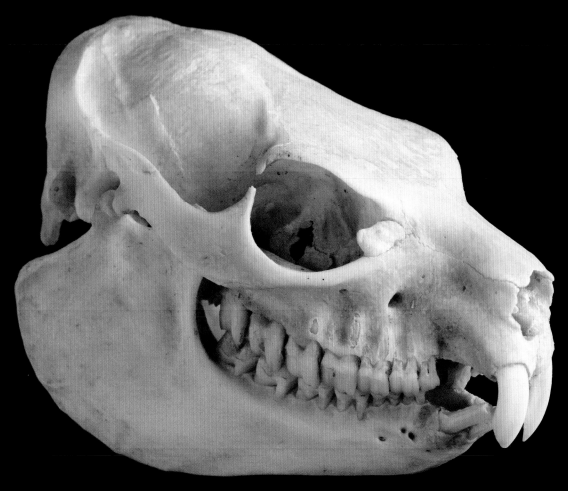

蹄兔

Procavia capensis

　　蹄兔在解剖学上很重要，因为它们和大象、海牛关系很近。它们拥有尖头的长门牙，臼齿与犀牛的很像。它们的下颌骨很大，占据了头骨体积的一半还要多。

界：动物界（Animalia）
门：脊索动物门（Chordata）
纲：哺乳纲（Mammalia）
目：蹄兔目（Hyracoidea）
科：蹄兔科（Procaviidae）
属：蹄兔属（*Procavia*）
习性：食草 / 日行性
保护状况：无危（LC）

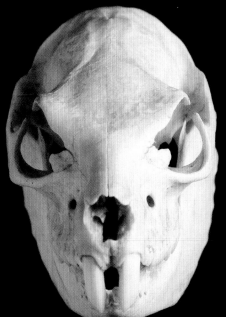

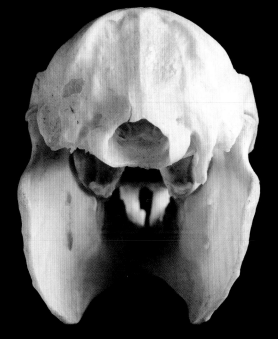

达德利的笔记

　　蹄兔长得很怪，我一直在想它的头骨究竟长啥样。后来，我很幸运地从一个古董商那儿搞到了这个一颗牙都没少的标本。它那两颗门牙真长啊，中间还有那么宽的缝。

草原非洲象

Loxodonta africana

　　这个头骨收藏在芝加哥菲尔德博物馆，系在象牙上的标签记录着它来自林林兄弟马戏团。象头骨充满了神秘的力量，出现在许多民间传说中。传说，地中海的岛屿上发现的侏儒象头骨曾被当成独眼巨人。看看这颗头骨，你会发现它看起来的确像是独眼巨人：头骨正中央的孔洞就像是眼睛，但实际上那是鼻孔，大象长长的象鼻就长在那儿；而向前伸出的下颚给人一种露齿而笑的感觉。第一次看到这样的头骨的人肯定会把它当成怪物。

界：动物界（Animalia）

门：脊索动物门（Chordata）

纲：哺乳纲（Mammalia）

目：长鼻目（Proboscidea）

科：象科（Elephantidae）

属：非洲象属（*Loxodonta*）

习性：食草 / 日行、夜行皆可

保护状况：易危（VU）

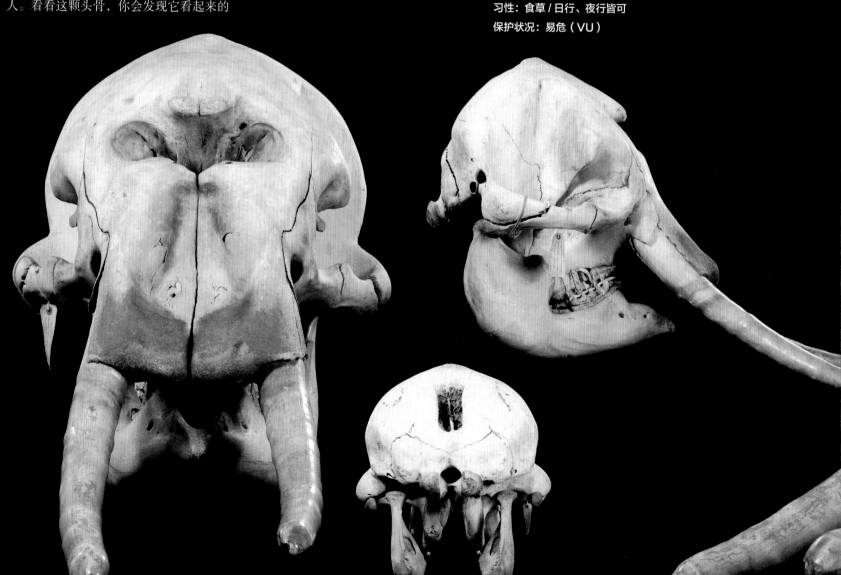

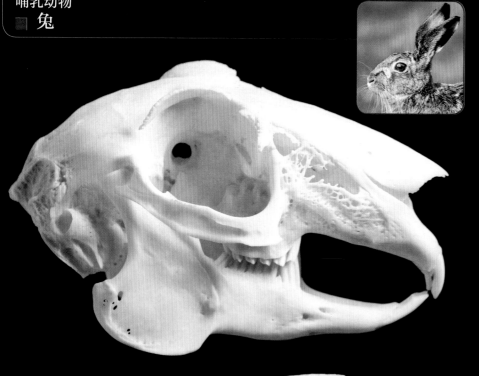

欧洲野兔

Lepus europaeus ◁

　　和家兔一样，欧洲野兔的臼齿和门齿之间有很宽的牙间隙。它们一共有 6 枚门齿，下门齿 2 枚，上门齿 2 对，其中一对位于另一对的正后方。在 1912 年，兔子们被排除出了啮齿目单独组成了兔形目。它们的头骨上具有海绵状的孔洞，这很有特色，研究者认为这些孔洞能够为血液降温。兔子的嘴又大又宽，眼睛上方的骨头前后都有个小凸起。它们的听泡很大，听力很好。

界：动物界（Animalia）
门：脊索动物门（Chordata）
纲：哺乳纲（Mammalia）
目：兔形目（Lagomorpha）
科：兔科（Leporidae）
属：兔属（*Lepus*）
习性：食草 / 昏行性
保护状况：无危（LC）

穴兔

Oryctolagus cuniculus ◁

　　这个不同寻常的标本的上下门齿（兔子的门齿和啮齿动物一样，终生生长）不能正常地咬合在一起，因此不能保持正常的长度。这种动物必须终生磨牙，否则门牙就会像这样长得太长，并扭成奇怪的样子。很难想象，这只特别的兔子是如何进食的，也很难想象，它的主人为什么会没发现它身上出了这么大的问题。

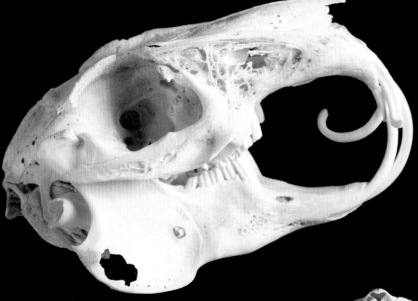

界：动物界（Animalia）
门：脊索动物门（Chordata）
纲：哺乳纲（Mammalia）
目：兔形目（Lagomorpha）
科：兔科（Leporidae）
属：穴兔属（*Oryctolagus*）
习性：食草 / 昏行性
保护状况：无危（LC）

达德利的笔记

　　我收藏了好几个兔头骨，但这一个太特别了。它拥有反常的长牙，在它活着的时候，上下门齿不可能自然咬合在一起，也不能磨牙。因此，它的牙一直在生长。

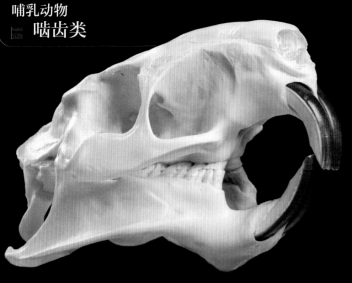

海狸鼠

Myocastor coypus ↘

第一眼看过去，原产于南美洲的海狸鼠看起来就是一只大老鼠。它们的头骨很好鉴定，因为其门齿拥有反光的暗橙色表面（河狸的门齿也是橙黄色的，但颜色较浅）。它们曾借助饲养者之手侵入了英国，20世纪80年代，东安格利亚的一项大型根除项目把野外的海狸鼠彻底地消灭了。

界：动物界（Animalia）　　科：棘鼠科（Echimyidae）
门：脊索动物门（Chordata）　属：海狸鼠属（*Myocastor*）
纲：哺乳纲（Mammalia）　　习性：食草／夜行性
目：啮齿目（Rodentia）　　保护状况：无危（LC）

绒毛丝鼠

Chinchilla lanigera ▷

原产自南美洲的绒毛丝鼠因其柔软、稠密的毛发而颇受珍视，但现在，它们在宠物界更受欢迎。它们拥有典型的啮齿动物的头骨，头上有一对大大的听泡。这个个体的上门齿长得太长了，都已经弯向了上颚。

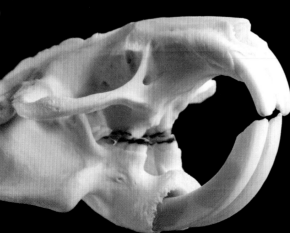

界：动物界（Animalia）
门：脊索动物门（Chordata）
纲：哺乳纲（Mammalia）
目：啮齿目（Rodentia）
科：绒鼠科（Chinchillidae）
属：绒鼠属（*Chinchilla*）
习性：食草／夜行性
保护状况：极危（CR）

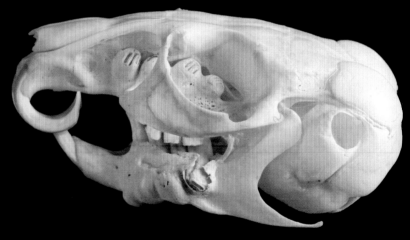

岬鼠

Georychus capensis ↘

岬鼠带沟槽的长牙不仅可以用来啃食食物，也能用来掘土。它们的双唇闭合时，门牙是露在外面的，这样的结构能够防止土进入嘴巴里。相对于身体，岬鼠有个大脑袋，但它们的眼睛很小，在地下生活不太需要视力。不像它们那没毛的著名亲戚裸鼹形鼠，岬鼠生命中大部分时间都是独居的。虽然栖息地被大量破坏了，但它们常在高尔夫球场下找到新家。

界：动物界（Animalia）　　科：滨鼠科（Bathyergidae）
门：脊索动物门（Chordata）　属：岬鼠属（*Georychus*）
纲：哺乳纲（Mammalia）　　习性：食草／地下生活
目：啮齿目（Rodentia）　　保护状况：无危（LC）

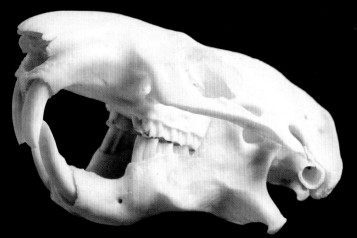

山狸

Aplodontia rufa ◁

山狸有时也被称作山河狸，但它们不是真正的河狸，而是一类原始啮齿动物的残存者。在传统的分类系统中，它们被单独划分进一个仅有一属一种的科中，拥有一些独有的特征：头骨平整，颧弓长得和其他啮齿动物不太一样，齿冠也很奇特。山狸是一种穴居动物，仅分布在美国西北部的山地中。

界：动物界（Animalia）
门：脊索动物门（Chordata）
纲：哺乳纲（Mammalia）
目：啮齿目（Rodentia）
科：山狸科（Aplodontiidae）
属：山狸属（*Aplodontia*）
习性：食草 / 夜行性
保护状况：无危（LC）

美洲河狸

Castor canadensis ▷

这是颗美洲河狸头骨，它有 20 颗牙，粗短的大嘴，沉重的颧弓，上饰有 V 字脊线的狭长头盖骨。它们会用那又长又坚硬的门齿咬断大型落叶乔木的树干来制造水坝。它们的眼睛能够在水下视物，皮肤上有两层毛发，既能保暖又能防水，全身上下几乎只有尾巴没有被毛覆盖。

界：动物界（Animalia）
门：脊索动物门（Chordata）
纲：哺乳纲（Mammalia）
目：啮齿目（Rodentia）
科：河狸科（Castoridae）
属：河狸属（*Castor*）
习性：食草 / 夜行性
保护状况：无危（LC）

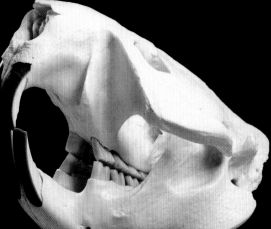

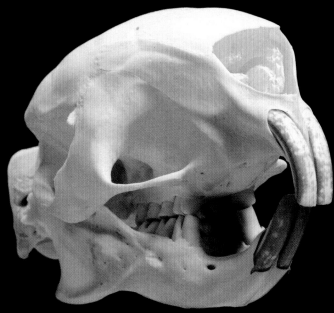

非洲冕豪猪

Hystrix cristata ◁

这种豪猪分布在整个非洲大陆，有时也出现在南欧的一些地方。它们的头骨特化了，眶下孔（用于容纳咀嚼肌）和鼻腔（夜行性或靠嗅觉捕食的动物鼻腔一般很大）都特别大。也许是为了收集钾元素，它们很喜欢挖骨头吃，于是这种动物经常能挖出埋在地下的古代洞穴或远古的骨骼，它们发掘出来的东西对于考古学家、古生物学家（以及头骨收藏者）来说通常是珍宝。

界：动物界（Animalia）
门：脊索动物门（Chordata）
纲：哺乳纲（Mammalia）
目：啮齿目（Rodentia）
科：豪猪科（Hystricidae）
属：豪猪属（*Hystrix*）
习性：食草 / 夜行性
保护状况：无危（LC）

驼鼠

Cuniculus paca ▷

驼鼠生活在雨林当中，活着的时候拥有肿胀的脸颊，脸颊下有特化的骨质结构。你能看到它们颧骨周围的气腔结构，外行人会把它称作颊骨外的珊瑚状表面。行为学家认为，雄性驼鼠能够依靠这个结构放大摩擦牙齿产生的刺耳噪声。这种生活在中美洲的啮齿动物非常多才多艺，它们能游泳，也会爬上树找果子吃。

界：动物界（Animalia）
门：脊索动物门（Chordata）
纲：哺乳纲（Mammalia）
目：啮齿目（Rodentia）
习性：食果 / 夜行性
保护状况：无危（LC）

达德利的笔记

驼鼠是我最喜欢的啮齿动物。颧骨上的厚块让它们的头骨看起来就像是罗马人的头盔。

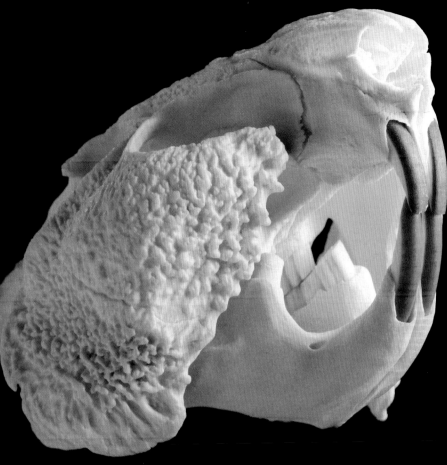

褐家鼠

Rattus norvegicus

和大型食草动物类似，大家鼠和其他啮齿动物都有牙间隙——从头骨侧面看，门齿和臼齿之间没牙的区域就是牙间隙。如果你在你家的阁楼或地下室里看到了褐家鼠的头骨，就赶紧找害虫防治专家帮忙！

界：动物界（Animalia）
门：脊索动物门（Chordata）
纲：哺乳纲（Mammalia）
目：啮齿目（Rodentia）
科：鼠科（Muridae）
属：大家鼠属（*Rattus*）
习性：杂食 / 夜行性
保护状况：无危（LC）

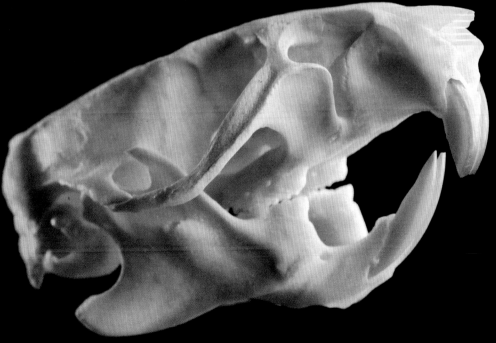

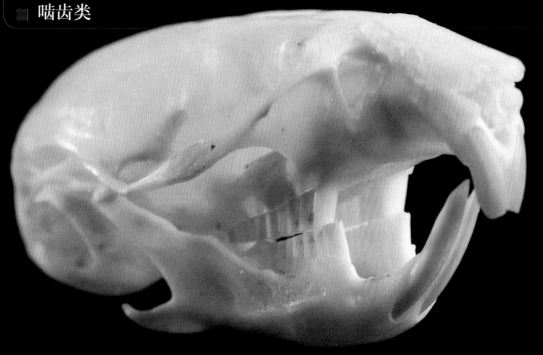

黑田鼠

Microtus agresiis ◁

黑田鼠的头骨又小又细。和差不多大小的駒鼱相比，它们拥有很宽的牙间隙和突出的颧骨。

界：动物界（Animalia）
门：脊索动物门（Chordata）
纲：哺乳纲（Mammalia）
目：啮齿目（Rodentia）
科：仓鼠科（Cricetidae）
属：田鼠属（*Microtus*）
习性：杂食 / 夜行性
保护状况：无危（LC）

水豚

Hydrochoerus hydrochaeris ▷

水豚是现生啮齿类当中最大的，体型和小型羚羊差不多。它们广泛分布在南美洲低地地区的沼泽地当中。在欧洲的数个国家内，也有少量从人工环境中逃逸的个体。它们的颌关节不是垂直的，因此咀嚼的时候，它们的牙不是左右碾磨，而是和其他草食动物一样前后运动。水豚的英文名"capybara"原意是"草地之主"。

界：动物界（Animalia）
门：脊索动物门（Chordata）
纲：哺乳纲（Mammalia）
目：啮齿目（Rodentia）
科：水豚科（Hydrochaeridae）
属：水豚属（*Hydrochoerus*）
习性：食草 / 日行性
保护状况：无危（LC）

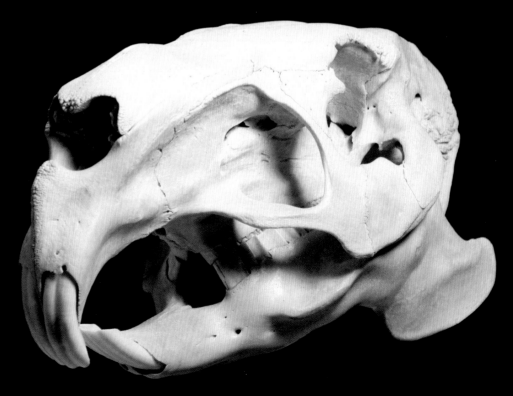

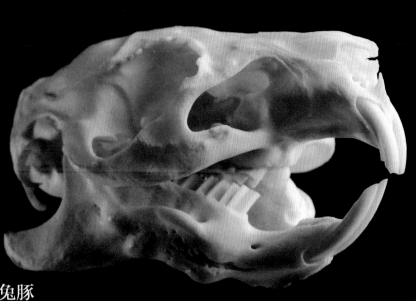

豚鼠
Cavia porcellus

豚鼠又叫荷兰猪、天竺鼠。它们拥有典型的啮齿类牙齿，但不像有的种类那样牙齿上有色素沉积。它们拥有相对狭长的头。在某些国家，豚鼠是受人宠爱的伴侣动物，但在有的国家是美食。

界：动物界（Animalia）　　科：豚鼠科（Caviidae）
门：脊索动物门（Chordata）　属：豚鼠属（*Cavia*）
纲：哺乳纲（Mammalia）　　习性：食草 / 日行性
目：啮齿目（Rodentia）

兔豚
Dolichotis patagonum

兔豚和豚鼠的关系比较近。它们拥有典型的啮齿类头骨，颌骨上有很宽的牙间隙，其臼齿被藏在嘴巴的深处。兔豚是群居动物，被认为是一种好宠物。它们分布在阿根廷半干旱、开阔的地区。

界：动物界（Animalia）
门：脊索动物门（Chordata）
纲：哺乳纲（Mammalia）
目：啮齿目（Rodentia）
科：豚鼠科（Caviidae）
属：兔豚属（*Dolichotis*）
习性：食草 / 日行性
保护状况：近危（NT）

跳鼠
Pedetes capensis

跳鼠分布在非洲东南部，看起来就像是一只小袋鼠，它们也的确很擅长跳跃。它们的头骨看起来很古怪，如果不是牙齿，你甚至很难认出这是个啮齿类的头骨。跳鼠一般在黄昏时间外出觅食，它们拥有很好的听力，这一点看它们那巨大的听泡就知道了。

界：动物界（Animalia）　　科：跳鼠科（Pedetidae）
门：脊索动物门（Chordata）　属：跳鼠属（*Pedetes*）
纲：哺乳纲（Mammalia）　　习性：食草 / 昏行性
目：啮齿目（Rodentia）　　保护状况：无危（LC）

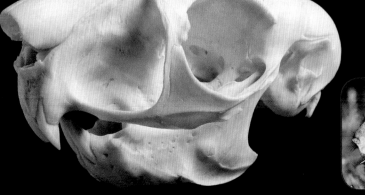

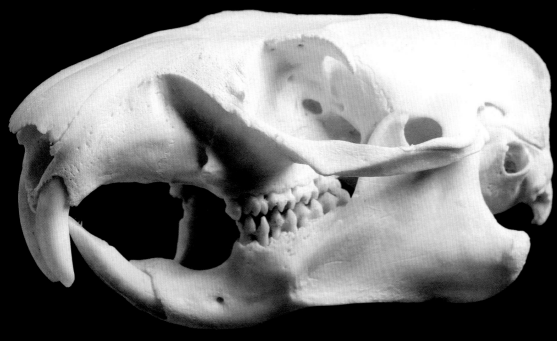

灰松鼠

Sciurus carolinensis

　　灰松鼠有典型的啮齿动物头骨，门牙前方有亮橙色的釉面，看起来就像是小号的海狸鼠。它们原产于美国东部，但侵入了英国，给当地的红松鼠带来了灾难。

界： 动物界（Animalia）
门： 脊索动物门（Chordata）
纲： 哺乳纲（Mammalia）
目： 啮齿目（Rodentia）
科： 松鼠科（Sciuridae）
属： 松鼠属（*Sciurus*）
习性： 食草 / 日行性
保护状况： 无危（LC）

美洲旱獭

Marmota monax

　　这种长得像松鼠的啮齿动物有着穴居动物典型的宽阔扁平的头骨。它们特别善于挖洞，是农夫的灾难。

界： 动物界（Animalia）
门： 脊索动物门（Chordata）
纲： 哺乳纲（Mammalia）
目： 啮齿目（Rodentia）
科： 松鼠科（Sciuridae）
属： 旱獭属（*Marmota*）
习性： 食草 / 日行性
保护状况： 无危（LC）

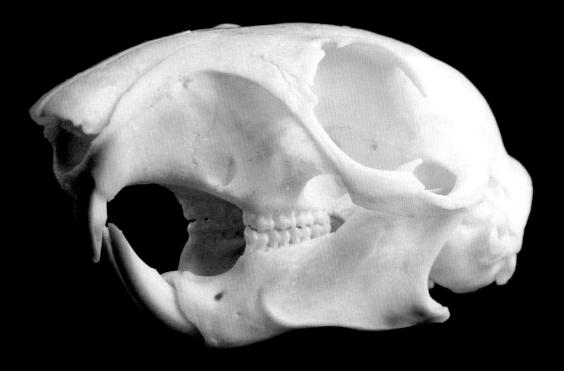

大婴猴

Otolemur sp. ▷

单看头骨，各种大婴猴不太好鉴定。夜晚，这种动物会寻找小昆虫或蚯蚓吃，它们也不会拒绝果实或种子，如果抓得到，它们也吃小鸟和小型爬行动物。照片当中的活体是一只粗尾大婴猴（*O. crassicaudatus*）。

界：动物界（Animalia）
门：脊索动物门（Chordata）
纲：哺乳纲（Mammalia）
目：灵长目（Primates）
科：婴猴科（Galagidae）
属：大婴猴属（*Otolemur*）
习性：杂食 / 夜行性

婴猴

Galago senegalensis ◁

婴猴的英文名叫 Bushbabies（灌木丛中的婴儿），这是因为它们的叫声很像小孩夜啼。这些夜行性哺乳类拥有巨大的眼眶，安置在其中的大眼睛能让它们看到黑暗中微弱的光线。它们吃昆虫，也吃合欢树的树胶。

界：动物界（Animalia）
门：脊索动物门（Chordata）
纲：哺乳纲（Mammalia）
目：灵长目（Primates）
科：婴猴科（Galagidae）
属：婴猴属（*Galago*）
习性：杂食 / 夜行性
保护状况：无危（LC）

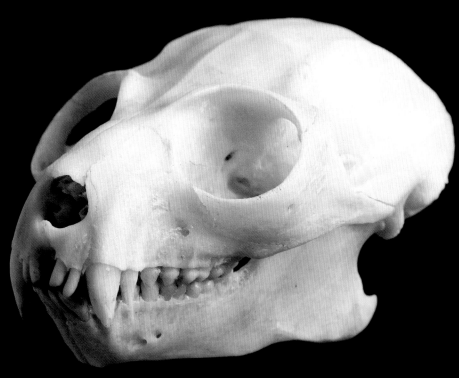

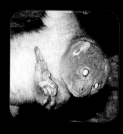

树熊猴

Perodicticus potto

　　树熊猴向外膨胀的巨大眼眶看起来几乎就是个护目镜。它们是一种夜行动物，吻部很短，生活在中非的森林当中。它们的下颌很有力，啃起树胶就像啃果实、昆虫一样简单。

界：动物界（Animalia）
门：脊索动物门（Chordata）
纲：哺乳纲（Mammalia）
目：灵长目（Primates）
科：懒猴科（Lorisidae）
属：树熊猴属（*Perodicticus*）
习性：食果 / 夜行性
保护状况：无危（LC）

菲律宾眼镜猴

Tarsius syrichta

　　毫无疑问，在达德利的收藏品中眼眶最大的就是菲律宾眼镜猴了。它们头骨体积的三分之二都被那对眼眶给占据了。它们每一只眼睛，都比大脑还要大，而连接大脑与眼睛的神经能够作为分类学上将眼镜猴与其他灵长类区分开来的证据。

界：动物界（Animalia）
门：脊索动物门（Chordata）
纲：哺乳纲（Mammalia）
目：灵长目（Primates）
科：眼镜猴科（Tarsiidae）
属：眼镜猴属（*Tarsius*）
习性：食虫 / 夜行性
保护状况：易危（VU）

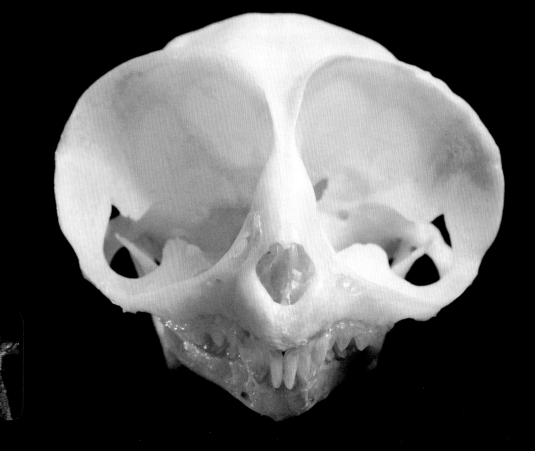

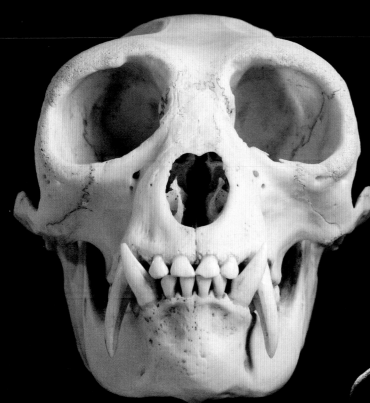

合趾猿

Hylobates syndactylus ◁

合趾猿是一种长臂猿，这一大类猿猴现在只分布在东南亚。它们拥有典型的灵长类头骨，眼眶朝前，使它们拥有双目视觉。尽管合趾猿的牙齿看起来很吓人，但它们几乎只吃素。它们通过猿歌来通信，鼓胀的喉囊能够将声音放大。

界：动物界（Animalia）
门：脊索动物门（Chordata）
纲：哺乳纲（Mammalia）
目：灵长目（Primates）
科：长臂猿科（Hylobatidae）
属：合趾猿属（*Hylobates*）
习性：食果 / 日行性
保护状况：濒危（EN）

倭猩猩

Pan paniscus ▷

很多人都不知道，黑猩猩属下其实有两个种——它们的栖息地之间隔着一条刚果河。倭猩猩常被称作倭黑猩猩，它们比黑猩猩稀少。倭猩猩是动物世界中和人最像的一种生物，看头骨你就会相信这一点。它们的头骨比黑猩猩的要小一点，眉骨也没那么突出。

界：动物界（Animalia）
门：脊索动物门（Chordata）
纲：哺乳纲（Mammalia）
目：灵长目（Primates）
科：人科（Hominidae）
属：黑猩猩属（*Pan*）
习性：食果 / 日行性
保护状况：濒危（EN）

达德利的笔记

倭猩猩与黑猩猩头骨之间的差异非常小。这颗头骨很老旧，上面有很多修复的痕迹。

西部大猩猩

Gorilla gorilla ◁

　　现生灵长类当中，大猩猩拥有最大的脑袋，它们拥有突出的眉弓，雄性个体还有个大号的矢状嵴。这是一个雌性个体的头骨，可能很古旧了（从头骨颜色推断）；它的矢状嵴非常小，和雄性个体完全不一样。和人类以及其他猿类一样，大猩猩拥有 32 颗牙齿，它们的牙非常粗壮，长在有力的颌骨之上，这使它们拥有磨碎粗硬食物的能力。

界：动物界（Animalia）　　科：人科（Hominidae）
门：脊索动物门（Chordata）　属：大猩猩属（*Gorilla*）
纲：哺乳纲（Mammalia）　　习性：食草 / 日行性
目：灵长目（Primates）　　保护状况：极危（CR）

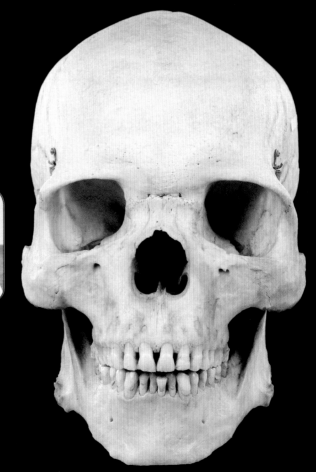

智人

Homo sapiens ▷

　　我们种族的历史仅有区区 20 万年，其中有相当长时间的一段发生在非洲。之后，在大约 7 万年前，我们的祖先开始探索整个世界；到了大约 3 万年前，除了美洲和南极洲，每个大洲都有智人存在；而到了2 万 ~1.5 万年前，美洲也被人类征服了。活体照片中的这个智人名叫西蒙·温彻斯特，是本书的作者。

界：动物界（Animalia）
门：脊索动物门（Chordata）
纲：哺乳纲（Mammalia）
目：灵长目（Primates）
科：人科（Hominidae）
属：人属（*Homo*）
习性：杂食 / 日行性
保护状况：无危（LC）

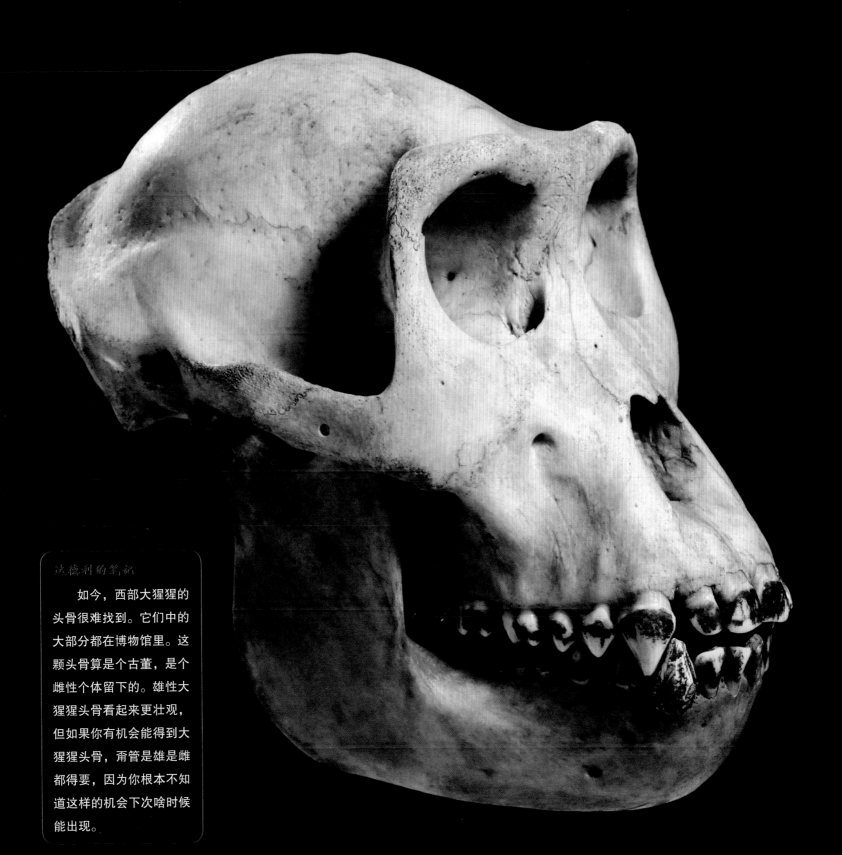

达德利的笔记

　　如今，西部大猩猩的
头骨很难找到。它们中的
大部分都在博物馆里。这
颗头骨算是个古董，是个
雌性个体留下的。雄性大
猩猩头骨看起来更壮观，
但如果你有机会能得到大
猩猩头骨，甭管是雄是雌
都得要，因为你根本不知
道这样的机会下次啥时候
能出现。

婆罗洲猩猩
Pongo pygmaeus

　　猩猩是种具有显著性二型的动物，它们的头骨就能显示这一点：雄性头骨上有更大的矢状嵴、更宽的颧弓以及更大的犬齿。婆罗洲猩猩和苏门答腊猩猩是东南亚仅存的两种大猿（不算人类的话），它们的手臂长度能达到腿的两倍。

界： 动物界（Animalia）
门： 脊索动物门（Chordata）
纲： 哺乳纲（Mammalia）
目： 灵长目（Primates）
科： 人科（Hominidae）
属： 猩猩属（*Pongo*）
习性： 杂食 / 日行性
保护状况： 濒危（EN）

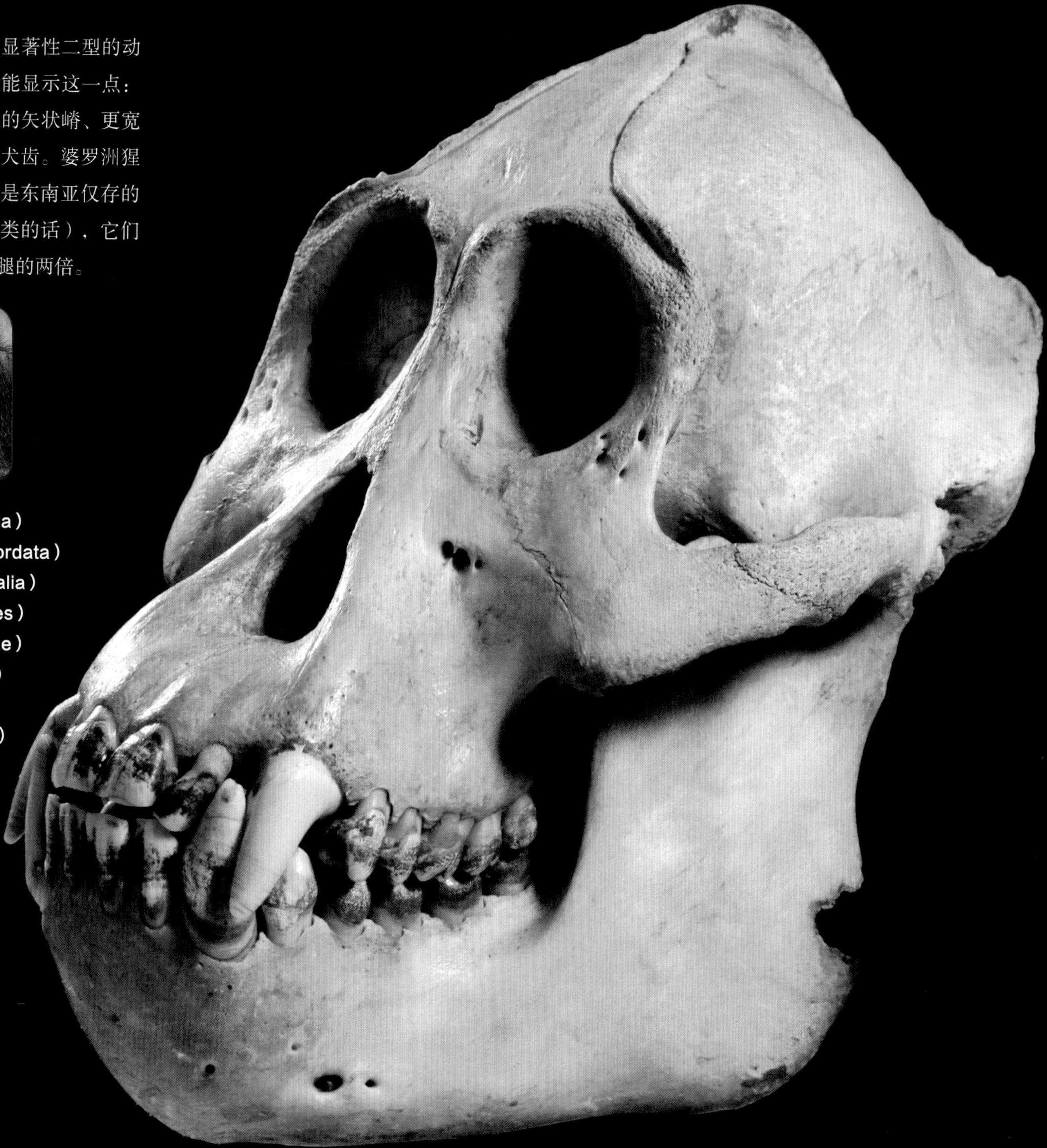

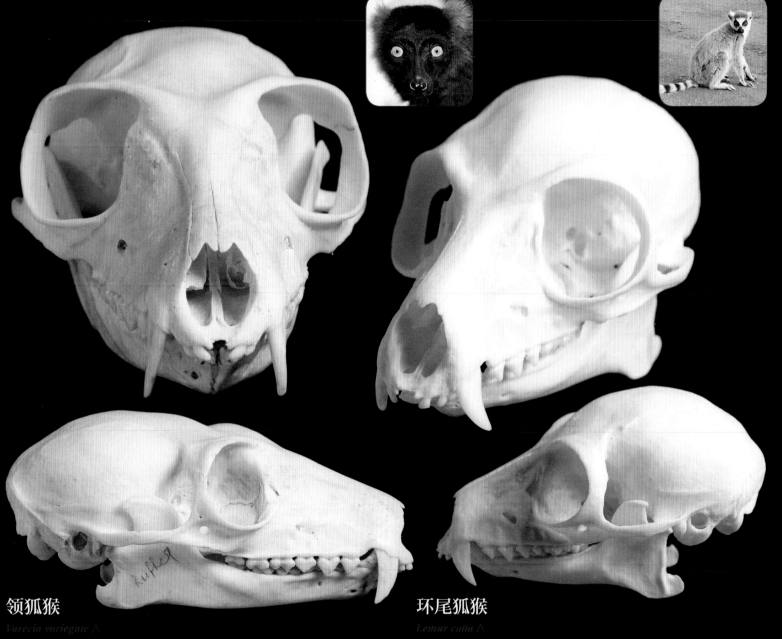

领狐猴

Varecia variegate ∧

领狐猴是最大的狐猴之一，分布在马达加斯加的东海岸。它们拥有大号的眼眶和突出的犬齿。它们的下门齿向外突出，呈 45 度倾角，这些牙齿能在领狐猴们聚在一起互相理毛时被当作"梳子"用。

界： 动物界（Animalia）
门： 脊索动物门（Chordata）
纲： 哺乳纲（Mammalia）
目： 灵长目（Primates）
科： 狐猴科（Lemuridae）
属： 领狐猴属（*Varecia*）
习性： 杂食 / 日行性
保护状况： 极危（CR）

环尾狐猴

Lemur catta ∧

环尾狐猴的头骨颇有几分像树熊猴，它们的亲缘关系的确不算远。它们的眼眶突出，边缘向外展开，显示其夜间视力不错。而两颗尖锐的犬齿突出地着生于狐狸似的口鼻部末端。全世界一共有 24 种狐猴，全部分布在马达加斯加。

界： 动物界（Animalia）
门： 脊索动物门（Chordata）
纲： 哺乳纲（Mammalia）
目： 灵长目（Primates）
科： 狐猴科（Lemuridae）
属： 狐猴属（*Lemur*）
习性： 杂食 / 日行性
保护状况： 近危（NT）

倭狨
Callithrix pygmaea ◁

倭狨是世界上最小的灵长类动物之一，它们生活在秘鲁、巴西和哥伦比亚的雨林当中。它们的龅牙让整个头骨看起来是如此滑稽可笑，但这些牙齿适用于刮取树皮上的树胶。

界：动物界（Animalia）
门：脊索动物门（Chordata）
纲：哺乳纲（Mammalia）
目：灵长目（Primates）
科：卷尾猴科（Cebidae）
属：狨属（*Callithrix*）
习性：杂食／日行性
保护状况：无危（LC）

赤掌柽柳猴
Saguinus midas ▷

和它的亲戚倭狨类似，赤掌柽柳猴也有一口搞笑的龅牙。但它们的脸更平，颧弓虽然纤细，但向两边扩得更开。它们吃树胶，门齿适于刮树皮。在活着的时候，它们手、脚上的毛发是金色的，因此获得了这个名字。

界：动物界（Animalia）
门：脊索动物门（Chordata）
纲：哺乳纲（Mammalia）
目：灵长目（Primates）
科：卷尾猴科（Cebidae）
属：柽柳猴属（*Saguinus*）
习性：杂食／日行性
保护状况：无危（LC）

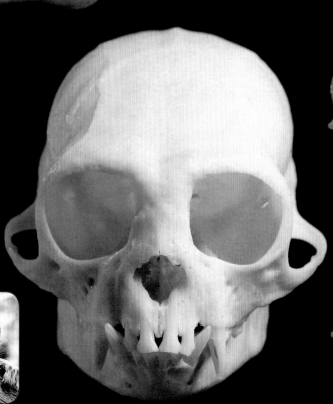

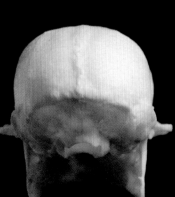

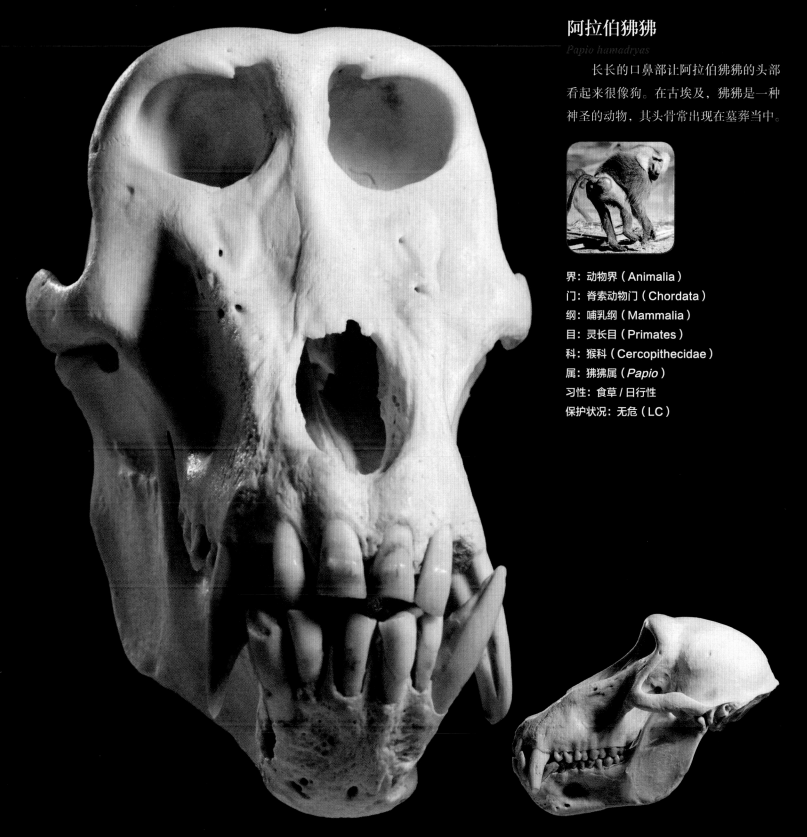

阿拉伯狒狒

Papio hamadryas

　　长长的口鼻部让阿拉伯狒狒的头部看起来很像狗。在古埃及，狒狒是一种神圣的动物，其头骨常出现在墓葬当中。

界：动物界（Animalia）
门：脊索动物门（Chordata）
纲：哺乳纲（Mammalia）
目：灵长目（Primates）
科：猴科（Cercopithecidae）
属：狒狒属（*Papio*）
习性：食草 / 日行性
保护状况：无危（LC）

山魈

Mandrillus sphinx

山魈是世界上最大的猴子，人类常把它们和狒狒搞混。这种动物以其彩色的面部而闻名（其实它们是在用彩色的脸模仿自己彩色的屁股）。在这个头骨上你能清楚地看见那些彩色面皮之下的粗糙骨骼。雄性山魈拥有尺寸不逊于食肉动物的犬齿。它们可以组成拥有 100 多个个体的群体，群中的头头是雄性，常拥有最长的犬齿。想想吧，这颗达 8 厘米的长牙就像是雄鹿的角、雄孔雀的尾巴，是性炫示的利器。雌性山魈的头骨要轻薄一些，犬齿也更小。

界：动物界（Animalia）　　科：猴科（Cercopithecidae）
门：脊索动物门（Chordata）　属：山魈属（*Mandrillus*）
纲：哺乳纲（Mammalia）　　习性：杂食 / 日行性
目：灵长目（Primates）　　保护状况：易危（VU）

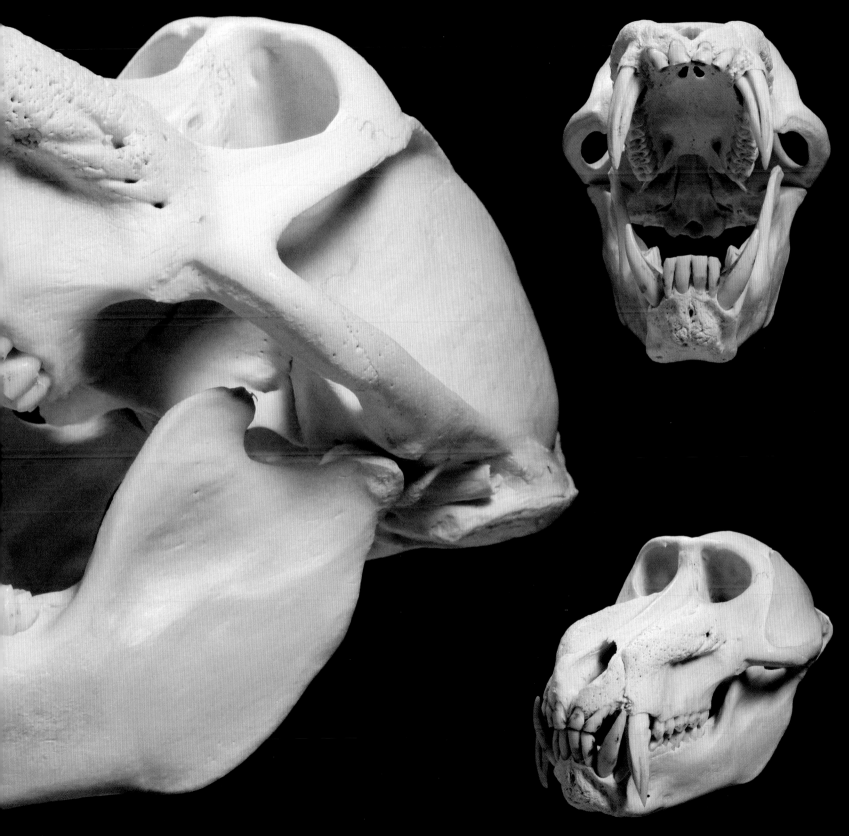

疣猴

Colobus sp.

　　疣猴头骨拥有灵长类的典型特征：大而朝前的双眼和大号的犬齿。和其他的一些灵长类类似，雄性疣猴的犬齿更长一些。它们的犬齿能够用来显示自己的身体状态，也能用来防御它们的天敌黑猩猩。疣猴属下一共有5个种。

界：动物界（Animalia）　　　科：猴科（Cercopithecidae）
门：脊索动物门（Chordata）　 属：疣猴属（*Colobus*）
纲：哺乳纲（Mammalia）　　　习性：食果／日行性
目：灵长目（Primates）

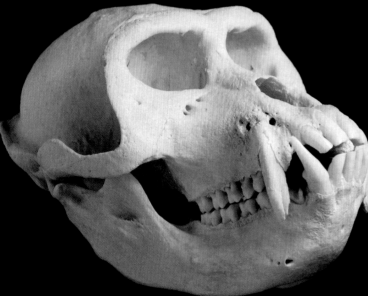

短尾猴

Macaca arctoides

　　活着的时候，短尾猴长得不是很漂亮。正如它们的名字，它们的尾巴很短。这种猕猴有一点很像人类：老了之后头会秃。短尾猴喜欢待在地面上。它们分布于中国南部以及再往南的一些国家当中，其颧弓向外展得很开，下颌很窄。雄性会用大号的犬齿维护它们在猴群中的统治地位。

界：动物界（Animalia）　　　科：猴科（Cercopithecidae）
门：脊索动物门（Chordata）　 属：猕猴属（*Macaca*）
纲：哺乳纲（Mammalia）　　　习性：杂食／日行性
目：灵长目（Primates）　　　 保护状况：易危（VU）

缨冠灰叶猴

Semnopithecus prium

　　这种分布于印度南方的猴子主要吃叶子，这在灵长类中比较特殊。它们的犬齿也不像大部分灵长类那么长。它们双眼朝前，拥有双眼视觉，这个在灵长类中很普遍的特征使得这类动物的头骨看起来都很相似。

界：动物界（Animalia）　　　科：猴科（Cercopithecidae）
门：脊索动物门（Chordata）　 属：长尾叶猴属（*Semnopithecus*）
纲：哺乳纲（Mammalia）　　　习性：杂食／日行性
目：灵长目（Primates）　　　 保护状况：近危（NT）

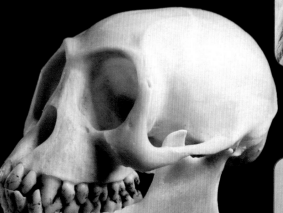

青腹绿猴

Chlorocebus pygerythrus ▷

青腹绿猴广泛分布于南非和东非。群体中，雄性居统治地位。为争夺较高的地位，雄性之间会进行打斗，有时会斗得非常狠，它们那致命的长牙有可能给同类造成致死性的伤口。绿猴的适应性很强，无论是待在城市的郊区还是稀树草原上，它们都能过得很好。

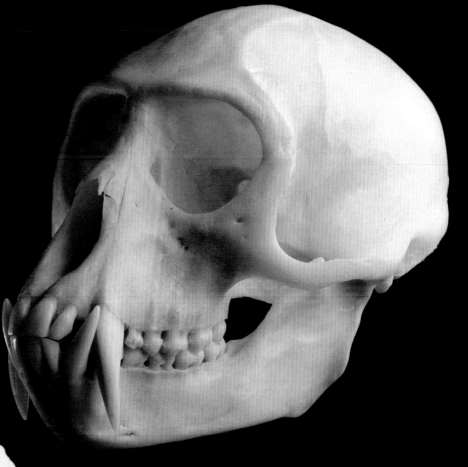

界：动物界（Animalia）
门：脊索动物门（Chordata）
纲：哺乳纲（Mammalia）
目：灵长目（Primates）
科：猴科（Cercopithecidae）
属：绿猴属（*Chlorocebus*）
习性：杂食 / 日行性
保护状况：无危（LC）

棕头蜘蛛猴

Ateles fusciceps ◁

在达德利的所有收藏品当中，这一件可能是最让人不安的。因为它看起来就像个幼童的头骨。你能发现，它头顶的缝合线还没有完全闭合，囟门清晰可见。但不同的是，幼童可没有发育到如此地步的牙齿。（译者注：棕头蜘蛛猴这个种进入了《华盛顿公约》的附录Ⅱ，是限制贸易的。）

界：动物界（Animalia）
门：脊索动物门（Chordata）
纲：哺乳纲（Mammalia）
目：灵长目（Primates）
科：蜘蛛猴科（Atelidae）
属：蜘蛛猴属（*Ateles*）
习性：食果 / 日行性
保护状况：极危（CR）

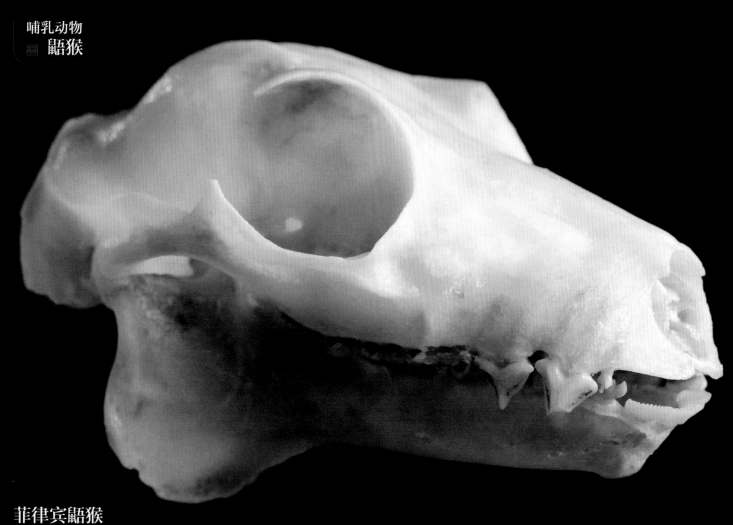

菲律宾鼯猴

Cynocephalus volans

　　菲律宾鼯猴的英文名叫"Flying Lemur（飞狐猴）"，但它根本就不是狐猴，甚至不是灵长类。这类动物隶属于皮翼目。这个头骨很小，现存仅一个科两个属。牙很特殊，下门齿就像是一把小梳子。菲律宾鼯猴没有上门齿，和下门齿相对的是上颚。这种结构适于从树上采食花、果和树叶。

界：动物界（Animalia）
门：脊索动物门（Chordata）
纲：哺乳纲（Mammalia）
目：皮翼目（Dermoptera）
科：鼯猴科（Cynocephalidae）
属：鼯猴属（*Cynocephalus*）
习性：食草 / 日行性
保护状况：无危（LC）

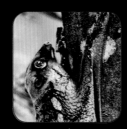

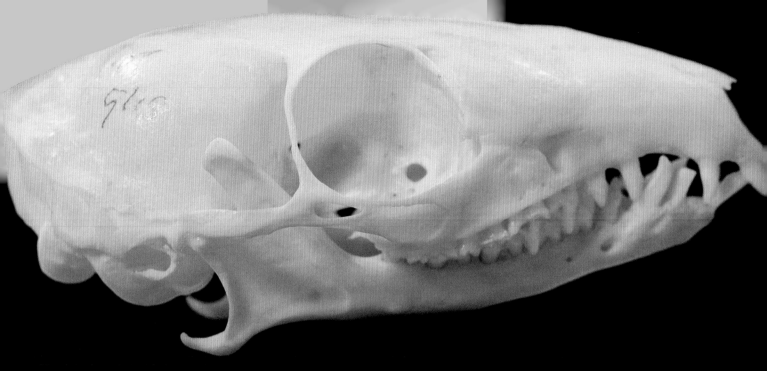

哺乳动物
树鼩

普通树鼩
Tupaia glis

　　尽管这种动物的头骨看起来和鼩鼱的颇为类似，名字还叫树鼩，但它
门既不是鼩鼱，也不完全生活在树上。这种日行性松鼠样动物和哺乳动物
之间的关系，远近于和鼩鼱的关系。它们的眼眶很大，视力很好。它们的门齿、
臼齿分化得很不明显。

界: 动物界（Animalia）　　　科: 树鼩科（Tupaiidae）

门: 脊索动物门（Chordata）　　属: 树鼩属（*Tupaia*）

纲: 哺乳纲（Mammalia）　　　习性: 食肉/日行性

目: 树鼩目（Scandentia）　　保护状况: 无危（LC）

永恒的邂逅

1683 年 7 月，来自伊斯坦布尔的奥斯曼帝国军队包围了维也纳。这支大军由土耳其人卡拉·穆斯塔法·帕夏［译者注1］指挥，他是苏丹的大维齐尔［译者注2］，这个脸上有烧伤的人被认为贪婪、暴虐、酗酒成瘾、极度性饥渴，还野蛮排外。

围城战并没有按照奥斯曼帝国的计划演变，事实上恰好相反。这场战争在历史上有极重要的意义，在此之后，土耳其人再也没能入侵到欧洲的中心地区（他们曾接管了东罗马帝国的领土，甚至是首都，他们曾幻想接管整个罗马帝国，希望能征服神圣罗马帝国［译者注3］）。围城战在一场决战中结束了，围城者惨遭失败。当年 9 月，神圣罗马帝国皇帝利奥波德一世的盟友波兰国王约翰三世率领的骑兵突袭了奥斯曼军队。维也纳之围就这样突然结束了。奥斯曼人的大军——总共有 30 万人，其中的 2 万名是著名的帝国近卫军［译者注4］——被打得丢盔弃甲。

在布达佩斯，卡拉·穆斯塔法·帕夏试图重新集结他的部队，但在那儿他遇到了苏丹的特使，惊骇地发现他必须立即为失败付出代价。特使带来的信息被记录了下来，虽然它经历了岁月的扭曲，但依旧能告诉我们当时发生了什么："王师败绩，汝不应贪生。愿汝之灵魂归仁慈真主，汝之头颅交与此信使。"

卡拉·穆斯塔法被弓弦给勒死了，在死亡之前，这位老人度过了痛苦的 3 分钟，之后他的项上人头被砍了下来。头颅被剥了皮，塞入了一个天鹅绒制成的包裹当中，送到伊斯坦布尔呈给苏丹穆罕默德四世检验，之后被送回布达佩斯，安葬在卡拉·穆斯塔法身体的旁边。

这两个分离的实体一直安葬在地下，直到 5 年后得意扬扬的奥地利人重新攻占了布达佩斯。没有毛发和血肉的头颅被挖掘出来，放在橱窗当中送回了维也纳，安置在城市博物馆中供人观看。自此，这颗头颅就在维也纳安了家。

它被当成一个纪念品，放在橱窗中公开展示。直到 1972 年，现代的土耳其人向现代的奥地利人抱怨，将他们的一位前领导人的头骨放在公开场合里展示有伤人类的尊严；土耳其人还要求奥地利人送还这颗头颅，好让他们将其安葬在卡拉·穆斯塔法的身体旁边（3 个世纪之前，他的身体被送回伊斯坦布尔重新安葬）。于是，奥地利当局决定不再公开展览这颗头颅，但回绝了土耳其人的第二个要求。

1999 年，我得到了一个观看这颗头颅的机会。这个机会来之不易：博物馆馆长之前一直认为自己应该坚守规则，不能加深奥地利、土耳其之间的紧张情绪，毕竟这两个国家已经和好很多年了。

但当我吐露了我的想法之后，他同意了——我告诉他我认为卡拉·穆斯塔法代表着奥斯曼帝国与奥匈帝国之间古老的敌对。馆长招来了一位助理，轻柔地对她说："你愿意带这位绅士"——他指了指我——"去会见"——他指了指楼下——"咱们这儿的另一位绅士吗？"

我来到一间地下室，这里满是瓶子、小刀、油漆桶、刷子等各种工具，画壁画的工匠住在这里。一张被临时清空的桌子上放着一个大纸箱，上面用圆珠笔写着"Herr K. Mustafa（K. 穆斯塔法先生）"。从这里我很难感受到预期当中奥斯曼帝国大维齐尔的尊严。

一位工作人员切开了密封胶布，拿出了盛放着巴尔干地区最有历史感的一颗头颅的玻璃柜。

馆长的助手轻喘着气，有些兴奋。"我又看到他了！"她哭喊着。"这么多年过去了。我想念他，就像是想念一个朋友。"

他可能从来都不是一个英俊的人。卡拉·穆斯塔法的头骨呈现出斑驳的褐色。他的眼窝和鼻子深深地向下陷，皱缩的眼眶看起来像是皱着眉头，不过这蹙起的眉是永远不会舒张开了。他的上颌上有 5 颗牙，每一颗都是黄色的，而且不太完整，看起来残破不堪。下颌骨不见了，但在下颌的部位有一段深紫红色的线，末端有一段流苏。它曾绑在这位大维齐尔的脑袋上当装饰品？或者，这就是那段皇家刽子手手中绞死穆斯塔法先生的弓弦？

我盯着这颗头颅，看了 10 分钟，或许看了更长的时间。外面一直在下雨，但当我抱着玻璃柜的时候，暴风雨突然结束了。一束阳光照射进房间当中，照亮了玻璃柜和其中可怕的藏品。这就像是一个信号、一个暗示。我将这件物品送还给保管者，后者尊敬地将它放回棉纸做成的盒中，合上了盒盖，重新密封了起来。这颗头颅或许能在另一个 30 年之后再见天日，或许再也不会出现在世人的面前。

　　几天之后，我从一个研究卡拉·穆斯塔法生平与他所处时代的小型研究会那儿取得了更多的信息。他们发现那位大维齐尔无首的尸身目前葬在土耳其北部，靠近一个叫吉雷松的黑海沿岸城市，在罗马时代它被称作"樱桃城（Cerasus）"，据说最早的樱桃树就来自这里。研究卡拉·穆斯塔法的组织在那里开了座谈会，许多土耳其与会者都表示，希望能将这位大维齐尔的头颅带回黑海旁边，让那位老人重归完整。

　　这个故事还有个悲伤的后记。我们想为这位大维齐尔的头骨拍张照片，于是向维也纳的博物馆主管部门递交了申请。主管先生给了我们这样一个回复，言语之间有几丝圆滑："很抱歉地告诉您，那颗被怀疑是卡拉·穆斯塔法的头骨已经不在我们这里了。经过科学的研究和激烈的争辩，这颗头骨的确是那位大维齐尔的——因为这个原因，我们应该让他入土为安；但不管是谁，有名的或默默无闻的，他留下的残骸都应该入土为安，这关乎人类的尊严。于是，这颗头颅被安葬在维也纳中央公墓当中。这一切发生在2006年。"

译者注：

［1］帕夏（paşa）不是名字也不是姓氏，而是一个敬语或称号，相当于"勋爵"，不能世袭。原意指"首长"或"部落领袖"。

［2］大维齐尔是官职名，是苏丹以下最高级的大臣，相当于宰相。

［3］神圣罗马帝国全称是德意志民族神圣罗马帝国或日耳曼民族神圣罗马帝国，是公元962年至公元1806年存在于西欧和中欧的一个封建帝国。在该帝国历史的大部分时间里，它是由数百个附庸单位集合而成的。帝国的核心区域是德意志地区，民族主要是日耳曼民族。这个帝国继承了西罗马帝国的皇帝位，因此名叫"神圣罗马帝国"。

［4］奥斯曼军队的数量有争议，并且大军中的相当一部分不是战斗兵员。

爬行动物

美国短吻鳄

Alligator mississippiensis ▷

　　虽然个头差不多，但美国短吻鳄在很多方面与尼罗鳄、湾鳄不太一样。比较着看，短吻鳄的鼻孔更圆，牙齿更密，在自然状态下它们的侵略性也没那么强，更容易让人接触。照片中有一只大个头的美国短吻鳄正在吞食一条长吻雀鳝，它们的头骨在收藏界很常见。

界：动物界（Animalia）	科：鳄科（Crocodylidae）
门：脊索动物门（Chordata）	属：短吻鳄属（*Alligator*）
纲：爬行纲（Sauropsida）	习性：食肉 / 水生
目：鳄目（Crocodilia）	保护状况：无危（LC）

钝吻古鳄

Paleosuchus palpebrosus ▽

　　和其他鳄类的头骨相比，钝吻古鳄拥有更高的额头和更大的眼眶。这种动物分布在南美洲，是鳄科当中个头最小的一类之一。

界：动物界（Animalia）

门：脊索动物门（Chordata）

纲：爬行纲（Sauropsida）

目：鳄目（Crocodilia）

科：鳄科（Crocodylidae）

属：古鳄属（*Paleosuchus*）

习性：食肉 / 夜行性

保护状况：无危（LC）

眼镜凯门鳄

Caiman crocodilus ▷

据鉴定，这应该是一颗分布在中南美洲的眼镜凯门鳄的头骨。凯门鳄的眼眶比较大，额头较高。和其他的鳄类不一样，它们数量很多，全世界可能有大约 100 万个野生个体。

界：动物界（Animalia）
门：脊索动物门（Chordata）
纲：爬行纲（Sauropsida）
目：鳄目（Crocodilia）
科：鳄科（Crocodylidae）
属：凯门鳄属（*Caiman*）
习性：食肉 / 夜行性
保护状况：无危（LC）

尼罗鳄

Crocodylus niloticus ▷

在达德利先生的收藏品当中，尼罗鳄是习性最凶残的一种，合上嘴之后，它们所有的牙齿会锁合在一起，被咬到的猎物很难再逃出鳄口。从外面看，唯有那几颗"犬齿"（严格来说，只有哺乳动物才有犬齿）露在嘴外。加上颌骨狭窄这个特征，我们很容易就能区分尼罗鳄和短吻鳄。

界：动物界（Animalia）
门：脊索动物门（Chordata）
纲：爬行纲（Sauropsida）
目：鳄目（Crocodilia）
科：鳄科（Crocodylidae）
属：鳄属（*Crocodylus*）
习性：食肉 / 夜行性
保护状况：无危（LC）

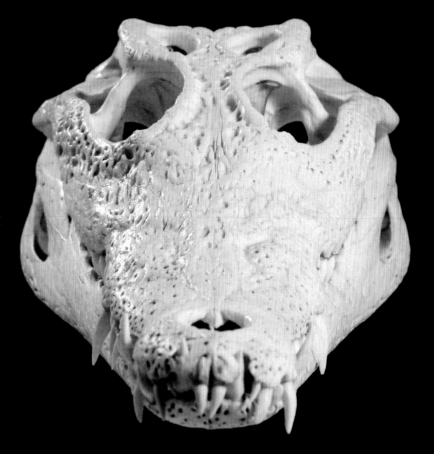

湾鳄

Crocodylus porosus

　　湾鳄是现生最大的爬行动物。在这里，我们能看到它张开的大嘴，那满嘴牙齿闪烁着它作为爬行动物之王的荣耀。鳄类的咬合力非常大，但控制嘴巴张开的肌肉很脆弱，于是，人类能用胶带将它们的嘴巴封起来，以便对其进行研究或运输。

界：动物界（Animalia）
门：脊索动物门（Chordata）
纲：爬行纲（Sauropsida）
目：鳄目（Crocodilia）

科：鳄科（Crocodylidae）
属：鳄属（*Crocodylus*）
习性：食肉 / 夜行性
保护状况：无危（LC）

鬃狮蜥

Pogona vitticeps ▷

这种原产自澳大利亚西部的蜥蜴在宠物贸易市场中很受欢迎。它们有楔形的脑袋，眼眶很大。在受到威胁时，它可以将喉袋充气，让自己看起来更大。

界：动物界（Animalia）

门：脊索动物门（Chordata）

纲：爬行纲（Sauropsida）

目：有鳞目（Squamata）

科：鬣蜥科（Agamidae）

属：鬃狮蜥属（*Pogona*）

习性：杂食 / 日行性

保护状况：未评估（NE）

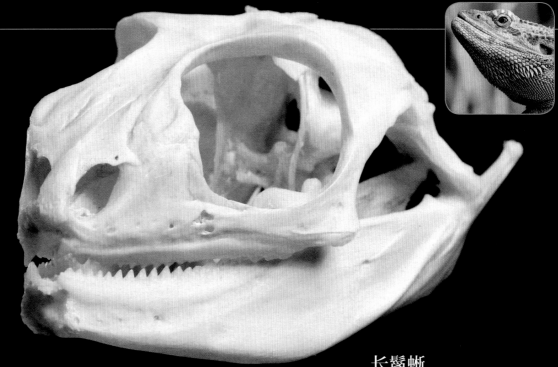

长鬣蜥

Physignathus cocincinu ◁

长鬣蜥的英文名叫"Chinese Water Dragon（中国水龙）"，看到这几个字，你可能会希望在它们的头骨上找到一些特殊的地方。在蜥蜴当中，长鬣蜥的眼眶算是特别大的（尽管达德利没有保存这个标本上的巩膜环，但似乎倒是让这个标本看起来更容易辨认）。在野外，发现危险的长鬣蜥会"扑通"一声跳入水中，快速游走。

界：动物界（Animalia）

门：脊索动物门（Chordata）

纲：爬行纲（Sauropsida）

目：有鳞目（Squamata）

科：鬣蜥科（Agamidae）

属：长鬣蜥属（*Physignathus*）

习性：食虫 / 日行性

保护状况：未评估（NE）

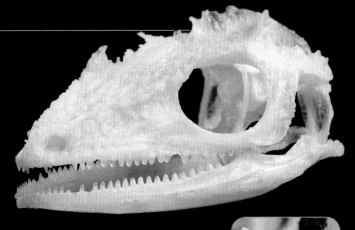

骑士变色蜥

Anolis equestris ◁

变色蜥拥有特殊的尖脑袋。骑士变色蜥（它们是这个属中体型最大的一个种）原产于古巴，因此也叫古巴安乐蜥，但它们被引入美国佛罗里达州之后，逃逸到野外的种群数量也在节节攀升。在野外，这种爬行动物的侵略性很强，在受到危险时，它们能通过吸气将自己胀大，张开一张大嘴，用抖开喉咙下的皮瓣的方式来吓跑掠食者。它是一种温顺的宠物，受到收藏者的欢迎。

界：动物界（Animalia）

门：脊索动物门（Chordata）

纲：爬行纲（Sauropsida）

目：有鳞目（Squamata）

科：变色蜥科（Polychrotidae）

属：安乐蜥属（*Anolis*）

习性：食虫／日行性

保护状况：未评估（NE）

费氏南非侏儒避役

Bradypodion fischeri ▷

达德利先生的收藏品中避役不多，这种动物也不太好鉴定。这是个产自东非的费氏南非侏儒避役的头骨。它们和其他一些避役常出现在宠物市场中（在中国，宠物避役交易是非法的）。它们的脑袋上有两个"角"，这是这个科的特征之一。这是个可爱的看起来颇像珠宝的头骨。

界：动物界（Animalia）

门：脊索动物门（Chordata）

纲：爬行纲（Sauropsida）

目：有鳞目（Squamata）

科：避役科（Chamaeleonidae）

属：南非侏儒避役属（*Bradypodion*）

习性：食虫／日行性

保护状况：未评估（NE）

豹避役

Furcifer pardalis ◁

豹避役分布在马达加斯加，在这座岛上，避役拥有极高的多样性。它们的冠比较小，远远比不上高冠避役。它们的眼睛前方有一块喇叭状的骨头，一直伸向嘴巴的前端。

界：动物界（Animalia）

门：脊索动物门（Chordata）

纲：爬行纲（Sauropsida）

目：有鳞目（Squamata）

科：避役科（Chamaeleonidae）

属：宝石避役属（*Furcifer*）

习性：食虫／日行性

保护状况：未评估（NE）

米勒避役

Chamaeleo melleri ▽

米勒避役的头骨上拥有几乎所有避役的典型特征：高冠、嘴上有角以及带颗粒的骨骼表面。让它与众不同的是它的尺寸：米勒避役是非洲最大的避役。因为嘴上的角，它们有时候也被称作巨独角避役。曾有报道说，人类发现过体长达 76 厘米的米勒避役，那家伙体重达到了 600 多克。

界：动物界（Animalia）　　　　科：避役科（Chamaeleonidae）
门：脊索动物门（Chordata）　　属：避役属（*Chamaeleo*）
纲：爬行纲（Sauropsida）　　　习性：食虫 / 日行性
目：有鳞目（Squamata）　　　　保护状况：未评估（NE）

高冠避役

Chamaeleo calyptratus ▷

高冠避役分布在中东的一些国家，它们能长得很大，体长可达 34 厘米或更长。雄性高冠避役拥有显眼的高冠。这种动物特别喜欢吃蝗虫，会打伏击，那又长又黏的舌头是它们的武器。

界：动物界（Animalia）
门：脊索动物门（Chordata）
纲：爬行纲（Sauropsida）
目：有鳞目（Squamata）
科：避役科（Chamaeleonidae）
属：避役属（*Chamaeleo*）
习性：食虫 / 日行性
保护状况：无危（LC）

疣尾蜥虎

Hemidactylus frenatus ▷

疣尾蜥虎是一种很常见的壁虎，它们的头骨看起来非常简约。这颗头骨的腹面是扁平的，在那特化的四足帮它们紧贴在物体光滑的表面上的时候，这样的头骨不会造成麻烦。它们的那些小牙齿很适合捕捉被光线吸引到室内的小虫子。在气候温暖的地区，你常能看见这样一只小型爬行动物趴在墙上或天花板上。

界：动物界（Animalia）　科：壁虎科（Gekkonidae）
门：脊索动物门（Chordata）　属：蜥虎属（*Hemidactylus*）
纲：爬行纲（Sauropsida）　习性：食虫 / 夜行性
目：有鳞目（Squamata）　保护状况：无危（LC）

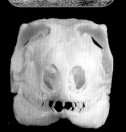

美洲鬣蜥

Iguana iguana ▷

美洲鬣蜥又名绿鬣蜥。蜥蜴的牙齿形状很大程度上取决于食性，而美洲鬣蜥吃素。这种动物个头不小，在西方的宠物市场中很受欢迎。美洲鬣蜥是种半水生动物，它们游泳游得很棒，这在蜥蜴当中可不常见（但在鬣蜥中很寻常）。

界：动物界（Animalia）　科：美洲鬣蜥科（Iguanidae）
门：脊索动物门（Chordata）　属：美洲鬣蜥属（*Iguana*）
纲：爬行纲（Sauropsida）　习性：食草 / 日行性
目：有鳞目（Squamata）　保护状况：未评估（NE）

黑刺尾鬣蜥

Ctenosaura similis ▷

　　黑刺尾鬣蜥也叫黑鬣蜥，原产于中南美洲。这颗头骨不是很特殊（尽管它们的小牙齿数量很多，也很尖锐）。这种动物是现生爬行动物当中跑得最快的，速度能超过 20 千米 / 时。它们在年轻时吃虫子，但成年后以叶子为食。

界：动物界（Animalia）
门：脊索动物门（Chordata）
纲：爬行纲（Sauropsida）
目：有鳞目（Squamata）
科：美洲鬣蜥科（Iguanidae）
属：刺尾鬣蜥属（*Ctenosaura*）
习性：杂食 / 日行性
保护状况：无危（LC）

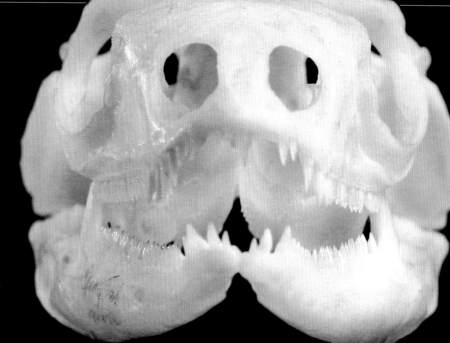

犀牛鬣蜥

Cyclura cornuta ▷

　　这颗头骨最显著的特点在于颧弓周围的角质层以及双眼周围突出的瘤状物。犀牛鬣蜥分布在加勒比海地区。雄性之间会互相打斗，骨质的瘤状物起到了装甲的作用（这些结构还用于性选择）。活着的时候，雄性犀牛鬣蜥头顶上有厚厚的脂肪垫，这也是用来防御的。

界：动物界（Animalia）
门：脊索动物门（Chordata）
纲：爬行纲（Sauropsida）
目：有鳞目（Squamata）
科：美洲鬣蜥科（Iguanidae）
属：岩鬣蜥属（*Cyclura*）
习性：食草 / 日行性
保护状况：易危（VU）

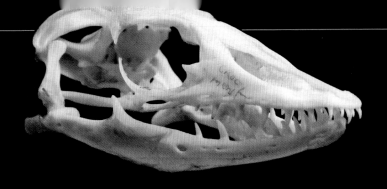

翡翠巨蜥

Varanus prasinus ◁

你可能会将这颗头骨误认为是梭鱼或是狗鱼的头骨，没事儿啦，很多人都会犯这样的错。实际上，它是来自新几内亚南方的巨蜥，生活在树上，可以靠卷起的尾巴抓住树枝。翡翠巨蜥是新几内亚岛上的若干种树生巨蜥之一。

界：动物界（Animalia） 科：巨蜥科（Varanidae）
门：脊索动物门（Chordata） 属：巨蜥属（*Varanus*）
纲：爬行纲（Sauropsida） 习性：食肉 / 日行性
目：有鳞目（Squamata） 保护状况：未评估（NE）

泽巨蜥

Varanus salvator ▷

泽巨蜥生活在整个东南亚。它们的头骨看起来很可怕，分得很开的尖锐牙齿都向后弯曲。正如"泽巨蜥"这个名字透露的那样，它们生活在水泽当中（泽巨蜥很容易和同样生活在水中的萨氏巨蜥混淆，它们的关系很近）。

界：动物界（Animalia）
门：脊索动物门（Chordata）
纲：爬行纲（Sauropsida）
目：有鳞目（Squamata）
科：巨蜥科（Varanidae）
属：巨蜥属（*Varanus*）
习性：食肉 / 日行性
保护状况：无危（LC）

尼罗巨蜥

Varanus niloticus ▷

尼罗巨蜥流线型的头骨像我们的头颅，它喜欢水。这种蜥蜴的年龄记录在它们的牙齿当中：年轻个体牙齿很尖，年龄大了之后会因为磨损而变圆。它能长得很大，广泛分布在非洲大陆上。

界：动物界（Animalia） 科：巨蜥科（Varanidae）
门：脊索动物门（Chordata） 属：巨蜥属（*Varanus*）
纲：爬行纲（Sauropsida） 习性：食肉 / 日行性
目：有鳞目（Squamata） 保护状况：未评估（NE）

草原巨蜥

Varanus exanthematicus ▷

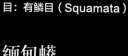

草原巨蜥有时候也被称作博斯克巨蜥，以此来纪念第一个为这个物种命名的法国科学家。从头骨上看，它们很强壮，其牙齿也能给人留下深刻印象。在遇到天敌时，草原巨蜥会依靠一种狡猾的策略脱身：用嘴叼着后腿，结成一个环装死，这个环很难被整个吞下去。

界：动物界（Animalia）   科：巨蜥科（Varanidae）
门：脊索动物门（Chordata）   属：巨蜥属（*Varanus*）
纲：爬行纲（Sauropsida）   习性：食肉 / 日行性
目：有鳞目（Squamata）   保护状况：无危（LC）

缅甸蟒

Python molurus bivittatus ▽

蛇头骨，尤其是蟒蛇的头骨，看起来就是由许多相邻不连接的小骨头组成的，这和哺乳动物的头骨很不一样，因此它们的头骨上也没有缝合线。蟒蛇的头盖骨很小，占头骨大部分的是颌骨。因为它们需要整个地吞下大号的猎物（常常比它们自己的脑袋大）。缅甸蟒上下颌之间的关节可以松脱。它们的牙齿看起来一个样，都向后弯曲，能够防止猎物逃脱。

界：动物界（Animalia）   科：蟒科（Pythonidae）
门：脊索动物门（Chordata）   属：蟒属（*Python*）
纲：爬行纲（Sauropsida）   习性：食肉 / 日行性
目：有鳞目（Squamata）   保护状况：易危（VU）

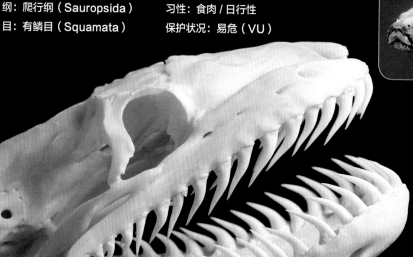

蓝舌石龙子

Tiliqua sp. ▷

　　蓝舌石龙子分布在澳大拉西亚（包括澳大利亚、新西兰和邻近太平洋岛屿的一片地区）。它们的头骨上有鳞片，因此在头骨收藏圈内很吃香。这种动物蓝色的舌头能用在防御敌害上。当受到威胁的时候，它们能张开大嘴吐出蓝舌头，吓别人一跳。

界：动物界（Animalia）	科：石龙子科（Scincidae）
门：脊索动物门（Chordata）	属：蓝舌石龙子属（*Tiliqua*）
纲：爬行纲（Sauropsida）	习性：杂食 / 日行性
目：有鳞目（Squamata）	

猴尾蜥

Corucia zebrata ◁

　　这种石龙子相对来说很大，从头到尾长度可达 81 厘米。猴尾蜥吃素，因此没有一般蜥蜴拥有的尖牙利齿。它们分布在所罗门群岛上，因此也被称作所罗门蜥或所罗门石龙子。它们的数量在减少，因为捕猎，也因为生存环境被破坏。现在，这个物种被置于《华盛顿公约》的保护之下。

界：动物界（Animalia）	科：石龙子科（Scincidae）
门：脊索动物门（Chordata）	属：猴尾蜥属（*Corucia*）
纲：爬行纲（Sauropsida）	习性：食草 / 夜行性
目：有鳞目（Squamata）	保护状况：未评估（NE）

犰狳环尾蜥

Cordylus cataphractus

　　这颗头骨，能够满足你对巨龙的所有想象！头骨之上，装饰着骨鳞，后方有凸起的棘刺。在夜晚，这种南非动物生活在洞穴当中，以小型无脊椎动物为食，有时也会吃小型哺乳动物。这是一颗爬行动物的头骨，你不会认错。这真是一颗极其迷人的头骨！

界：动物界（Animalia）　　科：环尾蜥科（Cordylidae）
门：脊索动物门（Chordata）　属：环尾蜥属（*Cordylus*）
纲：爬行纲（Sauropsida）　　习性：食虫 / 日行性
目：有鳞目（Squamata）　　保护状况：易危（VU）

美国毒蜥

Heloderma suspectum

美国毒蜥体态臃肿，行动懒散而缓慢，但它们有毒，这为它们带来了巨大的名声。它们很少吃东西，通常一个多月才进食一次，但当它们开始进食，就会不顾一切地从脑袋开始一口吞掉猎物（包括蜥蜴、蛙类和小鸟）。美国毒蜥的脑袋比较平，表面上有奇怪的突起。它们的鼻腔很大，眼睛却很小。它们的牙齿全部向后弯曲，尖锐如针。

界：动物界（Animalia）
门：脊索动物门（Chordata）
纲：爬行纲（Sauropsida）
目：有鳞目（Squamata）
科：毒蜥科（Helodermatidae）
属：毒蜥属（*Heloderma*）
习性：食肉 / 地下生活
保护状况：近危（NT）

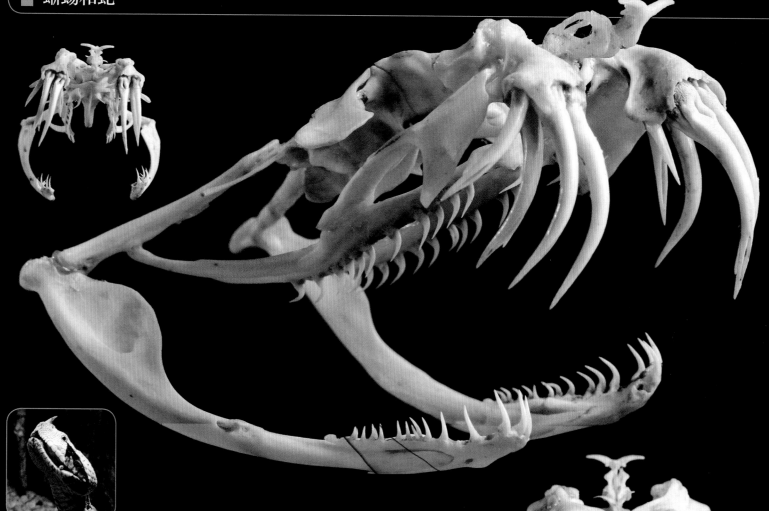

加蓬咝蝰

Bitis gabonica

　　加蓬咝蝰头骨上最显眼的部分就是那几根可怕的毒牙。这些毒牙受肌肉控制，能够前后移动，注射毒液。和其他蛇类的头骨类似，它们的颌骨也没有连接在一起，这让咝蝰的嘴能够张得非常大，能够整个吞下大号的猎物。达德利保留了头骨所有的长牙，并将其摆成将要攻击的状态。

界：动物界（Animalia）	科：蝰科（Viperidae）
门：脊索动物门（Chordata）	属：咝蝰属（*Bitis*）
纲：爬行纲（Sauropsida）	习性：食肉 / 夜行性
目：有鳞目（Squamata）	保护状况：未评估（NE）

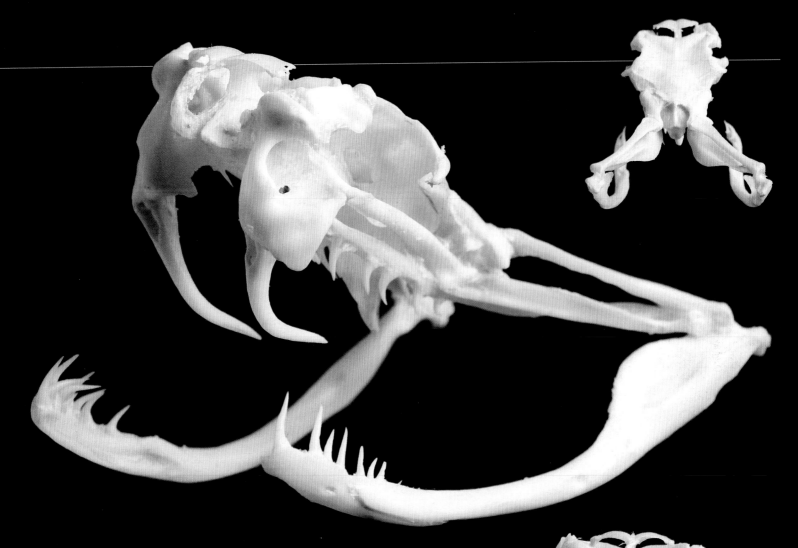

西部菱背响尾蛇

Crotalus atrox

蛇类的头骨魅力非凡。这条响尾蛇的毒牙向后倒伏着，以便让食物能够吞下肚中。注意它们鼻孔四周的复杂骨骼结构：犁鼻器就在那儿，它是个"热成像仪"，很多蛇都靠它追踪猎物。

界：动物界（Animalia）

门：脊索动物门（Chordata）

纲：爬行纲（Sauropsida）

目：有鳞目（Squamata）

科：蝰科（Viperidae）

属：响尾蛇属（*Crotalus*）

习性：食肉 / 夜行性

保护状况：无危（LC）

双领蜥

Tupinambis sp.

　　南美洲的双领蜥和非洲、东南亚的巨蜥占据的生态位差不多，如果你对趋同演化感兴趣，不妨对比一下它们的头骨。双领蜥吃肉，目前，它们已借助人类之手侵入了美国佛罗里达州——一片深受宠物贸易带来的外来入侵物种危害的土地。

界：动物界（Animalia）
门：脊索动物门（Chordata）
纲：爬行纲（Sauropsida）
目：有鳞目（Squamata）
科：美洲蜥蜴科（Teiidae）
属：双领蜥属（*Tupinambis*）
习性：杂食 / 日行性

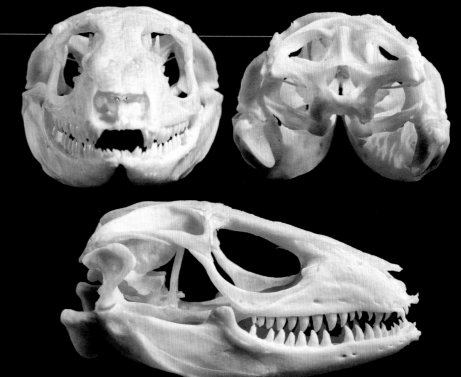

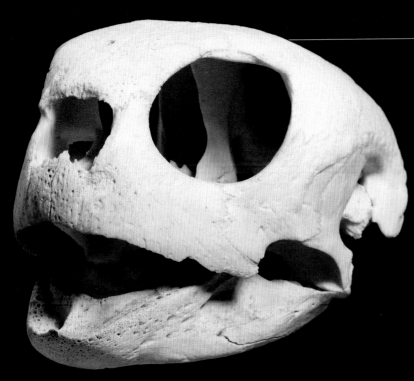

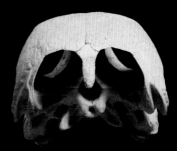

绿蠵龟

Chelonia mydas ◁

　　绿蠵龟是个头最大、分布最广的龟类之一。它的头骨相当的平凡——它的喙上没有达德利收藏的其他龟头骨都有的角质套，因此看起来很普通。从后方看，它们的枕骨大孔（脊椎在这里接入头骨）被分成了两个腔，这是各种海龟头骨的一个典型特点。

界： 动物界（Animalia）
门： 脊索动物门（Chordata）
纲： 爬行纲（Sauropsida）
目： 龟鳖目（Testudines）
科： 海龟科（Cheloniidae）
属： 海龟属（*Chelonia*）
习性： 食草 / 水生
保护状况： 濒危（EN）

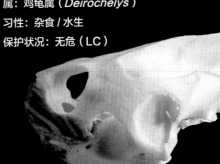

网目鸡龟

Deirochelys reticularia ◁

　　网目鸡龟喜欢待在陆地上，它们能在两个池塘之间跋涉很远的路程。这个标本还保留着喙上的角质鞘，它和龟壳上的花纹差不多，非常漂亮。

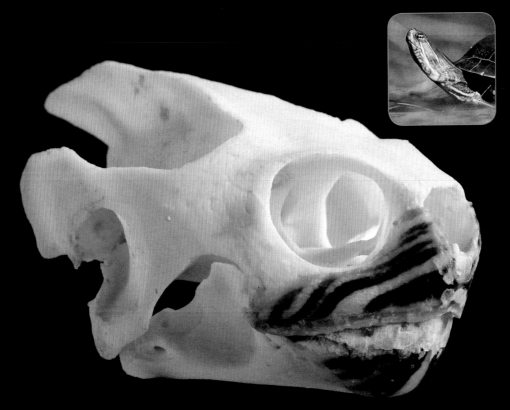

界： 动物界（Animalia）
门： 脊索动物门（Chordata）
纲： 爬行纲（Sauropsida）
目： 龟鳖目（Testudines）
科： 泽龟科（Emydidae）
属： 鸡龟属（*Deirochelys*）
习性： 杂食 / 水生
保护状况： 无危（LC）

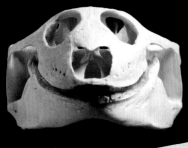

珍珠鳖

Apalone ferox ▽

当你从前方观察时，会觉得这颗头骨涂了口红，并且面带微笑。珍珠鳖的嘴巴不太像鸟嘴，头骨后方的突起让它看起来像是戴着头盔的自行车运动员。它们分布于美国的东南部。

界：动物界（Animalia）　　科：鳖科（Trionychidae）
门：脊索动物门（Chordata）　属：滑鳖属（*Apalone*）
纲：爬行纲（Sauropsida）　　习性：食肉 / 水生
目：龟鳖目（Testudines）　　保护状况：无危（LC）

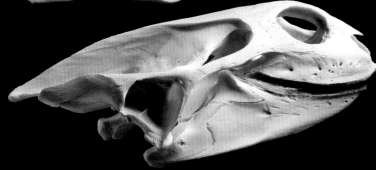

枫叶龟

Chelus fimbriatus ◁

这颗头骨非常独特，但依旧保留着龟类的印记：覆盖着角质鞘的鸟嘴状的喙，头骨后方看起来有两个开口。活着的时候，枫叶龟看起来就像是漂在水中的枫叶，它鼻子末端那奇怪的突起是用来探出水面呼吸的，和潜水员的呼吸管功能差不多。枫叶龟那又宽又平的嘴巴，适合于吸入食物：它猛地一张嘴，能在口中制造出一块低压区，使水流迅速地流入口中，以此捕获食物（海马也是这样捕食的）。

界：动物界（Animalia）
门：脊索动物门（Chordata）
纲：爬行纲（Sauropsida）
目：龟鳖目（Testudines）
科：蛇颈龟科（Chelidae）
属：蛇颈龟属（*Chelus*）
习性：食肉 / 水生
保护状况：无危（LC）

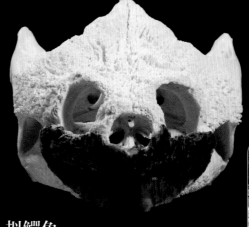

拟鳄龟

Chelydra serpentine △

龟鳖类的头骨都很坚固，它们没有牙齿，靠覆盖着角质的喙进食，喙上有时会有锯齿，有时会有横纹，用以适应不同的食性。有的龟吃昆虫，有的吃甲壳类，有的捕食水生动物。例如这种拟鳄龟，就是凶猛的捕食者。

界：动物界（Animalia）　　科：鳄龟科（Chelydridae）
门：脊索动物门（Chordata）　属：拟鳄龟属（*Chelydra*）
纲：爬行纲（Sauropsida）　　习性：食肉 / 水生
目：龟鳖目（Testudines）　　保护状况：无危（LC）

大鳄龟

Macrochelys temminckii

　　大鳄龟的背上有类似于鳄鱼背的突起，因此才得了这个名字。这家伙非常凶残，能长得很大，最大的个体体重可达 180 千克。大鳄龟的舌头上有个像肉虫子的小突起，能够吸引愚蠢的猎物游入它们的嘴巴。有人认为，大鳄龟的咬力在所有动物当中都算得上是数一数二的。

界：动物界（Animalia）
门：脊索动物门（Chordata）
纲：爬行纲（Sauropsida）
目：龟鳖目（Testudines）
科：鳄龟科（Chelydridae）
属：真鳄龟属（*Macrochelys*）
习性：食肉 / 水生
保护状况：无危（LC）

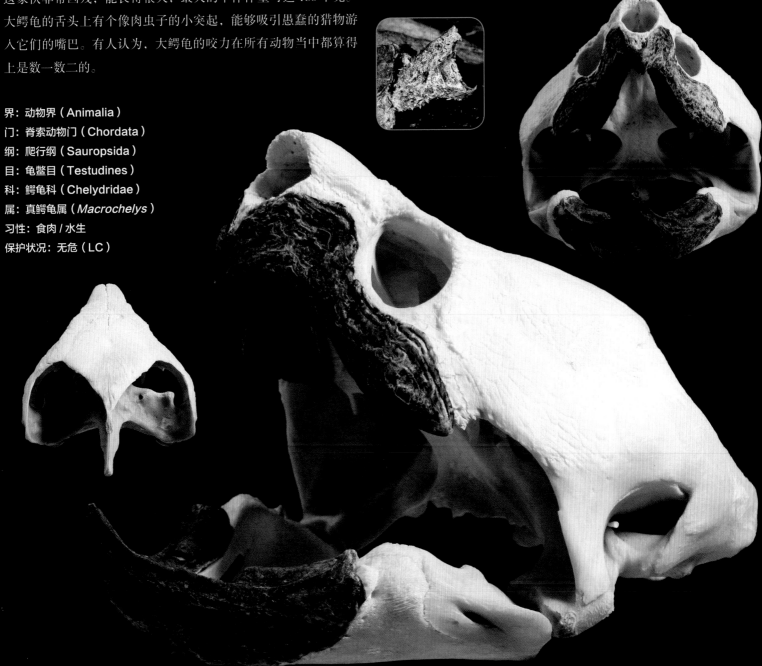

阿尔达布拉象龟

Dipsochelys dussumieri

　　并非只有加拉帕格斯群岛才是象龟的故乡。在印度洋上，象龟分布于毛里求斯、塞舌尔以及阿尔达布拉岛上。象龟的头骨和其他的龟类没有太大的不同，尽管它们的头顶上也有类似于喙上的角质层。这种动物能活数百年（它们可能是最长寿的脊椎动物）。

界：动物界（Animalia）
门：脊索动物门（Chordata）
纲：爬行纲（Sauropsida）
目：龟鳖目（Testudines）
科：陆龟科（Tesudinidae）
属：巨龟属（*Dipsochelys*）
习性：食草 / 日行性
保护状况：近危（VU）

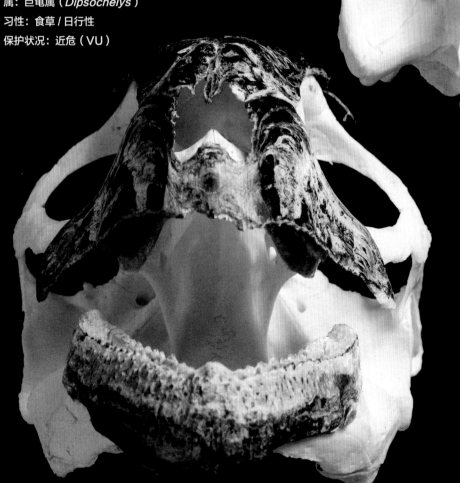

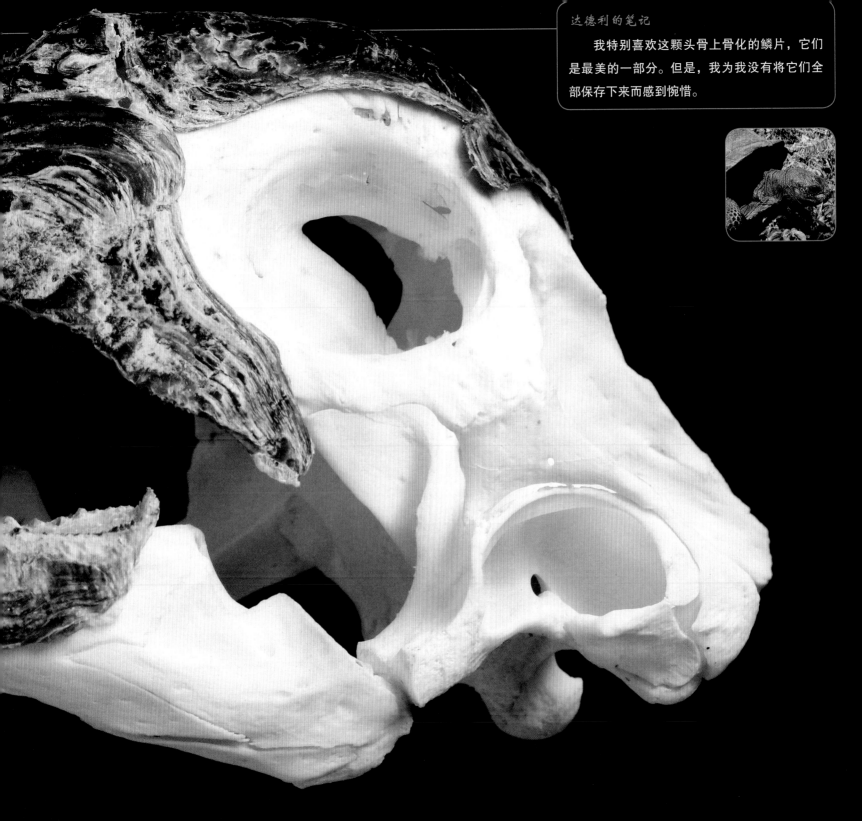

印度星龟

Geochelone elegans

　　显然，这不是一颗头骨。达德利的收藏室当中并非全是头骨，这里还有剥制的标本、蜘蛛的模型、蹄子、牙齿以及乌龟壳。龟壳分为背甲和腹甲。印度星龟的壳上有许多放射线。龟类是一种很古老的爬行动物类群。这类奇怪的动物都比较长寿。

界：动物界（Animalia）　　科：陆龟科（Tesudinidae）
门：脊索动物门（Chordata）　　属：象龟属（*Geochelone*）
纲：爬行纲（Sauropsida）　　习性：食草／日行性
目：龟鳖目（Testudines）　　保护状况：无危（LC）

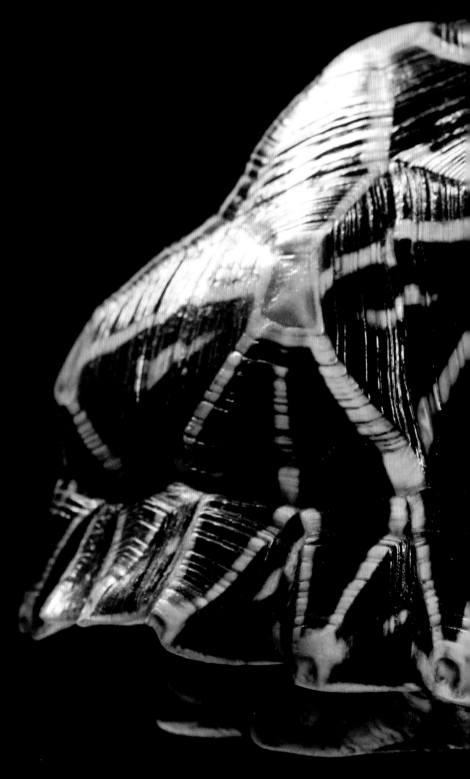

图片来源

istock photo: *Shofar*, 25

Naturepl.com

© Adriana Bacchello: *Rottweiler*, 162. © Alex Mustard: *California Sea Lion*, 165. © Andy Rouse: *Little Owl*, 73. © Andy Sands: *Fischer's Chameleon*, 235; *Common Shrew*, 139. © Ann & Steve Toon: *Springhare*, 209. © Anup Shah: *Giraffe*, 178; *Lesser Flamingo*, 87. © ARCO: *Domestic Pig*, 186; *Mute Swan*, 93. © Barry Mansell: *Alligator Snapping Turtle*, 249. © Bernard Castelein: *Hadada Ibis*, 89. © Brent Hedges: *Pygmy Marmoset*, 218. © Bruce Davidson: *Forest Buffalo*, 193. © Bruno D'Amicis: *Black Crowned Crane*, 87. © Christophe Courteau: *Hamadryas Baboon*, 219; *Hyacinth Macaw*, 76. © Claudio Contreras: *Common Vampire Bat*, 146. © Colin Varndell: *Gray Squirrel*, 210. © Daniel Heuclin: *Dwarf Caiman*, 230; *Helmeted Curassow*, 53. © Dave Bevan: *Domestic Sheep*, 193. © Dave Watts: *Northern Hairy-nosed Wombat*, 136; *Chilean Flamingo*, 87; *Duck-billed Platypus*, 134. © David Noton: *Vervet Monkey*, 223. © De Meester / ARCO: *Long-tailed Chinchilla*, 205; *Least Weasel*, 176. © Delpho / ARCO: *Common Raven*, 78. © Dietmar Nill: *Common Kestrel*, 48. © Dirscherl Reinhard: *Bowfin*, 119. © Doug Allan: *Harp Seal*, 167; *Hooded Seal*, 167. © Doug Perrine: *Mahi Mahi*, 110. © Doug Wechsler: *Brown Four-eyed Opossum*, 138. © Edwin Giesbers: *Clouded Leopard*, 154; *Leopard*, 154; *Lesser Short-nosed Fruit Bat*, 144; *Mouflon*, 194; *Tiger*, 157; *White Stork*, 92. © Eric Baccega: *Asiatic Black Bear*, 148. © Florian Graner: *Common Ling*, 117. © Francois Savigny: *Spectacled Caiman*, 231. © Gabriel Rojo: *South American Fur Seal*, 165. © George Sanker: *North American Beaver*, 206. © Hugh Maynard: *Hammer-headed Bat*, 145. © Igor Shpilenok: *Wolverine*, 185. © Inaki Relanzon: *Common Tenrec*, 200. © Jane Burton: *Axolotl*, 18. © Jeff Rotman: *Barracuda*, 108. © Jim Clare: *Guinea Pig*, 209; *Greater Galago*, 211. © Jose B. Ruiz: *Conger Eel*, 116. © Jouan & Rius: *Dromedary Camel*, 179; *Red Kangaroo*, 135; *Red-and-Green Macaw*, 76. © Jurgen Freund: *Long-spine Porcupinefish*, 113. © Kevin Schafer: *Black-footed Albatross*, 36; *Southern Cassowary*, 71; *Stump-tailed Macaque*, 222. © Kim Taylor: *Cape Fur Seal*, 165. © Laurent Geslin: *African Elephant*, 202; *Ring-necked Parakeet*, 77. © Luiz Claudio Marigo: *Black-necked Aracari*, 67; *Kinkajou*, 172; *Maguari Stork*, 90; *Six-banded Armadillo*, 199. © Lynn M. Stone: *American Alligator*, 230. © Mark Bowler: *Red-bellied Piranha*, 113. © Mark Cawardine: *Common Snapping Turtle*, 248. © Mark Taylor: *White-nosed Coatimundi*, 171. © Martin Gabriel: *Saltwater Crocodile*, 233. © Matthew Maran: *American Black Bear*, 149. © Michael Hutchinson: *Capybara*, 208. © Michael Pitts: *Tree Pangolin*, 143. © Mike Wilkes: *White-necked Raven*, 79. © Niall Benvie: *White-tailed Eagle*, 46. © Nick Garbutt: *Hog Badger*, 174; *Red Ruffed Lemur*, 217. © Nick Gordon: *Mata Mata*, 52. © Patricio Robles Gil: *Himalayan Monal Pheasant*, 49. © Paul Hobson: *Muntjac*, 180; *Little Penguin*, 83; *Plate-billed Mountain Toucan*, 66. © Peter Cairns / 2020Vision: *Razorbill*, 39. © Phil Chapman: *Common Spotted Cuscus*, 135. © Philippe Clement: *Carrion Crow*, 78. © Reinhard / ARCO: *Brown Rat*, 207. © Ric Fontijn: *Spot-billed Toucanet*, 68. © Richard du Toit: *Black Wildebeest*, 190. © Rod Williams: *Aardvark*, 199; *Aardwolf*, 159; *Abyssinian Ground Hornbill*, 56; *South American Tapir*, 142; *Chinese Water Deer*, 181; *Patagonian Mara*, 209; *Rufous Hornbill*, 62; *Common Treeshrew*, 225. © Rolf Nussbaumer: *Raccoon*, 171. © Shattil & Rozinski: *American Badger*, 174. © Simon King: *Meerkat*, 168. © Simon Williams: *Asian Openbill*, 90. © Solvin Zanki: *Harbour Porpoise*, 196; *Bicoloured Leaf-nosed Bat*, 146. © Staffan Widstrand: *American Rhea*, 72; *Razor-billed Curassow*, 52. © Stephen Dalton: *Central Bearded Dragon*, 234; *Field Vole*, 214; *Senegal Galago*, 211. © Steven David Miller: *Long-nosed Potoroo*, 135. © Suzi Eszterhas: *Eastern Yellow-billed Hornbill*, 57. © Tim Laman: *Philippine Tarsier*, 212; *Rhinoceros Hornbill*, 61; *Tarictic Hornbill*, 62; *Wrinkled Hornbill*, 65. © Todd Pusser: *Chicken Turtle*, 247; *La Plata Dolphin*, 196. © Tom Vezo: *Fisher*, 176; *Gray Wolf*, 160. © Tom Walmsley: *Smooth Newt*, 19. © Tony Heald: *Nile Monitor*, 239; *Trumpeter Hornbill*, 63. © Troels Jacobsen/Arcticphoto: *Subantarctic Fur Seal*, 166. © Visuals Unlimited: *Burmese Python*, 240; *Silvery-cheeked Hornbill*, 63; *Black-headed Spider Monkey*, 223. © Wegner / ARCO: *Bonobo*, 213; *Chihuahua*, 161; *European Hare*, 204. © Wild Wonders Of Europe/Lundgren: *Monkfish*, 118. © William Osborn: *Red-billed Hornbill*, 59

Steve Seal/BirdGuides

Steve Seal: *Great Cormorant*, 41

WikiCommons

663highland: *Raccoon Dog*, 160. A. Kniesel: *Ostrich*, 72. Alan D. Wilson: *Surf Scoter*, 94; *Polar Bear*, 147. Alex Dunkel: *Ring-tailed Lemur*, 217. Alexdi: *Hippopotamus*, 183. Althepal: *Double-toothed Barbet*, 69. AmericanXplorer13: *Green Iguana*, 237. Andreas Trepte: *Pied Avocet*, 92. Andrei Stroe: *Green Woodpecker*, 69. Art G.: *Mountain Lion*, 156. Badger Hero: *European Badger*, 174. Bertram Lobert: *Southern Brown Bandicoot*, 137. Bob Fabry: *Helmeted Guineafowl*, 49. Carl D. Howe: *North American Bullfrog*, 16. Catherine Trigg: *European Otter*, 175. Ceasol (Flickr): *American Bison*, 193. Chad Bordes: *Jabiru*, 90. Cody Pope: *Virginia Opossum*, 138. Colin M.L. Burnett: *African Bushpig*, 187. ©Larry D. Moore: *European Rabbit*, 204. D. Gordon and E. Robertson: *Warthog*, 187. Dûrzan Cîrano: *European Nightjar*, 70. Dacoman: *Great White Pelican*, 95. Dan Leo: *Gaboon Viper*, 244. Dan&Lin Dzurisin: *Striped Skunk*, 173. Derkarts: *Rock Hyrax*, 201. Doug Janson: *Helmeted Hornbill*, 59; *Lord Derby's Parakeet*, 77. Elektrofisch: *Budgerigar*, 75. Elf: *Boston Terrier*, 161. Eliezg: *Steller Sea Lion*, 166. Eric Kilby: *Andean Condor*, 47. fotokraj2: *Pesquet's Parrot*, 76. Frank Wouters: *Red-handed Tamarin*, 218. GalawebDesign: *Pekingese Dog*, 162. Gibeah: *European Hedgehog*, 140. Hans Hillewaert: *Lowland Paca*, 207; *European Plaice*, 107. Henrik Thorburn: *Atlantic Puffin*, 39. Hugh Lunnon: *Marabou Stork*, 91. Ianaré Sévi: *Knight Anole*, 235. Ikiwaner: *Spotted Hyena*, 159. J.M. Garg: *Black Kite*, 45. John Hritz: *African Pied Hornbill*, 56. John Picken: *Great Northern Diver*, 93. Johnskate17: *Florida Softshell Turtle*, 248. Jojo: *Roe Deer*, 180. Jon Hanson: *Toco Toucan*, 68. Kalyanvarma: *Great Hornbill*, 58. Kamil: *European Eagle Owl*, 73. Keven Law: *Binturong*, 168; *European Red Fox*, 163; *Secretary Bird*, 48. Kyle Flood: *Alpaca*, 179. Liam Quinn: *Gentoo Penguin*, 83; *King Penguin*, 82. Lip Kee Yap: *Philippine Flying Lemur*, 224; *Spectacled Spiderhunter*, 81. Lipton Sale: *Blue Crowned Pigeon*, 84. Malene Thyssen: *Mandrill*, 220; *Orangutan*, 216. Marcel Burkhard: *Chinese Water Dragon*, 234. Markus Kolijonen: *Kea*, 74. Martin Sordilla: *Dwarf Cassowary*, 71. Masteraah: *North Sulawesi Babirusa*, 185. Melanie Milliken: *Argentine Horned Frog*, 17. Michael David Hill: *European Mole*, 139. Michael Ströck: *Giant Moray*, 116. Mila Zinkova: *Green Turtle*, 247; *Southern Giant Petrel*, 42. Mjobling: *White-chinned Petrel*, 42. Nester Galina: *Southern Sea Lion*, 164. Nick Hobgood: *Broadbarred Firefish*, 113; *Seahorse*, 106; *Trumpetfish*, 107. Noodle snacks: *Laughing Kookaburra*, 54. Nur Hussein: *Water Monitor*, 239. Patrick Coin: *Red-legged Seriema*, 49. Patrick Gijsbers: *Asian Small-clawed Otter*, 175. Pau Artigas: *Common Swift*, 70. Peter Massas: *Southern Ground Hornbill*, 64. Philippe Guillaume: *Gray Triggerfish*, 112. Pranav Yaddanapudi: *Blackbuck*, 191. Quartl: *Coypu*, 205. Richard Bartz: *Capercaillie*, 51. Rui Ornelas: *Burchell's Zebra*, 141. Ryan E. Poplin: *Black-and-white Colobus*, 222; *Sun Bear*, 150. Samuel Blanc: *Turkey Vulture*, 44. Sander van der Wel: *Wreathed Hornbill*, 64. Sarah McCans: *Nile Crocodile*, 231. Spencer Wright: *Common Buzzard*, 44. Stan Shebs: *Armored Catfish*, 114; *Southern Rockhopper Penguin*, 83. Stephen Hanafin: *Blyth's Hornbill*, 57. Steve Childs: *Warty Frogfish*, 117. Steve Garvie: *Lappet-faced Vulture*, 44; *Saddle-billed Stork*, 91; *Tufted Grey Langur*, 222; *White-bellied Go-away-bird*, 81. Steven G. Johnson: *Longnose Gar*, 107. Stevie B (Flickr): *Barn Owl*, 73. su neko: *Green Aracari*, 67; *Siamang*, 213. Sylfred: *Savanna Monitor*, 240. TigerhawkVox: *Western Diamondback Rattlesnake*, 245. Tim Parkinson: *Fennec Fox*, 163. Tim Vickers: *Domestic Cat*, 152. Tino Strauss: *Atlantic Pollock*, 117. Tom Freidel: *Tegu*, 246. Tomascastelazo: *La Caterina*, 130. Trisha Shears: *Potto*, 212. Viborg: *Great Dane*, 160. Wilfried Berns: *Armadillo Lizard*, 242. Winifried Bruenken: *Kori Bustard*, 52.

Shoebill, 88. *Woodchuck*, 210. *Hamlet and Horatio in the Cemetery*, 1839, Eugène Delacroix, 122. *De Humani corporis fabrica*, 1543, Andreas Veslaius, 122. Print engraving of Stede Bonnet in Charles Johnson's *A General History of the Pyrates*, c. 1725, 124. *The Coat of Arms with the Skull*, Albrecht Durer, 1507, 126. *Skull with a burning cigarette*, 1885 or early 1886. Oil on Canvas. Vincent van Gogh, 127. *Two Skulls in a Window Niche*, 1520. Oil on lime wood. Hans or Ambrosius Holbein, 127. *Portrait of the Grand Vizier Kara Mustafa Pasha*,1683. Oil on canvas, 226.

Eurasian Spoonbill, 88; *Great Black-backed Gull*, 41; *Harbor Seal*, 167

Aurélien AUDEVARD: *White-winged Grosbeak*, 80

Bart Hazes: *Redtail Parrotfish*, 110

Ben Twist: *Blue-tongued Skink*, 241

Bill Schmoker: *Chinese Goose*, 93

Dave Switzer: *Mountain Beaver*, 206

Dr. Heike Lutermann: *Cape Mole Rat*, 205

Eric Isselée: *Meller's Chameleon*, 236

Fergus Kennedy: *Houndfish*, 118

Joachim S. Müller: *Atlantic Wolffish*, 111

Johannes Pfleiderer: *Yellow-casqued Wattled Hornbill*, 65

Johnny Sandaire: *American Blackbelly*, 192

Ken Billington: *Great Crested Grebe*, 95

Piotr Jonczyk: *Brown-cheeked Hornbill*, 57

Robert Fenner: *Starry Triggerfish*, 112
Sergey Sosnovskiy: *Roman memento mori from Pompeii*, 122

Setsuko Winchester: *Human*, 214

Silent Kid (Flikr): *Cheetah*, 155

B. Peterson: *Kit Fox*, 163

Dr. Dwayne Meadows: *Black Jack*, 110

Jeff Servoss: *Gila Monster*, 243

NASA: *Common Bottlenosed Dolphin*, 196

©WWF-Greater Mekong: *Javan Rhinoceros*, 142

A Skull Sectioned, 1489. Leonardo da Vinci. Reproduced with gracious permission of Her Majesty The Queen. The Royal Library, The Royal Collection, Windsor Castle, 126

Auditory bullae　听泡

头骨两侧容纳中耳和内耳的空心结构。

Canines　犬齿

门齿内侧、臼齿外侧的牙齿，通常长且尖锐，用来咬住、撕裂食物，尤其是肉类。在有些物种当中，犬齿会长得很长，成为獠牙，例如海象。只有哺乳动物才有真正的犬齿。

Carapace　背甲

动物背部的骨质、角质的硬壳或外骨骼。

Carnassials　裂齿

许多食肉哺乳动物嘴中存在的牙齿，通常是最后一颗前臼齿或第一颗臼齿，用来切碎肉和骨头。

Carnivore　食肉动物

食物组成中大部分或主要是肉类的动物。

Casque　盔突

一些鸟类（例如犀鸟）上颌骨上扩大的部分。

CITES　华盛顿公约

《濒临绝种野生动植物国际贸易公约（Convention on International Trade in Endangered Species of Wild Fauna and Flora）》，因签署地在华盛顿，因此也被称为《华盛顿公约》。这是一份国际协约，其目的是通过对野生动植物出口与进口的限制，确保野生动物与植物的国际贸易行为不会危害到物种本身的延续。

Cranium　颅骨

头骨的主要结构，除去下颌骨就是颅骨。

Dental formula　齿式

呈现哺乳动物牙齿数量与类型的标准模式。齿式对于鉴定物种有重要意义。

Diastema　牙间隙

牙齿之间的间隙。食草哺乳动物门齿和臼齿之间的牙间隙一般很宽。

Enamel　牙釉质

牙齿最外层的组织，牙冠的最外一层，为哺乳动物体内最坚硬的组织，也称珐琅质。

Fontanel　囟门

幼年哺乳动物的颅骨没有完全闭合，因此在头顶上有一处没有完全骨化的柔软区域，称为囟门。

Foramen magnum　枕骨大孔

头骨基部的开孔，脑干在此和脊髓连接。

Frugivore　食果动物

食物组成中大部分或主要是果实的动物。

Herbivore　食草动物

食物组成中大部分或主要是植物的动物。

Incisors　门齿

犬齿外侧的牙齿，用来夹住、切断食物，在有些物种当中，门齿会长得很大，成为獠牙，例如象和独角鲸。只有哺乳动物才有真正的门齿。

IUCN　世界自然保护联盟

世界自然保护联盟（International Union for Conservation of Nature and Natural Resources），目前国际上最大、最重要的世界性保护联盟，是政府及非政府机构都能参与合作的少数几个国际组织之一，主要工作之一是发表IUCN红色名录。

IUCN Red List　IUCN红色名录

全球动植物物种保护状况最全面的名录，此名录由世界自然保护联盟编制及维护。本书当中收录的"保护状况"这一栏的信息就来自IUCN红色名录。

Keratin　角蛋白

一种纤维状的结构性蛋白，常见（但并非仅见）于哺乳动物的皮肤、毛发与指甲中。

Mandible　颌骨

严格来说，颌骨仅指下颌骨。

Neoteny　幼态延续

幼态延续指保留了幼年的特性却性成熟的现象。

Omnivore　杂食动物

食物组成中包括肉类和植物的动物。

Orbit　眼眶

容纳了眼球的穴窝。

Palate　腭骨

口腔顶端的部分。哺乳动物拥有将口腔和鼻腔彻底分开的硬腭。

Rostrum　喙

动物的口鼻部。

Sagittal crest　矢状嵴

沿着头骨中线突出的山脊状骨质突起，用来附着肌肉。一般来说，矢状嵴大的动物咬力相对较大。

Sclerotic ring　巩膜环

许多鸟类、鱼类、爬行类以及两栖类眼睛周围的骨质环。

Suture　缝合线

颅骨上两块骨骼之间的接缝。

Vomer　犁骨

上颚上方的一块骨头，它和其他的一些结构一起，将鼻孔分成两个。

Zygomatic arch　颧弓

指颧骨，面颊部位的骨头。因为形状像弓，因此被称作颧弓。